高职高专计算机
"工学结合"模式
规划教材

微机组装与维护案例教程
（第2版）

张春芳　刘浩锋　主　编

孙　慧　郑喜珍　张婷婷　姜贵平　副主编

U0334003

清华大学出版社
北京

内 容 简 介

本书主要从硬件和软件两方面入手介绍微机的组装与维护知识。硬件方面包括微机主要部件的结构、功能、选购和维护方法；软件方面包括不同操作系统的安装、系统参数配置、常用工具软件的使用方法、网络组建常识以及微机安全常识等。

书中案例均是由作者精心收集整理的，其内容丰富、情景独特，并详细总结知识要点、技巧与经验，以便读者循序渐进地掌握微机组装和维护的方法与技巧，结合实际应用激发读者的学习兴趣和操作热情。

本书可作为各类高校相关专业师生、相关培训班的微机组装与维护教程，也可作为微机组装初学者的自学手册。

图书在版编目(CIP)数据

微机组装与维护案例教程/张春芳,刘浩锋主编. —2 版. —北京：清华大学出版社,2018
(高职高专计算机"工学结合"模式规划教材)
ISBN 978-7-302-47419-7

Ⅰ. ①微…　Ⅱ. ①张…　②刘…　Ⅲ. ①微型计算机－组装－高等职业教育－教材 ②微型计算机－维修－高等职业教育－教材　Ⅳ. ①TP36

中国版本图书馆 CIP 数据核字(2017)第 129378 号

责任编辑：孟毅新
封面设计：傅瑞学
责任校对：赵琳爽
责任印制：刘海龙

出版发行：清华大学出版社
　　　　　网　　　址：http://www.tup.com.cn，http://www.wqbook.com
　　　　　地　　　址：北京清华大学学研大厦 A 座　　　　邮　　编：100084
　　　　　社 总 机：010-62770175　　　　　　　　　　邮　　购：010-62786544
　　　　　投稿与读者服务：010-62776969，c-service@tup.tsinghua.edu.cn
　　　　　质量反馈：010-62772015，zhiliang@tup.tsinghua.edu.cn
　　　　　课件下载：http://www.tup.com.cn,010-62770175-4278
印 装 者：三河市少明印务有限公司
经　　销：全国新华书店
开　　本：185mm×260mm　　　印　张：17.25　　　字　数：392 千字
版　　次：2011 年 8 月第 1 版　2018 年 1 月第 2 版　印　次：2018 年 1 月第 1 次印刷
印　　数：1～2500
定　　价：42.00 元

产品编号：075367-01

第 2 版前言

随着信息技术的发展,微型计算机已成为人们工作和生活中不可缺少的工具,而在微机使用中也面临越来越多的系统维护和管理问题,如系统硬件故障、软件故障、病毒防范和系统升级等,如果不能及时有效地处理好这些问题,将会给用户正常的工作、生活带来影响。为此,本书提供全面的微机系统维护方法,使读者以较低的成本得到较为稳定的系统性能,以较高的性价比保证微机系统的正常使用。

编者多年从事微机基础的教学和工作微机系统的维护工作,为了满足广大读者的需求,精心设计了内容丰富、情境独特的案例,以激发读者的学习兴趣。

本书在内容、案例和实践环节等方面,充分考虑应用型学员的特点,力求适合应用型本科和高职高专教学的需要。在内容上,本着"少而精"的原则选取和优化,讲解与实际应用联系紧密的技术,重点加强实践与应用环节的学习;在教学方式上,采用任务驱动式教学法,用"情境导入""案例分析""要点提示""边学边做"的方式引导读者,并通过思考练习来检验和巩固所学知识,进一步提高读者实际动手操作的能力。

由于微机的硬件和软件更新换代比较快,本书重点介绍新的硬件设备和软件操作的相关知识,以满足读者学习和应用新型微机系统的需求。一本少理论、多应用又非常实用的微机系统与维护书籍,能使初学者少走弯路、快速进入新型微机世界。正是在这种背景下,我们编写了这本适合大众的最新基础教材。

本书可作为各类高校相关专业师生、相关培训班的微机组装与维护教程,也可作为微机组装初学者的自学手册。

本书由张春芳、刘浩锋担任主编,孙慧、郑喜珍、张婷婷、姜贵平担任副主编,全书由张春芳统稿和审阅。

由于作者水平有限,本书不足之处在所难免,欢迎广大读者批评、指正。

作　者
2017 年 11 月

目　录

第 1 章　微机基础知识 ……………………………………………………… 1

　1.1　微机系统概述 …………………………………………………………… 1

　　　1.1.1　情境导入 ………………………………………………………… 1

　　　1.1.2　案例分析 ………………………………………………………… 1

　　　1.1.3　要点提示：微机系统组成 …………………………………… 3

　1.2　微机硬件系统 …………………………………………………………… 3

　　　1.2.1　情境导入 ………………………………………………………… 4

　　　1.2.2　案例分析 ………………………………………………………… 4

　　　1.2.3　要点提示：微机的工作过程 ………………………………… 6

　1.3　微机软件系统 …………………………………………………………… 7

　　　1.3.1　情境导入 ………………………………………………………… 7

　　　1.3.2　案例分析 ………………………………………………………… 7

　　　1.3.3　要点提示：软件系统的类型和功能 ………………………… 8

　本章小结 ……………………………………………………………………… 9

　习题 …………………………………………………………………………… 10

第 2 章　中央处理器(CPU) ……………………………………………… 12

　2.1　CPU 简介 ……………………………………………………………… 12

　　　2.1.1　情境导入 ………………………………………………………… 12

　　　2.1.2　案例分析 ………………………………………………………… 12

　　　2.1.3　要点提示：CPU 的发展 ……………………………………… 13

　2.2　CPU 的结构 …………………………………………………………… 14

　　　2.2.1　情境导入 ………………………………………………………… 14

　　　2.2.2　案例分析 ………………………………………………………… 14

　　　2.2.3　要点提示：CPU 结构类型 …………………………………… 14

　2.3　CPU 的性能指标 ……………………………………………………… 16

　　　2.3.1　情境导入 ………………………………………………………… 16

　　　2.3.2　案例分析 ………………………………………………………… 16

　　　2.3.3　要点提示：CPU 的性能指标 ………………………………… 16

2.4　CPU 的选购 ……………………………………………………… 18
　　2.4.1　情境导入 …………………………………………………… 18
　　2.4.2　案例分析 …………………………………………………… 18
　　2.4.3　要点提示：CPU 的类型特点 …………………………… 19
　　2.4.4　边学边做：CPU 的选购方法 …………………………… 21
2.5　CPU 散热器的选购 …………………………………………… 23
　　2.5.1　情境导入 …………………………………………………… 24
　　2.5.2　案例分析 …………………………………………………… 24
2.6　CPU 的安装和使用 …………………………………………… 24
　　2.6.1　情境导入 …………………………………………………… 24
　　2.6.2　案例分析 …………………………………………………… 24
　　2.6.3　要点提示 …………………………………………………… 24
　　2.6.4　边学边做：CPU 的安装 ………………………………… 25
本章小结 ……………………………………………………………… 27
习题 …………………………………………………………………… 27

第 3 章　存储器 …………………………………………………………… 29
3.1　存储器的类型 ………………………………………………… 29
　　3.1.1　情境导入 …………………………………………………… 29
　　3.1.2　案例分析 …………………………………………………… 29
　　3.1.3　要点提示：不同存储器比较 …………………………… 30
3.2　内存 …………………………………………………………… 31
　　3.2.1　情境导入 …………………………………………………… 31
　　3.2.2　案例分析 …………………………………………………… 32
　　3.2.3　要点提示 …………………………………………………… 32
　　3.2.4　边学边做 1：内存的选购方法 ………………………… 34
　　3.2.5　边学边做 2：内存安装方法 …………………………… 36
　　3.2.6　边学边做 3：内存故障分析 …………………………… 37
3.3　硬盘 …………………………………………………………… 39
　　3.3.1　情境导入 …………………………………………………… 40
　　3.3.2　案例分析 …………………………………………………… 40
　　3.3.3　要点提示 …………………………………………………… 43
　　3.3.4　边学边做 1：硬盘的选购方法 ………………………… 44
　　3.3.5　边学边做 2：硬盘安装方法 …………………………… 45
　　3.3.6　边学边做 3：硬盘故障分析 …………………………… 46
3.4　光盘与光驱 …………………………………………………… 48
　　3.4.1　情境导入 …………………………………………………… 48
　　3.4.2　案例分析 …………………………………………………… 48

3.4.3 要点提示 ……………………………………………… 54

3.4.4 边学边做1：光盘与光驱的选购方法 ………………… 55

3.4.5 边学边做2：光驱安装方法 …………………………… 56

3.4.6 边学边做3：光驱故障分析 …………………………… 57

3.5 移动存储器 …………………………………………………… 58

3.5.1 情境导入 ………………………………………………… 58

3.5.2 案例分析 ………………………………………………… 58

3.5.3 要点提示 ………………………………………………… 59

3.5.4 边学边做1：U盘的选购方法 ………………………… 60

3.5.5 边学边做2：移动存储设备故障分析 ………………… 61

本章小结 ………………………………………………………… 63

习题 ……………………………………………………………… 63

第4章 输入/输出设备 ……………………………………………… 65

4.1 输入设备 ……………………………………………………… 65

4.1.1 情境导入 ………………………………………………… 65

4.1.2 案例分析 ………………………………………………… 65

4.1.3 键盘 ……………………………………………………… 66

4.1.4 鼠标 ……………………………………………………… 68

4.1.5 其他输入设备 …………………………………………… 69

4.1.6 边学边做1：键盘和鼠标的选购方法 ………………… 73

4.1.7 边学边做2：键盘和鼠标的安装方法 ………………… 74

4.1.8 边学边做3：键盘和鼠标的故障分析 ………………… 75

4.2 输出设备 ……………………………………………………… 76

4.2.1 情境导入 ………………………………………………… 76

4.2.2 案例分析 ………………………………………………… 76

4.2.3 显示器 …………………………………………………… 76

4.2.4 打印机 …………………………………………………… 80

4.2.5 其他输出设备 …………………………………………… 81

4.2.6 边学边做1：显示器和打印机的选购方法 …………… 83

4.2.7 边学边做2：显示器、打印机与主机的连接方法 …… 85

4.2.8 边学边做3：显示器、打印机故障分析 ……………… 85

本章小结 ………………………………………………………… 88

习题 ……………………………………………………………… 88

第5章 主板及其他设备 …………………………………………… 90

5.1 主板 …………………………………………………………… 90

5.1.1 情境导入 ………………………………………………… 90

      5.1.2　案例分析 ……………………………………………… 90

      5.1.3　要点提示 ……………………………………………… 93

      5.1.4　边学边做1：主板的选购方法 ……………………… 94

      5.1.5　边学边做2：主板故障分析 ………………………… 94

  5.2　声卡 ……………………………………………………………… 96

      5.2.1　情境导入 ……………………………………………… 96

      5.2.2　案例分析 ……………………………………………… 96

      5.2.3　边学边做1：声卡的选购方法 ……………………… 98

      5.2.4　边学边做2：声卡故障分析 ………………………… 98

  5.3　显卡 ……………………………………………………………… 99

      5.3.1　情境导入 ……………………………………………… 99

      5.3.2　案例分析 ……………………………………………… 99

      5.3.3　边学边做1：显卡的选购方法 ……………………… 102

      5.3.4　边学边做2：显卡故障分析 ………………………… 104

  5.4　机箱、电源 ……………………………………………………… 104

      5.4.1　情境导入 ……………………………………………… 104

      5.4.2　案例分析 ……………………………………………… 105

      5.4.3　边学边做：机箱和电源的选购方法 ………………… 106

  本章小结 …………………………………………………………… 107

  习题 ………………………………………………………………… 108

第6章　微机组装与系统设置 ………………………………………… 109

  6.1　微机组装流程 …………………………………………………… 109

      6.1.1　情境导入 ……………………………………………… 109

      6.1.2　案例分析 ……………………………………………… 109

      6.1.3　要点提示 ……………………………………………… 110

      6.1.4　边学边做：微机硬件的组装 ………………………… 110

  6.2　微机系统配置 …………………………………………………… 119

      6.2.1　情境导入 ……………………………………………… 119

      6.2.2　案例分析 ……………………………………………… 119

      6.2.3　要点提示 ……………………………………………… 130

      6.2.4　边学边做：系统配置故障分析 ……………………… 130

  本章小结 …………………………………………………………… 131

  习题 ………………………………………………………………… 131

第7章　软件的安装 …………………………………………………… 133

  7.1　系统软件安装步骤 ……………………………………………… 133

      7.1.1　情境导入 ……………………………………………… 133

　　　　7.1.2　案例分析 ……………………………………………… 133

　　7.2　Windows 操作系统的安装 …………………………………… 134

　　　　7.2.1　安装前的准备 ………………………………………… 134

　　　　7.2.2　边学边做 1：安装 Windows XP 的步骤 ……………… 136

　　　　7.2.3　边学边做 2：安装 Windows 10 的步骤 ……………… 144

　　　　7.2.4　要点提示 ……………………………………………… 149

　　7.3　应用软件的安装 ………………………………………………… 150

　　　　7.3.1　情境导入 ……………………………………………… 150

　　　　7.3.2　案例分析 ……………………………………………… 150

　　本章小结 ………………………………………………………………… 151

　　习题 ……………………………………………………………………… 151

第 8 章　常用工具软件 ……………………………………………………… 152

　　8.1　系统优化软件 …………………………………………………… 152

　　　　8.1.1　情境导入 ……………………………………………… 152

　　　　8.1.2　案例分析：Windows 优化大师 ……………………… 153

　　　　8.1.3　要点提示 ……………………………………………… 159

　　8.2　系统检测软件 …………………………………………………… 160

　　　　8.2.1　情境导入 ……………………………………………… 160

　　　　8.2.2　案例分析 1：鲁大师 ………………………………… 160

　　　　8.2.3　案例分析 2：HWINFO32/64 ……………………… 164

　　　　8.2.4　案例分析 3：其他测试工具 ………………………… 166

　　　　8.2.5　要点提示 ……………………………………………… 166

　　8.3　硬盘分区软件 …………………………………………………… 167

　　　　8.3.1　情境导入 ……………………………………………… 167

　　　　8.3.2　案例分析：傲梅磁盘分区助手(DiskTool) ………… 167

　　　　8.3.3　要点提示 ……………………………………………… 173

　　8.4　系统备份与还原软件 …………………………………………… 174

　　　　8.4.1　情境导入 ……………………………………………… 174

　　　　8.4.2　案例分析 1：Ghost 操作 …………………………… 174

　　　　8.4.3　案例分析 2：一键 GHOST …………………………… 179

　　　　8.4.4　要点提示 ……………………………………………… 182

　　8.5　文件恢复软件 …………………………………………………… 183

　　　　8.5.1　情境导入 ……………………………………………… 183

　　　　8.5.2　案例分析 1：EasyRecovery ………………………… 183

　　　　8.5.3　案例分析 2：其他数据恢复软件 …………………… 191

　　　　8.5.4　要点提示 ……………………………………………… 192

　　8.6　U 盘启动 ………………………………………………………… 192

　　　　8.6.1　情境导入 ……………………………………………… 192

　　　　8.6.2　案例分析 ……………………………………………………… 193

　8.7　驱动程序的安装、升级与卸载 ……………………………………… 195

　　　　8.7.1　情境导入 ……………………………………………………… 195

　　　　8.7.2　案例分析 ……………………………………………………… 195

　　　　8.7.3　边学边做：驱动程序的安装、备份、还原和卸载 …………… 196

　　　　8.7.4　要点提示 ……………………………………………………… 199

　本章小结 ……………………………………………………………………… 199

　习题 …………………………………………………………………………… 199

第9章　笔记本电脑 ………………………………………………………… 202

　9.1　笔记本电脑主板结构与功能 ………………………………………… 202

　　　　9.1.1　情境导入 ……………………………………………………… 202

　　　　9.1.2　案例分析 ……………………………………………………… 202

　　　　9.1.3　要点提示：新型笔记本电脑的特点 ………………………… 204

　9.2　笔记本电脑的维护常识 ……………………………………………… 204

　　　　9.2.1　情境导入 ……………………………………………………… 204

　　　　9.2.2　案例分析 ……………………………………………………… 205

　　　　9.2.3　边学边做：笔记本电脑故障分析 …………………………… 207

　9.3　笔记本电脑的选购 …………………………………………………… 208

　　　　9.3.1　情境导入 ……………………………………………………… 208

　　　　9.3.2　案例分析：选购方法 ………………………………………… 208

　本章小结 ……………………………………………………………………… 210

　习题 …………………………………………………………………………… 210

第10章　网络组建和使用常识 …………………………………………… 213

　10.1　常用设备 ……………………………………………………………… 213

　　　　10.1.1　情境导入 …………………………………………………… 213

　　　　10.1.2　案例分析1：局域网所需设备 …………………………… 213

　　　　10.1.3　案例分析2：网络互联设备 ……………………………… 215

　　　　10.1.4　要点提示 …………………………………………………… 219

　10.2　网络地址结构 ………………………………………………………… 219

　　　　10.2.1　情境导入 …………………………………………………… 219

　　　　10.2.2　案例分析 …………………………………………………… 219

　　　　10.2.3　要点提示 …………………………………………………… 220

　　　　10.2.4　边学边做：查看和配置IP地址 ………………………… 220

　10.3　网络安全常识 ………………………………………………………… 222

　　　　10.3.1　情境导入 …………………………………………………… 222

　　　　10.3.2　案例分析：如何提高网络安全 …………………………… 222

　　　　10.3.3　要点提示 ……………………………………………… 225

　　10.4　组建计算机网络 ……………………………………………… 225

　　　　10.4.1　情境导入 ……………………………………………… 225

　　　　10.4.2　案例分析 1：Windows XP/7/10 环境下组建

　　　　　　　　局域网的方法 ……………………………………… 226

　　　　10.4.3　案例分析 2：计算机无线上网的方法 ……………… 229

　　　　10.4.4　要点提示 ……………………………………………… 231

　　　　10.4.5　边学边做：Wi-Fi 密码的查看和设置 …………… 232

　　本章小结 ……………………………………………………………… 233

　　习题 …………………………………………………………………… 233

第 11 章　微机安全维护 …………………………………………………… 236

　　11.1　微机安全维护基本常识 ……………………………………… 236

　　　　11.1.1　情境导入 ……………………………………………… 236

　　　　11.1.2　案例分析 ……………………………………………… 236

　　　　11.1.3　边学边做：关机方式 ……………………………… 241

　　11.2　开机密码设置 ………………………………………………… 241

　　　　11.2.1　情境导入 ……………………………………………… 241

　　　　11.2.2　案例分析 ……………………………………………… 242

　　　　11.2.3　边学边做：实例分析 ……………………………… 244

　　11.3　病毒与防火墙 ………………………………………………… 244

　　　　11.3.1　情境导入 ……………………………………………… 244

　　　　11.3.2　案例分析 ……………………………………………… 244

　　　　11.3.3　边学边做：杀毒和防火墙软件的选择 …………… 246

　　11.4　系统漏洞与补丁 ……………………………………………… 247

　　　　11.4.1　情境导入 ……………………………………………… 247

　　　　11.4.2　案例分析 ……………………………………………… 247

　　　　11.4.3　边学边做：修复漏洞 ……………………………… 249

　　　　11.4.4　要点提示 ……………………………………………… 253

　　11.5　注册表常识 …………………………………………………… 254

　　　　11.5.1　情境导入 ……………………………………………… 254

　　　　11.5.2　案例分析 ……………………………………………… 254

　　　　11.5.3　边学边做：提高 Windows 系统性能的几种方法 ……… 258

　　　　11.5.4　要点提示 ……………………………………………… 258

　　本章小结 ……………………………………………………………… 259

　　习题 …………………………………………………………………… 259

参考文献 ………………………………………………………………… 262

第1章 微机基础知识

计算机包括大型机、中型机、小型机和微型计算机等，人们日常工作、生活中常用的计算机为微型计算机，简称微机。本书介绍微机的相关知识。

（1）熟悉微机系统的相关概念；

（2）掌握微机组成及各部分的功能；

（3）熟悉微机软件系统的类型及功能。

1.1 微机系统概述

微机系统包括硬件系统和软件系统。硬件系统由硬件设备组成，软件系统包括操作系统软件和应用软件，软件要在硬件设备上才能运行。

1.1.1 情境导入

（1）计算机、微型机和电脑有什么不同？

（2）计算机和计算器有何区别？

（3）PC 和单片机是什么？

（4）品牌机与兼容机有什么区别？

（5）电脑一体机是什么？

1.1.2 案例分析

（1）计算机（Computer）是一种能够按照事先存储的程序，自动、高速地进行大量数值计算和各种信息处理的电子设备，由硬件和软件组成，两者不可分割。计算机包括大型机、中型机、小型机和微型计算机等。而"微机"是"微型计算机"的简称。

微型计算机（Micro Computer）是由大规模集成电路组成的、体积较小的计算机。它是以微处理器为基础，配以内存储器、输入/输出（I/O）接口电路和相应的辅助电路构成的计算机。

"电脑"是人们对微型计算机的一种通俗的叫法，因为微型机用处广泛，并可以模仿人的一部分思维活动,代替人进行记忆、计算和判断等,能按照人们的意愿自动地工作,所以人们把计算机称为"电脑"。

微机多见于办公场所和家庭中,用于日常的工作和生活。一些大型机、中型机和小型机一般只能在研究机构或大的网站、商业机构见到。

(2)计算器功能小,不能存储程序,不能自动运行,更不能处理、传输复杂的多媒体信息,只能进行固定模式的数学运算,结构简单,功能也较弱,但手持方便、价格低廉。

(3)PC是个人计算机(Personal Computer)的缩写,也就是通常说的个人电脑。个人计算机不需要共享其他计算机的处理器、磁盘和打印机等资源,可以独立工作。

单片机是把组成微型计算机的功能部件集成在一块小芯片上。主要用于工业自动化、仪器和仪表等。

(4)市场上的微机主要分为两大类,即品牌机和兼容机。现从以下几个方面进行比较,用以帮助读者选购合适的机型。

① 配件:兼容机也叫组装机,它的软硬件可以由用户自由组配;品牌机一般是由名牌计算机厂家生产的,也叫原装机,对于各个部件的质量要求非常严格,配件的来源固定,一般不会有假货。

② 生产:品牌机在生产过程中,经过专家的严格测试、调试以及长时间的"烤"机,以避免机器兼容性的问题。兼容机是按照用户的意愿临时进行组装的,虽然有时也会进行一定的测试,但毕竟没有专业的技术和检测工具,以后出现问题的概率要比品牌机高。

③ 价格:目前,一般兼容机还是便宜一些,但是与品牌机的差距比以前缩小了许多。

④ 性能:一般某些品牌机的性能很稳定,特别是在出厂前经过严格测试的品牌机;但如果用户对硬件很熟悉,同等价格组装的机器性能会更高些。

⑤ 升级:品牌机由于要考虑稳定性,一般配置固定,有的甚至不让用户随意改动,对于以后用户的升级非常不利。兼容机的配置比较灵活,可以按用户的想法随意组合,所以以后升级将会方便一些。

⑥ 特色功能:品牌机的特色功能突出,而且在某些方面专用,更人性化,外观也比较美观;兼容机的功能一般大众化。

⑦ 售后服务:品牌机价格稍高,其中就包括了整机优质的售后服务。兼容机的售后服务主要针对各个组装部件,用户在组装微机时,要注意不同部件的保修期和服务条款。

(5)电脑一体机是指将传统分体台式机的主机集成到显示器中,从而形成一体台式机。

① 电脑一体机的优点:优化的线路连接简洁,只需要一根电源线就可以完成所有连接,减少了网线、键盘线、鼠标线等;多功能部件集于一身,体积小,减少占用桌面空间;节能环保,耗电仅为传统分体台式机的1/3;具有更小电磁辐射。

② 电脑一体机的缺点:配置较低,不能随意升级换代,只满足一般应用,而且在维修的时候只能使用相同的部件;集成度高,散热较差;不如笔记本电脑方便携带。

1.1.3 要点提示：微机系统组成

微机系统包括硬件系统和软件系统两大部分，如图 1-1 所示。

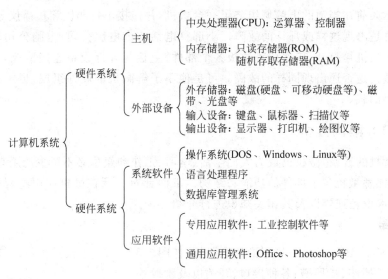

图 1-1　微机系统的组成

　　硬件系统是指组成微机的各种物理设备，如主机（包括主板、CPU、硬盘和内存等元件）和各种外部设备（简称外设，包括显示器、键盘和鼠标等）。

　　软件系统则是为了运行、管理和维护微机而编制的各种程序的总和，是指微机上的数据、文件和程序等，如 Windows 操作系统、Office 应用软件等。

　　硬件系统和软件系统两者是相互依存、不可分割的。未配备任何软件、仅有硬件系统的微机叫做"裸机"，这样的微机不能做任何工作。硬件系统就好像一个人的躯体，而软件系统可比作人的精神和思想。没有硬件，软件就没有用武之地；没有软件，硬件就像一堆废铁。只有配备了完善的软件系统，硬件系统才具有实际的使用价值。

1.2 微机硬件系统

　　硬件系统是指一台计算机所有的物理部件，即能够看得到的实体。从计算机外观来看，台式机主要由主机、显示器、键盘、鼠标和音箱等几部分组成，如图 1-2 所示。

图 1-2　微机的组成

计算机主机由 CPU、主板、硬盘、内存、光驱、显卡、声卡和电源等硬件组成。

1.2.1　情境导入

小邢不久前在当地的电脑城组装了一台微机,并连接了打印机和扫描仪等外部设备,在使用中总是出现这样或那样的故障。小邢打电话咨询电脑公司,电脑公司的技术员建议他把微机的机箱打开,依次检查主板各个部件、主板与外部设备连接情况,并卸载某些部件查看微机是否还出现同样的故障。可是他不了解微机的硬件组成,也不知道哪些外部设备需要卸载。

1.2.2　案例分析

随着微机的普及,微机已成为人们生活、学习、工作和娱乐必不可少的工具,作为微机用户,应该熟悉微机各个部件的功能和结构。下面针对小邢在微机应用过程中遇到的主板硬件、外部设备连接以及其相关知识进行介绍。

1. 主板

主板(Main Board)是一块矩形的电路板,如图 1-3 所示。主板是主机的核心部件,主要包含 CPU 插座、扩展槽、各种接口、开关以及跳线等。

图 1-3　微机的主板

微机主板是微机系统管理硬件的核心载体。它既是连接各个部件的物理通路,又是各部件之间数据传输的逻辑通路。微机在运行时对系统内的部件和外部设备的控制都是通过主板来实现的。同时,微机整体运行速度和稳定性也在很大程度上取决于主板的性能。

2. CPU

中央处理器(Central Processing Unit,CPU)是包括运算器、控制器和寄存器的一块大规模集成电路芯片,如图 1-4 所示。

运算器是微机进行算术运算和逻辑判断的主要部件。

控制器是整个微机系统的控制中心。它的主要功能是从存储器中取出信息进行分析,根据指令向微机各个部件发出多种控制信息,使微机按要求自动、协调地完成任务。

图 1-4 微机的 CPU

寄存器是 CPU 内部临时寄存信息的单元,如存放运算的结果和标志信息的单元等。

CPU 是微机的核心配件,它承担所有的加工操作,这些操作都由 CPU 负责读取指令、对指令译码并执行指令。

3. 存储器

微机的存储器又分为内部存储器和外部存储器。

(1) 内部存储器又称为主存储器,简称内存,它的主要作用是存储和记忆处理过程中的指令信息和数据信息,如图 1-5 所示。

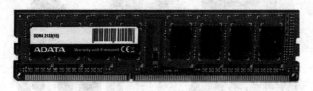

图 1-5 微机的内部存储器

微机各个部件间交流信息和传送数据,都需要通过内存来进行。只有存储在内存里的信息才能直接被 CPU 存取。微机中要运行、处理的程序和数据都必须先保存在内存中,因此内存的工作速度和存储容量对系统的整体性能、规模和效率都有很大的影响。目前微机的内存全部采用半导体存储器,从功能上分为随机存取存储器(RAM)和只读存储器(ROM)。

RAM 中存储当前使用的程序、数据和中间结果,CPU 可根据需要直接读写 RAM 中的内容。但是一旦断电,RAM 中的数据就会丢失,无法恢复。

ROM 中的信息是制造商用专门的设备一次性写入的,ROM 是用来存放固定不变重复执行的程序,即使关机或断电,里面的程序也不会消失。ROM 只能做读出操作,不能做写入操作。

(2) 外部存储器简称外存,属于外部设备。

(3) 存储容量的基本单位是字节(Byte),一个字节由 8 位二进制数位(bit)组成。为了表示方便,还有千字节(KB)、兆字节(MB)和吉字节(GB)等。它们直接的换算关系为 1KB=1024B、1MB=1024KB 和 1GB=1024MB。

4. 外部设备

微机的外部设备包括外存储器、输入设备和输出设备。微处理器在运行中所需要的程序和数据由外部设备输入,而处理的结果还要输出到外部设备中去。

(1)外部存储器,简称外存。主要用来长期存放暂时不用的程序和数据。由于外存
具有掉电不丢失信息的特点,所以内存中需要长期
保存的信息应存放到外存中,当需要的时候再调入
微机内存。常见的外存有硬盘和光盘等。如图 1-6
所示为微机的硬盘。

(2)输入设备。主要用于把信息与数据转换成
电信号,并通过微机的接口电路将这些信息传送到
微机的存储设备中。

(3)输出设备。主要用于把微机处理的结果通
过接口电路以人们能识别的信息形式显示或打印
出来。

经常见到的输入/输出设备如图 1-7 所示。

图 1-6　微机的硬盘

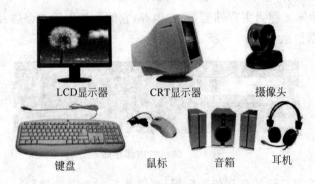

LCD显示器　　　CRT显示器　　　摄像头

键盘　　　鼠标　　　音箱　　　耳机

图 1-7　常见的输入/输出设备

1.2.3　要点提示:微机的工作过程

1. 指令和程序的概念

指令:指挥计算机进行基本操作的命令,是计算机进行工作的依据。通常一条指令
由两部分组成:一部分是说明完成何种操作的操作码,另一部分是参与操作的数据本身
或它在内存中的地址,称为操作数。

程序:控制计算机工作的全部指令的集合。其中的指令是根据所需要完成的任务,
按照一定顺序排列在一起的。计算机执行程序就是执行一系列的指令,从而控制计算机
一步步地完成预定的任务。因此,程序中的每条指令都必须是该计算机指令系统中的指
令。对于不同的计算机,其指令系统也不相同。

2. 微机的工作过程

1944 年,冯·诺依曼提出了一个全新的计算机概念,即冯·诺依曼计算机模型。该
模型确立了现代计算机的基本结构,即冯·诺依曼结构。冯·诺依曼将一台计算机描述
成 5 个部分:运算器、控制器、存储器、输入设备和输出设备。

冯·诺依曼计算机的工作原理是"程序存储和过程控制",如图 1-8 所示。

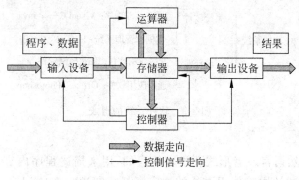

图 1-8 微机的工作过程

具体步骤如下。

（1）首先通过输入设备,将原始数据和程序送到内存储器。

（2）然后再按照顺序,从内存储器中逐条取出程序中的指令,送入控制器进行译码分析。

（3）控制器根据指令的功能向有关部件发出控制信号,控制它们执行规定的功能。

（4）控制器按照顺序逐一"取指令、分析指令和执行指令",直到程序中的全部指令执行完毕。

1.3 微机软件系统

1.3.1 情境导入

小邢熟悉了微机的硬件结构,但是,在使用微机时,对操作系统和一些应用程序的功能及使用方法还不熟悉,对整个微机软件系统各部分之间的关系和功能不了解,对遇到的一些概念如软件、程序和文档还不清楚它们之间的区别。

1.3.2 案例分析

1. 微机软件系统的组成

操作系统和一些应用程序属于微机软件系统。

微机软件系统是指在硬件设备上运行的各种程序、数据以及有关资料。软件的应用主要是充分发挥微机的性能、提高微机的使用效率和方便用户与微机之间交流信息。软件系统由系统软件和应用软件组成,如图 1-9 所示。

2. 软件、程序和文档的概念

软件是计算机系统的重要组成部分,它是计算机程序以及与程序有关的各种文档的总称,如 Windows XP 和 Windows 10 操作系统。

程序是为实现特定目标或解决特定问题而用计算机语言编写的命令序列的集合,是人们求解问题的逻辑思维活动的代码化描述,如用某种语言编写的、能实现某种功能的源

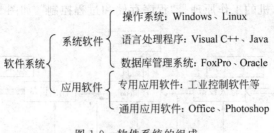

图 1-9　软件系统的组成

代码。

　　文档是指用自然语言或者形式化语言编写的,用来描述程序内容、组成、设计、功能、规则、开发情况、测试结构和使用方法的文字资料或图表。文档记录软件开发的活动和阶段成果,它不仅用于专业人员和用户之间的通信和交流,而且可以用于软件开发过程的管理和运行阶段的维护。例如软件开发阶段的需求分析说明书,用户使用的操作手册等。

1.3.3　要点提示:软件系统的类型和功能

1. 软件系统的类型

　　软件系统包括系统软件和应用软件两种类型。微机软件的结构如图 1-10 所示。

　　(1) 系统软件。系统软件位于软件系统的底层,同时也最靠近硬件。系统软件包括操作系统和其他系统软件,如 Windows、数据库管理系统和服务性程序等。

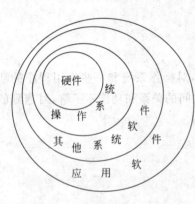

图 1-10　微机软件的结构

　　(2) 应用软件。应用软件是专门为解决某个或某些应用领域中的具体任务而编写的功能软件。应用软件可分为专业应用软件和通用应用软件,如 Photoshop、Office 和工业控制软件等。

2. 系统软件的功能

　　系统软件主要包括操作系统、语言处理程序、数据库管理系统等。

　　1) 操作系统

　　操作系统(Operating System,OS)是管理计算机全部硬件与软件资源的程序,同时也是计算机系统的内核与基石。

　　操作系统控制程序运行,改善人机界面,为其他应用软件提供支持,使计算机系统所有资源最大限度地发挥作用,为用户提供方便、有效和友善的服务界面。

　　目前微机上常见的操作系统有 DOS、UNIX、Windows 等,所有的操作系统具有并发性、共享性、虚拟性和不确定性 4 个基本特征。

　　2) 语言处理程序

　　程序是计算机语言的具体体现。对于各种程序设计语言编写的源程序,计算机是不能直接识别和执行的,要经过翻译才能执行,这些翻译程序就是语言处理程序,包括汇编程序、编译程序和解释程序等。

汇编程序的基本功能是将汇编语言源程序通过汇编翻译程序转换为计算机能识别和执行的二进制机器指令,然后由计算机执行。

编译程序和解释程序基本功能是首先将高级语言编写的源程序通过语言处理程序翻译成计算机能识别和执行的二进制机器指令,然后由计算机执行。

3）数据库管理系统

数据库管理系统(DataBase Management System,DBMS),是一种操纵和管理数据库的大型软件,用于建立、使用和维护数据库。它对数据库进行统一的管理和控制,以保证数据库的安全性和完整性。

常见的数据库管理系统有 Oracle、Sybase、Microsoft SQL Server 和 Microsoft Access 等,它们各以自己特有的功能在数据库市场上占有一席之地。

3. 应用软件的功能

应用软件是计算机生产厂商或软件公司为支持某一应用领域、解决某一实际问题而专门研制的应用程序,如办公软件 Office(Word、Excel 和 PowerPoint 等)、软件开发工具、Internet 浏览器、网页开发软件(FrontPage、Flash 等)、图像处理软件(Photoshop 等)、数学软件包(Matlab、MathCAD 等)、计算机辅助设计软件(AutoCAD 等)、多媒体开发软件(Authorware 等)和游戏软件等。

在使用应用软件时一定要注意系统环境,也就是说,运行应用软件需要系统软件的支持。在不同的系统软件下开发的应用程序,只有在相应的系统软件下才能运行,如 Office套件只能运行在 Windows 环境下,不能在 DOS 环境下运行。

本章小结

本章主要讲述了微机的系统结构,包括微机的硬件系统和软件系统,以及它们之间的关系,如图 1-11 所示。

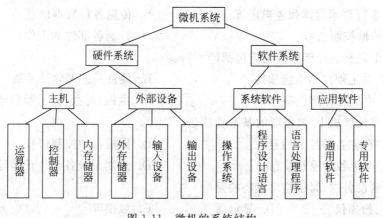

图 1-11　微机的系统结构

习题

一、单项选择题

1. 微机系统由硬件系统和(　　)两部分组成。
   A. 主机　　　　　　B. 软件系统　　　　C. 操作系统　　　　D. 应用系统

2. 计算机与一般计算装置的本质区别是它具有(　　)。
   A. 大容量和高速度　　　　　　　　　B. 自动控制功能
   C. 程序控制功能　　　　　　　　　　D. 存储程序和程序控制功能

3. 计算机软件系统应包括(　　)。
   A. 编辑软件和连接程序　　　　　　　B. 数据软件和管理软件
   C. 程序和数据　　　　　　　　　　　D. 系统软件和应用软件

4. 在微型计算机中,运算器和控制器合称为(　　)。
   A. 逻辑部件　　　　　　　　　　　　B. 算术运算部件
   C. 微处理器　　　　　　　　　　　　D. 算术和逻辑部件

5. 对于微型计算机来说,(　　)的工作速度基本上决定了微机的运算速度。
   A. 控制器　　　　　　B. 运算器　　　　　C. CPU　　　　　　D. 存储器

6. 输入设备就是负责把计算机所要处理的问题转换为计算机内部所能接受和识别的(　　)信息。
   A. ASCII 码　　　　　B. 二进制　　　　　C. 数字　　　　　　D. 电

7. 下列属于内部存储器的是(　　)。
   A. 内存　　　　　　　B. 光驱　　　　　　C. 软盘　　　　　　D. 硬盘

8. 微机的硬件系统主要包含运算器、控制器、(　　)和输入/输出设备五大部件。
   A. CPU　　　　　　　B. 内存　　　　　　C. 存储器　　　　　D. SQL

9. CPU 包含运算器和控制器,其中运算器的基本功能是(　　)。
   A. 进行算术运算和逻辑运算　　　　　B. 传输各种数据信息
   C. 传输控制信号　　　　　　　　　　D. 控制各部件的工作

10. 一个完整的计算机系统应包括(　　)。
    A. 系统硬件和系统软件　　　　　　　B. 硬件系统和软件系统
    C. 主机和外部设备　　　　　　　　　D. 主机、键盘、显示器和辅助存储器

11. 微型计算机中,控制器的基本功能是(　　)。
    A. 存储各种控制信息　　　　　　　　B. 传输各种控制信号
    C. 产生各种控制信息　　　　　　　　D. 控制系统各部件正确地执行程序

12. 下列设备中,属于输出设备的是(　　)。
    A. 扫描仪　　　　　　B. 显示器　　　　　C. 触摸屏　　　　　D. 光笔

13. 下列设备中,属于输入设备的是(　　)。
    A. 声音合成器　　　　B. 激光打印机　　　C. 光笔　　　　　　D. 显示器

14．操作系统的功能是（　　　）。

    A．处理机管理、存储器管理、设备管理、文件管理

    B．运算器管理、控制器管理、打印机管理、磁盘管理

    C．硬盘管理、软盘管理、存储器管理、文件管理

    D．程序管理、文件管理、编译管理、设备管理

15．关于硬件系统和软件系统的概念，下列叙述不正确的是（　　　）。

    A．计算机硬件系统的基本功能是接受计算机程序，并在程序控制下完成数据输入和数据输出任务

    B．软件系统建立在硬件系统的基础上，它使硬件功能得以充分发挥，并为用户提供一个操作方便、工作轻松的环境

    C．没有装配软件系统的计算机不能做任何工作，没有实际的使用价值

    D．一台计算机只要装入系统软件后，即可进行文字处理或数据处理工作

二、简答题

1．简述微机系统的组成。

2．微机硬件由哪些部分组成？并简述各部分的功能。

3．软件系统包括哪两种类型？

4．简述操作系统的作用。

第2章 中央处理器(CPU)

　　中央处理器(Central Processing Unit,CPU)是微机中的核心配件。它体积虽小,却是微机系统运算和控制的核心。微机中所有操作都是通过CPU读取指令、对指令译码并执行指令来进行的。

学习目标

　　(1) 熟悉CPU的作用和发展;
　　(2) 掌握CPU的组成及各部分的功能;
　　(3) 熟悉CPU的性能指标;
　　(4) 熟悉CPU的类型和选购方法;
　　(5) 掌握CPU的安装方法。

2.1　CPU简介

　　CPU由运算器、控制器和一组寄存器组成。它们相互配合,共同进行分析、判断和运算,并控制计算机各个部件协调工作。

　　CPU中的运算器主要完成各种算术运算(加、减、乘、除)和逻辑运算(逻辑加、逻辑乘和逻辑非运算等);控制器主要用来读取各种指令,并对指令进行分析,做出相应的控制。此外,在CPU中还有若干个寄存器,它是CPU内部的临时存储单元。

　　总之,CPU具有3个基本功能:读数据、处理数据和写数据(即将数据写到存储器中)。

2.1.1　情境导入

　　(1) CPU和微处理器一样吗?
　　(2) 多核与多CPU一样吗?

2.1.2　案例分析

　　(1) CPU是指中央处理器,是计算机的核心。但是在计算机的主板上还有其他几个小型的CPU,比如显卡有CPU,硬盘有CPU,主板也有CPU,一般把处理信息量比较大、用于整机控制的 CPU 称作中央处理器。

(2) 中央处理器是指计算机内部对数据进行处理并对处理过程进行控制的部件。

(3) 随着大规模集成电路技术的迅速发展,芯片集成密度越来越高,用"纳米"的制程做出来的处理器芯片可以集成在一个半导体芯片上,这种具有中央处理器功能的大规模集成电路器件称为微处理器。

微处理器是指用一片或少数几片大规模集成电路组成的中央处理器。与传统的中央处理器相比,微处理器具有体积小、质量轻和容易模块化等优点,它能完成取指令、执行指令,以及与外界存储器和逻辑部件交换信息等操作,是微型计算机的运算控制部分。国际上的超高速巨型计算机、大型计算机等高端计算系统也都采用大量的通用高性能微处理器。

(4) 多核 CPU 是将多个核心装在一个封装里构成一个处理器,这样原本运行在单机上的程序就能提供更强的性能而不需要增大空间。例如,双核处理器是指一个处理器上拥有两个一样功能的处理器核心,处理器的实际性能是处理器在每个时钟周期内所能处理指令数的总量,因此增加一个内核,处理器每个时钟周期内可执行的单元数将增加一倍。一般用户使用的微机中多采用单个多核 CPU。

(5) 多 CPU 即多个单核或多核 CPU,常见于分布式系统、云计算平台等计算量大的机器中。但是,多个 CPU 要协同合作,必然耗费更多的时间、设计更复杂的构架。一些互联网企业的数据中心中常采用多 CPU 的方式。

2.1.3 要点提示:CPU 的发展

按照其处理信息的字长,CPU 可以分为 4 位微处理器、8 位微处理器、16 位微处理器、32 位微处理器以及 64 位微处理器。微处理器的发展大致可分为以下几个阶段。

第一代(1971—1973 年):典型的微处理器是 Intel 4004 和 Intel 8008,其字长分别是 4 位和 8 位。

第二代(1974—1977 年):典型的微处理器是字长为 8 位的 Intel 8080/8085、ZiLOG 公司的 Z80 和 Motorola 公司的 M6800。与第一代微处理器相比,其集成度提高了 1~4 倍,运算速度提高了 10~15 倍,指令系统相对比较完善。

第三代(1978—1984 年):Intel 公司率先推出了 16 位微处理器 8086。同时,为了方便原来的 8 位机用户,Intel 公司又提出了准 16 位微处理器 8088。1981 年,美国 IBM 公司将 8088 芯片用于其研制的 IBM-PC 中,从此,PC 开始在全世界发展起来。1982 年,Intel 公司在 8086 的基础上,研制出了高性能的 80286 微处理器。

第四代(1985—1992 年):Intel 公司推出了 32 位微处理器的 80386 和 80486 芯片,在集成度、制造工艺和速度等方面有了很大进步。

第五代(1993—2005 年):Intel 公司推出了奔腾(Pentium)系列微处理器,其字长为 32~64 位。

第六代(2006 至今):Intel 公司推出了酷睿(Core)系列微处理器,其字长为 64 位。采用领先节能的新型微架构,随着 Intel 公司引入 32nm 工艺制程,酷睿 i7 处理器拥有最强大的性能,是高端旗舰的代表。

2.2　CPU 的结构

2.2.1　情境导入

　　CPU 是微型机的控制和处理中心。那么,它如何使整个微机实现自动控制和有条不紊的运算呢? CPU 的功能结构如何? 对于购买时只看到外封装壳的用户而言,要了解 CPU 的哪些结构特点呢?

2.2.2　案例分析

　　CPU 作为微机的核心,负责整个微机系统的协调、控制和程序的运行工作。随着大规模集成电路技术的革命以及微电子技术的发展,CPU 种类繁多,集成的电子元件也越来越多,功能越来越强大。

　　CPU 的基本构成是一块超大规模集成电路芯片,其内部有运算器、寄存器、控制器和总线(数据、控制和地址总线)等部件。它通过执行指令来进行运算和控制整个系统,它是整个微机系统的核心。

2.2.3　要点提示:CPU 结构类型

1. CPU 内部功能结构

　　CPU 由控制单元(EU 控制部件)、算术逻辑单元(ALU)和寄存器单元组成,包括执行单元和总线接口单元两大功能结构,能够进行分析、判断和运算,并控制微机各部分协调工作。如图 2-1 所示为 16 位 8086/8088 CPU 内部的逻辑结构。

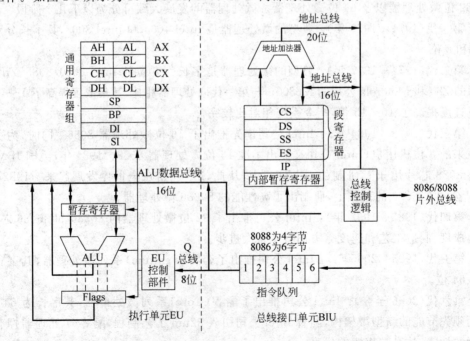

图 2-1　8086/8088 CPU 内部的逻辑结构

2. 外部物理构造

从外部物理构造的角度来看,目前的 CPU 主要由基板、内核、针脚、基板之间的填充物以及散热器装置支撑垫等组成,如图 2-2 所示。

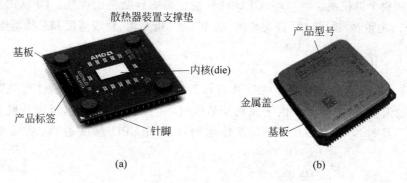

图 2-2   CPU 外部结构

基板:CPU 基板就是承载 CPU 内核用的电路板,负责内核芯片和外界的通信,并决定芯片的时钟频率。它上面有电容、电阻以及决定 CPU 时钟频率的电路桥等。在基板的背面或者下沿有用于和主板连接的针脚或卡式接口。

内核:CPU 中间的长方形或者正方形部分就是 CPU 内核,是 CPU 最重要的组成部分,由单晶硅以一定的生产工艺制造而成。CPU 所有的计算、接收/存储命令和处理数据都是在内核中完成。

针脚:就是所说的接口类型,是 CPU 和主板连接的部分。目前,接口类型主要有引脚式、卡式、触点式和针脚式等。对应到主板上就有相应的插槽(Slot)或插座(Socket)。

CPU 的接口类型不同,其插孔数、体积和形状也都有变化,所以不能互相接插,如图 2-3 所示。

图 2-3   CPU 的接口

填充物:CPU 内核和 CPU 基板之间往往还有填充物。填充物是用来缓解来自散热器的压力,并起到固定芯片和电路基板的作用。

封装:设计制作好的 CPU 硅片要通过几次严格的测试,合格后送至封装厂切割、划分成用于单个 CPU 的硅模,并置入金属壳封装中。封装对于芯片来说是必需的,也是至关重要的。因为芯片必须与外界隔离,以防止空气中的杂质对芯片电路的腐蚀而造成电气性能下降,并且可以避免尘埃的侵害。另外,封装后的芯片也更便于安装和运输,能很好地使 CPU 与主板连接。

2.3   CPU 的性能指标

CPU 是整个微机系统的核心,CPU 的性能也影响到微机的性能。CPU 的主要性能指标有字长、主频、外频、倍频、分支预测、制作工艺、指令集、总线速度和总线宽度等。

2.3.1   情境导入

(1)前一段时间办公室小王的计算机在开机使用 5～10 分钟后就"死机",这让他什么事情也做不了,很郁闷。由于该机是品牌机,并且在保质期内,所以他联系了售后服务中心。经过维修中心的检测,发现他的计算机 CPU 温度过高,从而导致微机"死机"。

(2)如何查看 CPU 的性能参数?

2.3.2   案例分析

(1)出现这种情况的原因是 CPU 风扇灰尘过多而导致风扇转速降低,影响了散热效果。经过维修中心的清理后,计算机就运行正常了。事后,小王十分注重办公室的卫生,并保持计算机周围环境的清洁。同时,还要注意以下 CPU 的维护常识。

① 散热问题。较多的灰尘不仅会阻碍散热片的通风,也会影响风扇的转动,进而影响 CPU 的性能,甚至出现死机现象,因此散热片在使用一段时间后要进行清扫。另外,不要让机箱内的线卡住 CPU 风扇的扇叶,以保证扇叶能够运转自如。

② 开启 CPU 温度监控。新配置的微机第一次启动时,首先应进入 BIOS 设置,查看 CPU 的温度和风扇转速等参数,同时开启 CPU 温度过高报警、过高自动关机功能,或风扇停转自动关机等功能。

③ 尽量不要超频。不提倡通过提高 CPU 频率的方法来提高微机的性能,以免温度升至很高而导致 CPU 烧毁。

(2)想要查看 CPU 的性能参数,可使用专门的软件来实现,例如 CPU-Z,通过它可以查看 CPU 的制作工艺、工作电压和时钟频率等性能参数。

2.3.3   要点提示:CPU 的性能指标

CPU 的主要性能指标如下。

1. 位、字节和字长

在计算机中,所有数据都是以二进制为单位的,即由 0 和 1 两个数码组成,一个数码代表 1 位(bit),通常将 8 位称为一个字节(Byte)。

CPU 的位宽又叫字长,是指 CPU 同时处理信息的二进制的位数。CPU 从 1971 年的 4 位微处理器经历了 8 位、16 位的发展,目前常见的 CPU 位宽有 32 位和 64 位。

2. 主频、外频和倍频

(1)主频。CPU 的主频也称为时钟频率,是指 CPU 内部的工作频率,表示 CPU 内部的数字脉冲信号震荡的速度,单位为 MHz 或 GHz。一般来说,主频越高,CPU 在一个时钟周期里所能完成的指令数也就越多,CPU 的运算速度也就越快。CPU 主频的高低与 CPU 的外频和倍频有关,其计算公式为:主频＝外频×倍频。

(2) 外频。外频又称前端总线频率,是系统总线的工作频率,外频的高低直接影响 CPU 与内存之间的数据交换速度。外频越高,CPU 就可以同时接受更多的来自外围设备的数据,从而使整个系统的速度提高。

(3) 倍频。CPU 的主频与整个系统的频率(外频)之间的倍数,即主频是外频的几倍。

3. 高速缓存

CPU 的高速缓存(Cache)是内置在 CPU 中的一种临时存储器,读写速度比内存快,它为 CPU 和内存提供了一个高速数据缓冲区。内置的高速缓存可以提高 CPU 的运行效率。

缓存的工作原理是:当 CPU 要读取一个数据时,首先从缓存中查找,如果找到就立即读取并送给 CPU 处理;如果没有找到,就从速度相对慢的内存中读取,同时把这个数据所在的数据块调入缓存中,以便以后能够快速地从缓存中读取该数据,而不必再去读内存,如图 2-4 所示。

CPU 的缓存包括一级缓存、二级缓存和三级缓存 3 种。

(1) 一级缓存(L1 Cache)。指封装在 CPU 芯片内部的高速缓存,它用来暂时存储 CPU 运算器里的部分指令和数据。内部缓存的存取速度与 CPU 主频相同,容量单位一般为 KB。

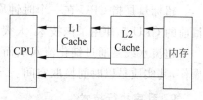

图 2-4　高速缓存

(2) 二级缓存(L2 Cache)。主要用于存放那些 CPU 处理时需要用到、但一级缓存又无法存储的临时数据,是 CPU 内核与内存之间数据的临时交换地点。它的容量比内存小、但交换速度快。它存储的信息主要包括操作指令、程序数据和地址指针等。CPU 的二级缓存容量一般有 256KB、512KB、1MB 和 2MB 等。多核心 CPU 的二级缓存更高,一般为 4～8MB,服务器和工作站上二级缓存的容量可以达到 8MB 以上。

(3) 三级缓存(L3 Cache)。主要是为 CPU 读取二级缓存时保存未命中的数据设计的一种缓存,可以进一步降低内存延迟,提高大数据计算处理的性能。当前,高端的 CPU 带有三级缓存,例如 Intel Core i7、ADM Phenom X3 和 Phenom X4 等。

4. 前端总线

前端总线(FSB)是 CPU 和主板的北桥芯片或者内存控制器中枢(MCH)之间的数据通道,所以微机的前端总线频率是由 CPU 和北桥芯片共同决定的。

前端总线频率直接影响 CPU 与内存之间数据交换的速度。前端总线频率越高,代表 CPU 与北桥芯片之间的数据传输能力越大,也就更能充分发挥 CPU 的效率。

5. 工作电压

工作电压(Supply Voltage)又称为核心电压,即 CPU 正常工作所需的电压。

早期 CPU 的工作电压为 5V 左右,随着制造工艺的提高,其工作电压大大降低。目前主流 CPU 的工作电压一般在 1.5V 左右。随着 CPU 工作电压的降低,CPU 的能耗和发热量也得到了有效控制。

6. CPU 的制造工艺

CPU 的制造工艺是指在硅材料上生产 CPU 时内部各元件的连接线的宽度,即集成电路内电路与电路之间的距离。一般用微米(μm)或纳米(nm,$1nm=0.001\mu m$)表示。生产工艺极大地影响了 CPU 的性能,每次 CPU 的更新换代,都是制造工艺改进提高的结果。制造工艺中的数值越小,表明制造工艺越精细,生产技术越先进,CPU 可以达到的频率越高。

7. 指令集

CPU 依靠各种指令来处理数据和控制微机系统,这些指令的集合就是 CPU 指令集。指令集的强弱是衡量 CPU 处理能力的重要参数。CPU 支持的指令集越丰富,处理能力就越强。在个人电脑中,常见的 CPU 指令集有 Intel 公司的 SSE、SSE2、SSE3 和 SSE4 指令集,以及 AMD 公司的 SSE4A、X86-64 和 SEE5 指令集等。

8. 超标量、超流水线技术

超标量是指 CPU 在一个时钟周期内可以执行多条指令,其实质是以空间换取时间。目前的 CPU 都使用了该技术,大大提高了工作效率。

超流水线是通过细化流水从而提高主频,使得在一个机器周期内完成一个甚至多个操作,其实质是以时间换取空间。

9. 乱序执行技术

乱序执行(Out-of-Orderexecution)是指 CPU 允许将多条指令不按程序规定的顺序,分开发送给各相应电路单元处理的技术。采用乱序执行技术的目的是为了使 CPU 内部电路满负荷运转,以提高 CPU 运行程序的速度。

2.4　CPU 的选购

2.4.1　情境导入

某单位许某想组装一台微机,但是在选购 CPU 时不知道哪个牌子的好。同事中的计算机爱好者纷纷给他当参谋,有的让他买 Intel 公司的 CPU,理由是 Intel 公司的 CPU 稳定性好;有的劝他买 AMD 公司的 CPU,理由是超频性能好、游戏性能突出。那么,许某到底该买哪个公司的产品更好一些呢?

2.4.2　案例分析

早在 1993 年,Intel 公司的产品就进入了中国市场,在中国的多个城市有研发机构。Intel 公司与国内的 PC 生产厂商有着密切的合作关系,使得中国的生产商和用户与 Intel 公司之间缩短了技术鸿沟,从而对其产品更熟悉,更容易接受。

　　和 Intel 相比,AMD 进入中国的时间稍晚一些,不过靠物美价廉的优势,AMD 已经在中国消费者中树立了很好的口碑。

　　所以,Intel 和 AMD 的 CPU 无法比较哪个更好,适合用户需求的产品才是最好的产品。许某在选购 CPU 时,首先要明确微机的用途和性能需求,然后再挑选合适的CPU。

2.4.3　要点提示：CPU 的类型特点

　　由于 CPU 的集成度非常高,目前能够独立制造 CPU 的厂商主要有 Intel 公司和AMD 公司,每个公司的 CPU 都有各自不同的类型和特点。

1. Intel 公司的 CPU

　　Intel 公司 CPU 的早期产品主要分为 Pentium(奔腾)系列和 Celeron(赛扬)系列。目前市场上主流的 CPU 为 Core(酷睿)系列,该系列 CPU 的性能比其他 CPU 性能至少提高 40%,并且能耗更低,尤其是多核 CPU 的处理功能备受多数用户的青睐。

　　下面介绍当前比较流行的 Core 系列的 CPU。

　　1) Intel Core 2 双核 CPU

　　2006 年 7 月,Intel 推出了新一代基于 Core 微架构(Core Micro-Architecture)的 64位的全新双核 Core 2 CPU,Core 2 是 Core 的升级版,它具有两个核心,一般采用 65nm或 45nm 制作工艺。Core 2 支持移动 64 位微机模式,它的二级高速缓存为 4MB,比 Core的 2MB 高出一倍。而且,Core 2 加入对 EM64T 和 SSE4 指令集的支持等功能。外形如图 2-5 所示。

　　2) Intel Core 2 四核 CPU

　　2006 年年底,Intel 推出了首款四核 Intel Core 2 Extreme QX6700 CPU。它的主频为 2.66GHz,缓存为 4MB,前端总线(FSB)为 1066MHz,采用 65nm 制造工艺,支持MMX、SSE、SSE2、SSE3、SSE4 和 X86-64 指令集。

　　2008 年 7 月,Intel 推出了 Core 2 Quad Q8200。这款 CPU 具有 45nm 制造工艺,其主频为 2.33GHz,拥有 4MB L2 缓存,其前端总线频率为 1333MHz,支持 SSE4 指令集。外形如图 2-6 所示。

图 2-5　Intel Core 2 双核 CPU

图 2-6　Intel Core 2 四核 CPU

3) Core i7

Core i7 是 Intel 继 Core 2 四核后推出的第一款四核 CPU,每个核心之间的延迟更小。Core i7 放弃了 FSB 总线设计,而采用全新的 QPI 总线,传输速度是 FSB 的 5 倍。总之,该 CPU 具有强劲的性能,是目前最高端的 CPU 之一。其外形如图 2-7 所示。

图 2-7 Core i7 CPU

目前,英特尔 Core i5 及 i7 可以说是市场中的主流桌面处理器,大量的笔记本电脑和台式机都采用这两款处理器。下面从不同的方面介绍它们的主要差异。

(1) 超线程。超线程意味着每个处理器核心可以处理两个线程而不是一个,在运行 Windows 系统及一些兼容软件时拥有更出色的性能表现。通常来说,i5 处理器不具备超线程功能,而 i7 则基本支持,在进行照片、视频编辑操作时拥有更好的效果。

(2) 时钟频率。时钟频率也就是处理器的主频,是衡量处理器性能的主要部分。由于 Core i5 和 i7 都建立在相同的架构上,所以时钟频率越高,一般性能更出色。

(3) 缓存。Core i7 处理器的二级缓存相对 i5 来说通常要大上 2MB。

(4) 耗电量及价格。Core i7 的功耗大于 i5,如果装机时选择 i7 处理器,搭配强劲显卡,还需要考虑水冷降温装置。

在预算允许的情况下,i7 处理器显然是更好的选择,尤其是需要处理视频、游戏等繁重的需求;而对于一般仅使用计算机上网、处理文档的普通用户,i5 双核处理器完全够用,i5 四核处理器则拥有更好的性能,整体性价比也更高一些。

2. AMD 公司的 CPU

超威半导体(Advanced Micro Devices,AMD)公司也是世界上较大的半导体制造商之一,该公司在 CPU 市场中的占有率仅次于 Intel 公司,其产品以高性价比著称。目前 AMD 公司的主流产品有双核心的 Phenom、Phenom Ⅱ、Athlon Ⅱ 和 Athlon 64 系列处理器。

1) Athlon 64

Athlon 64 是 AMD 公司针对个人电脑推出的第一款 64 位 CPU,采用 90nm 或 65nm 制造工艺,具有很强的处理能力。目前该系列主要包括 Athlon 64(单核)和 Athlon 64 X2(双核)两种型号。Athlon 64 X2 是在两个 Athlon 64 处理器上采用的 Venice 核心组合而成,每个核心拥有独立的 512KB L2 缓存及执行单元。除了多出一个核之外,其架构与 Athlon 64 架构没有太大的改变。Athlon 64 系列 CPU 主要定位于中低端 CPU 市场,具有很高的性价比。其外形如图 2-8 所示。

图 2-8 Athlon 64 CPU

2) Athlon Ⅱ

Athlon Ⅱ中文名为速龙二代,是 AMD 公司的 45nm 多核中央处理器产品系统之一。Athlon Ⅱ系列 CPU 采用

45nm 制造工艺,不仅在性能方面有了很高的提升,其功耗也大幅降低。该系列的产品主要用于代替 Athlon 64 系列的 CPU。其外形如图 2-9 所示。

3) Phenom

Phenom 是 AMD 公司发布的第一款基于 AMD K10 架构的四核 CPU,Phenom 的 CPU 由三部分组成:双路四核心 Phenom FX(Agena FX)、四核心 Phenom X4 (Agena)、双核心 Phenom X2(Kuma)。采用 65nm 制造工艺,Socket AM2+接口封装,集成 4.5 亿个晶体管,核心面积为 285mm^3,属于 AMD 处理器家族"Stars"中的第一代产品。其外形如图 2-10 所示。

图 2-9　Athlon Ⅱ CPU

4) Phenom Ⅱ

Phenom Ⅱ 是在第一代 Phenom 系列 CPU 的集成上改进来的,它采用 45nm 制造工艺,在降低能耗的同时大幅提升了产品性能。该系列产品目前主要发布了 Phenom Ⅱ X2(双核)、Phenom Ⅱ X3(三核)和 Phenom Ⅱ X4(四核) 3 种型号。其外形如图 2-11 所示。

图 2-10　Phenom CPU

图 2-11　Phenom Ⅱ CPU

2.4.4　边学边做:CPU 的选购方法

前面对 CPU 的基本知识、结构和性能指标做了详细介绍。目前市场上的 CPU 型号多种多样,CPU 选择范围越来越大,而且在每一个档次上都有不同的选择,该如何选择一款合适的 CPU 呢?

1. 了解 CPU 性能参数,把握按需选购的原则

(1) 不要盲目追求主频。目前主流 CPU 工作频率已经很高,双核心处理器的出现也使市场得到迅速划分。主频低不等于微机性能差。

(2) 正确划分用户群。对不同消费群体选购 CPU 有不同的建议。

① 文件办公用户。文件办公用微机对性能的要求不高,所以 CPU 可选低端产品,显卡可使用主板集成,内存够用就好,通常外设较少,电源功率要求也不高。

② 家庭娱乐用户。家庭娱乐用微机一般对性能的要求比较高,而且在图形图像方面

也希望有较高的画质和效果,因此 CPU 可选择 AMD 的中端产品,使用中端的独立显卡,内存可使用双通道,机箱和显示器也可选择外观时尚漂亮的产品。

③ 图形图像处理用户及计算机游戏爱好者。该类用户一般对计算机性能的要求很高,尤其是对于需要进行大型三维渲染的场合,不仅数据计算量大,对画质的要求也较高,因此可选择 Intel Core i7 高端 CPU 和高端显卡。在内存方面也应配置较大容量的内存以存储计算过程中的大量数据,同样硬盘也应尽量选择较大容量的。为了获得较好的画质和较大的可视面积,显示器也应选择画面效果较好且屏幕较大的。由于使用高端 CPU、高端显卡以及大容量的内存和硬盘,因此对机箱的散热要求和电源的功率要求也较高。

2. 品牌与选购原则

一般来说,Intel 以品牌、稳定性和兼容性取胜,AMD 以高性价比取胜。

按照 Intel 和 AMD 的产品定位,Intel 的赛扬(Celeron)系列和 AMD 的闪龙(Sempron)系列适合商业、办公、家庭的日常计算和处理,属于中低端产品,性价比高。Intel 各系列的至尊版(Extreme Edition)和 AMD 各系列的 FX 版是各系列中的顶级产品,适合专业人员的特殊任务计算和处理,属于高端产品。

普通消费者应选购性价比高、属于市场主流的产品,一般来说是发布时间 1～2 年左右的产品。

3. 区别散装与盒装

从 CPU 的包装形式上可以分为散装 CPU 与盒装 CPU。

从技术角度而言,散装和盒装 CPU 并没有本质的区别,在质量上是一样的。从理论上说,盒装和散装产品在性能、稳定性以及可超频的潜力方面不存在任何差距,主要差别在质保时间的长短以及是否带散热器。一般而言,盒装 CPU 的保修期要长一些(通常为3 年),而且附带一只质量较好的散热风扇,而散装 CPU 一般的保修期是 1 年,不带散热器。

盒装的 CPU 包装美观漂亮,内部装有详细的说明书和质量保证书等相关证明,但是比散装的价格高。购买盒装的 CPU 可以保证售后服务,一般不会有假货。用户在购买盒装的 CPU 时,要注意商家提供的包装是否完整。购买时要当场打开包装,取出产品清单或说明书,认真核对其中说明的配件,并且要让商家在质量保证书上盖章,以防产品出了问题时商家赖账。

散装的 CPU 一般是成批进货,不需要精美的包装或厂家说明。为了节省开支,选购散装的 CPU 也未尝不可。

4. 区别 CPU 接口(插座)

CPU 通过插座与主板连接,由于 CPU 插座的类型不同,在针脚数、大小和形状等方面也不同,不能互相接插,所以选购配套的 CPU 插座接口至关重要。目前,Intel CPU 使用的接口主要有 LGA1156、LGA1155、LGA1366、LGA2011 等,如图 2-12 所示。AMD CPU 使用的接口主要有 Socket AM2、Socket AM3 和 Socket FM2 等,如图 2-13 所示。

图 2-12　LGA2011 CPU 接口　　　图 2-13　Socket AM2 CPU 接口

5. 鉴别 CPU 真伪

鉴别 CPU 真伪主要有以下方法。

（1）软件法。软件测试是一种比较保险的方法。可以在网上找到相应软件，例如 fidCHSO5.exe 可以测出 Pentium Ⅱ、Pentium Ⅲ 处理器的频率和总线频率，包括出厂频率和目前使用的频率，还可以方便地区分出 CPU 的型号。

（2）识别包装盒的颜色和水印字。正品盒装 CPU 的包装盒颜色鲜艳，CPU 的规格字迹清晰可辨，没有划痕。包装盒上塑料薄膜使用了特殊的印字工艺，薄膜上的 Intel Corporation 的水印文字非常牢固，无法用指甲刮去。而假盒装 CPU 包装盒上的塑料薄膜非常容易脱落，只要用指甲轻刮，慢慢地可刮掉一层粉末，字也就随粉末刮掉了。

（3）识别包装盒封口。正品 CPU 盒装的塑料薄膜只在包装盒的两侧封口，贴有标签的一侧没有封口线，而且包装盒的封口胶水痕迹是呈连续的点状，共 12 个点。包装纸的材质很硬，撕开后颜色为纯白。假冒的包装盒封口线在标签面，并且印刷质量差，包装纸撕开后的颜色为灰色。

（4）识别激光防伪标签。正品盒装 CPU 的包装盒外壳左侧的激光防伪标签由一张完整的贴纸组成，上半部分是防伪层，下半部分标有该 CPU 的频率标识，外壳左侧的激光标签采用了四重着色技术，层次丰富、字迹清晰，假货则做不到这样的技术水平。有些假货上的激光防伪标签甚至是由两部分组成的，可以分别撕开。

（5）辨别 CPU 标识。在购买 CPU 时，认识其上面的编号非常重要。在 CPU 的背面标识了该 CPU 的主频、L2 缓存、外频、核心电压、芯片编号、生产日期和产地等，如 K6-3 等 CPU 上还会看到 I/O 电压、倍频等。

（6）注意看封装线。原装 CPU 包装时，塑料薄膜的封装线不可能封在盒右侧条形码处，如果封在此处一般可认为是假货。

2.5　CPU 散热器的选购

除了选购一块好的适合自己需要的 CPU 以外，一定不要忘了看看 CPU 的风扇是否合适。因为 CPU 风扇的主要作用是将 CPU 在运行过程中产生的热量传导给紧贴 CPU 背面的散热片，然后通过 CPU 风扇的转动将热量散发出来，并将冷空气灌入散热片表面。如果 CPU 的散热装置不好或风扇损坏,CPU 就可能积蓄大量的热量,容易造成死机,甚至严重时还会烧坏 CPU。

2.5.1　情境导入

微机中 CPU 温度过高,容易导致微机"死机",而降低 CPU 温度的最好方法是加快 CPU 的散热,因此选择一款强劲的 CPU 散热器非常必要。

CPU 散热器的质量好坏直接影响 CPU 的稳定性,那么如何选购 CPU 散热器呢?

2.5.2　案例分析

选购 CPU 散热器时,首先要观察散热器的风扇,风扇的品质很重要,优质的风扇一般采用 9 叶片设计且叶片排列整齐,劣质的风扇一般只有 7 叶片。

然后检查散热器的底部,优质的风扇在出厂前都对风扇表面进行过特殊处理,摸上去非常平滑,劣质的风扇或假冒风扇表面摸上去会有比较明显的粗糙感,甚至在转角处还会有尖锐的突起。

最后查看散热器的散热片,常见的 CPU 散热器的散热片主要采用铜和铝两种材料,其中铜吸热效果好,成本高,铝价格便宜具有质量轻、散热效果好等优点。许多散热厂家都采用铜和铝结合的方式来制作。

如果掌握了上面选购散热器的选购技巧,就会为 CPU 选择一款好的"空调"了。

2.6　CPU 的安装和使用

2.6.1　情境导入

同事小王是一位 DIY 爱好者,最近刚组装一台微机,他把刚买回来的计算机拆得七零八落,进行详细的检查和研究。可是当他把各个部件重新组装后,再开机,微机屏幕上什么信息都没有,他想尽了所有办法,微机仍然毫无反应。最后他只能打电话向经销商求助,技术人员上门检测后,怀疑是 CPU 出了问题,于是便打开主机,拆下 CPU 后,发现 CPU 有两个针脚弯曲了。

2.6.2　案例分析

CPU 是比较娇气的,在安装 CPU 时,CPU 的针脚一定要对准方向,轻轻按压。如果方向对不准,用力过大,容易使针脚弯曲,致使 CPU 不能工作,微机就会毫无反应。

2.6.3　要点提示

以下总结了 CPU 使用时的注意事项。

1. 风扇不可省

CPU 风扇是用于散热的,以防止 CPU 工作温度过高,故应配置性能良好的 CPU 风扇。如 CPU 风扇损坏,应及时进行维修或更换。

2. 防震动

在搬运微机过程中,不要猛烈震动或颠簸,以防止 CPU 风扇脱落,另外,在微机正处于运行状态时也尽量不要突然移动或摇晃,这样极易损伤硬盘、光驱、风扇等部件。

3. 定期除尘

用户一定要定期打开机箱,清理 CPU 风扇和其他部件的灰尘,保持机器周围环境的清洁。

4. 性能指标

选购 CPU 时,主要应考虑 CPU 的接口标准和主板芯片组的支持匹配,以及 CPU 与其他部件的性能指标的匹配。要考虑 CPU 工作频率、工作电压等是否与主板匹配。

5. 预防 CPU 烧毁

CPU 的温度要控制在 40℃ 以下,如果在运行过程中过热,将导致 CPU 工作不正常,甚至烧毁。预防 CPU 烧毁的主要措施如下。

(1) 选用质量上乘的散热风扇。CPU 的外部散热,主要靠安装散热片和风扇。

(2) 加强对 CPU 温度的监控。新装机第一次启动机器时,就进入 BIOS 查看 CPU 的温度和风扇转速,同时,开启 CPU 温度过高报警功能和过高自动关机功能。

(3) 改善散热环境。整理好机箱内部的杂乱连线,防止 CPU 风扇扇叶被卡住。

(4) 尽量不要使用休眠,特别是让 CPU 长时间处于休眠状态。

(5) 建议不要对高频 CPU 进行超频。

(6) 安装 CPU 时特别要注意 CPU 的工作电压,防止因工作电压过高,烧毁 CPU。

2.6.4 边学边做:CPU 的安装

购买 CPU 最终是要安装到主板上,那么如何安装 CPU 呢?

步骤 1:打开拉杆,如图 2-14 所示,将主板上 CPU 插槽旁的拉杆拉成 90° 的角度,CPU 缺针处对准插座缺孔处,将 CPU 平稳放入插座中,稍用力压 CPU 的两侧,使 CPU 安装到位。

图 2-14 打开拉杆

步骤2：放下拉杆，直到听到"咔"的一声轻响，表示已经卡紧，如图2-15所示。

图2-15　放下拉杆

步骤3：在CPU表面均匀涂抹一层硅脂，如图2-16所示。

步骤4：将CPU风扇的四角对准主板相应的位置，然后用力压下四角的扣具即可，如图2-17所示。

图2-16　涂抹硅脂

图2-17　安装CPU风扇

步骤5：将CPU风扇电源线插接到主板相应的位置，如图2-18所示。

图2-18　安装CPU风扇电源线

本章小结

本章详细介绍了 CPU 的含义、结构、性能指标、选购方法以及 CPU 的安装方法。通过本章的学习,读者对 CPU 的性能指标有了更清楚的认识,在选购和安装 CPU 时也能得心应手。

习题

一、单项选择题

1. 在微型计算机中,运算器和控制器合称为(　　　)。
   A. 逻辑单元 　　　　　　　　　B. 算术运算单元
   C. 微处理器 　　　　　　　　　D. 算术逻辑单元

2. CPU 不能直接访问的存储器是(　　　)。
   A. ROM 　　　B. RAM 　　　C. Cache 　　　D. CD-ROM

3. 微型计算机硬件系统的性能主要取决于(　　　)。
   A. 微处理器 　　　　　　　　　B. 内存储器
   C. 显示适配卡 　　　　　　　　D. 硬磁盘存储器

4. 执行应用程序时,和 CPU 直接交换信息的部件是(　　　)。
   A. 内存 　　　B. 硬盘 　　　C. 软盘 　　　D. 光盘

5. 如果按字长来划分,微机可以分为 8 位机、16 位机、32 位机和 64 位机。所谓 32 位机是指该微机所用的 CPU(　　　)。
   A. 同时能处理 32 位二进制数 　　　B. 具有 32 位的寄存器
   C. 只能处理 32 位二进制数定点整数 　D. 有 32 个寄存器

6. 下列不属于 CPU 主要性能指标的是(　　　)。
   A. L1 Cache 　　B. L2 Cache 　　C. NPU 　　　D. 倍频

7. 微机中运算器所在的位置(　　　)。
   A. 内存 　　　B. CPU 　　　C. 硬盘 　　　D. 光盘

8. 对于微型计算机来说,(　　　)的工作速度基本上决定了微机的运算速度。
   A. 控制器 　　B. 运算器 　　C. CPU 　　　D. 存储器

9. 控制器通过一定的(　　　)来使微机有序地工作和协调,并且以一定的形式和外设进行信息通信。
   A. 控制指令 　　B. 译码器 　　C. 逻辑部件 　　D. 寄存器

10. 对一台微机来说,(　　　)的档次就基本上决定了整个微机的档次。
    A. 内存 　　　B. 主机 　　　C. 硬盘 　　　D. CPU

11. 倍频系数是 CPU 和(　　　)之间的相对比例关系。
    A. 外频 　　　B. 主频 　　　C. 时钟频率 　　D. 都不对

12. CPU 的主频由外频和(　　)决定。

　　A. 超频　　　　　　B. 倍频　　　　　　C. 内频　　　　　　D. 前端总线频率

13. CPU 运行的时钟频率称为(　　)。

　　A. 倍频　　　　　　B. 外频　　　　　　C. 主频　　　　　　D. FSB

14. CPU 的接口种类很多,现在大多数 CPU 的接口为(　　)接口。

　　A. 针脚式　　　　　B. 引脚式　　　　　C. 卡式　　　　　　D. 触点式

15. CPU 的两大生产厂商是 Intel 公司和(　　)公司。

　　A. 华硕　　　　　　B. 联想　　　　　　C. AMD　　　　　　D. Pentium

二、简答题

1. CPU 的主要性能指标有哪些?

2. 如何安装 CPU?

3. 简述 CPU 的选购方法。

第 3 章
存储器

存储器是微机系统的一个重要组成部分,具有记忆能力,用来保存信息,如数据、指令和运算结果等。

存储器可分为两大类:一是主机中的内存储器,也称为主存储器(简称内存),用于存放当前要执行的数据、程序以及中间结果和最终结果;另一类是属于微机外部设备的存储器,称为外部存储器(简称外存),用来存储大量暂时不参与运算的数据、程序以及运算结果。

学习目标

(1)熟悉不同类型存储器的功能和特点;

(2)掌握内存选购和安装方法;

(3)掌握硬盘选购和安装方法;

(4)熟悉光驱选购和安装方法;

(5)掌握移动存储设备使用方法。

3.1 存储器的类型

3.1.1 情境导入

(1)用户使用微机的时候,会不断地向微机里输入大量的数据,有时也会不断地接收从微机中输出的数据。如果微机与网络连接,传送的数据会非常多。这些数据一定要有一个专门的地方来保存,这个保存数据的设备是什么呢? 它又有哪些类型呢?

(2)用户有时候会遇到这样一种情况,当使用字处理软件进行一个文本编辑时,突然停电了,当再上电开机后,发现先前编辑输入的、未保存的内容丢失了,这是什么原因呢?

3.1.2 案例分析

(1)保存数据、存储信息的设备叫存储器,它是微机的主要组成部件。存储器的类型很多。

按存储介质分为半导体存储器和磁介质存储器。

按存储方式分为随机存储器、顺序存储器和直接存取存储器。

按存储器的读写功能分为只读存储器(ROM)和随机存取存储器(RAM)。

按信息的可保存性分为非易失性的存储器和易失性的存储器。

按在微机系统中的作用分为主存储器、辅助存储器和高速缓冲存储器。

(2) 其实,当用户新建一个文件并利用字处理软件编辑文本时,字处理系统就为用户编辑的文件在内存(RAM 部分,易失性存储器)开辟一个缓冲区。当用户单击"保存"按钮时,字处理系统就会将缓冲区中的内容保存到外存(非易失性存储器)的文件中,此时,即使机器突然掉电,保存在外存文件中的内容仍然保留着,因为外存是由非易失性存储器构成的。可是如果信息没有保存,此时机器突然掉电,则内存 RAM 缓冲区中的内容将会全部丢失。

3.1.3　要点提示：不同存储器比较

1. 按存储介质分

存储器可分为半导体存储器和磁介质存储器。

半导体存储器是用半导体器件组成的存储器,通常采用存储器芯片存储信息,随着集成度的提高,单个存储器芯片的容量越来越大;在现代微机中,半导体存储器主要用作微机的主存。

磁介质存储器是用磁性材料做成的存储器,通常采用磁记录原理存储信息,在现代微机中,磁介质存储器则用作微机辅存。目前主流磁介质存储器主要有硬盘存储器和磁带存储器等。

半导体存储器与磁介质存储器相比较,有速度快、集成度高、价格也较高的特点。

2. 按存取方式(读写方式)分

存储器可分为随机存取存储器(RAM)和只读存储器(ROM)。

ROM 中的信息只能被读出,而不能被修改。一旦关闭电源或发生断电,ROM 中的信息不会丢失,可靠性高。所以一般用于存放固定的程序,如监控程序、汇编程序等。

RAM 中的信息既可以读出,又可以写入或改写。一旦关闭电源或发生断电,其中的数据就会丢失。它主要用来存放各种现场的输入、输出数据、中间计算结果以及与外部存储器交换信息和作堆栈用。

RAM 可分为静态随机存取存储器(SRAM)和动态随机存取存储器(DRAM)两种。

SRAM 是靠双稳态触发器来记忆信息的,SRAM 中的内容在加电期间存储的信息不会丢失。其特点是结构复杂、造价高、速度快、生产成本高。

DRAM 是靠 MOS 电路中的栅极电容来记忆信息的,由于电容上的电荷会泄漏,所以 DRAM 需要设置刷新电路,定时补充电荷。因而 DRAM 在加电使用期间,当超过一定时间时(大约 2ms),其存储的信息会自动丢失。其特点是集成度高、结构简单、功耗低和生产成本低等。

3. 按存储方式分

存储器可分为随机存储器、顺序存储器和直接存取存储器。

随机存储器中任何存储单元的内容都能被随机存取,并且存取时间和存储单元的物理位置无关。

顺序存储器只能按某种顺序来存取存储单元的内容,但存取时间和存储单元的物理位置有关。一般顺序存储只用在小型机以上的计算机中,用作数据备份。目前见到的顺序存储器有磁带等。

直接存取存储器是不必经过顺序搜索就能在存储器中直接存取信息的存储器。如磁盘存储器、磁鼓存储器等。具有存储容量大、存取信息的等待时间短等特点。

4. 按信息的可保存性分

存储器可分为易失性的存储器和非易失性的存储器。

易失性的存储器当断电后信息即消失,也就是指写入存储器中的内容在通电情况下能够保存,一旦掉电则会全部丢失。RAM 属于易失性存储器。

非易失性的存储器当断电后仍能保存信息,也就是指写入存储器中的内容在不通电情况下仍然能够保存。上述磁介质存储器和半导体存储器中的 ROM 均属于非易失性存储器。

5. 按在微机系统中的作用分

存储器可分为主存储器、辅助存储器和高速缓冲存储器。

主存储器被称为主存或内存,用于存储要执行的程序和处理的数据。它分为随机存取存储器(RAM)和只读存储器(ROM)。其特点是容量小、读写速度快和价格高等。

辅助存储器被称为辅存或外存。程序在执行之前是以文件的方式存储在外存中,当要运行某程序时,由操作系统将该程序从外存调入内存中。目前最常用的外存有磁盘、光盘、优盘和磁带等,其特点是存储容量大,价格较低,而且在断电的情况下可以长期保存信息,所以也称为永久性存储器。缺点是存取速度比内存慢。

高速缓存是一种小容量、高速度的存储器,目前,在微机的主板和 CPU 中都设置了高速缓存,设置高速缓存的目的是利用程序的局部性原理来实现微机的存储层次,提高 CPU 的访存速度,以匹配 CPU 和主存之间在速度上的差异。

3.2 内存

内存(Memory)也称为内存储器,其作用是用于暂时存放 CPU 中的运算数据,以及存放与硬盘等外部存储器交换的数据。内存由内存芯片、电路板、金手指等部分组成的。如图 3-1 所示的两款内存条。

3.2.1 情境导入

(1)用户从键盘上输入微机的一些程序和数据放在哪里了?

(2)单位办公室小孙的微机已经购买两三年了,运行一直很正常,可是自从前几天一个同事给她安装一款游戏后,微机在使用过程中就经常出现显示器黑屏,屏幕上显示的全是一些专业术语,并且键盘和鼠标都不能使用,只能按主机上的 Reset 键重新启动微机。小孙把这件事给喜欢鼓捣计算机的小张说了说,小张打开计算机,先用刷子把内存上的灰尘打扫干净,然后用橡皮把内存的"金手指"反复擦了几遍,再安装上以后,微机就不出现黑屏

图 3-1　微机内存

画面了。

3.2.2　案例分析

(1) 内存是存储程序和数据的地方,在使用软件处理文稿时,通过键盘输入的字符就存入内存中,当选择存盘时,内存中的数据才会被存入硬盘或 U 盘中。

(2) 内存接触不良会引起显示器黑屏。当内存上有灰尘或主板的内存插槽与内存条之间出现了松动而导致内存与主板接触不良时,在微机运行一段时间后,尤其是运行大型游戏时,机器温度的增加导致 CPU 检测不到内存,致使微机黑屏。

(3) 内存维护常识。

① 注意保护金手指。金手指上如果有灰尘、油污或者氧化层均会造成内存条接触不良。因此若金手指表面有灰尘、油污或者氧化层时则需要用橡皮擦除,而不要用手触摸或者用砂纸类的东西擦拭内存的金手指部分,以免损坏金手指。

② 进行内存扩充时,由于主板中插入的各内存条的型号、速度和批次往往不一致,这将导致开机自检时内存容量不稳定,因此扩充时要使用速度相同的内存条。

③ 由于计算机病毒会占据大量的内存空间而使可用空间变小,因此应该经常使用杀毒软件查杀病毒,以释放病毒占用的内存空间。

3.2.3　要点提示

1. 内存的性能指标

内存的性能指标是学习和选购内存时重点要注意的,它直接反映了内存的性能。内存的性能指标主要包括存储容量、运行频率、内存带宽、工作电压、TCK(Clock Cycle Time,内存时钟周期)、存取时间(TAC)、CAS 延迟时间(CAS Latency)、奇偶校验(ECC)和内存的封装等。

1) 存储容量

存储容量是内存条可以容纳的二进制信息量。内存的容量大小直接影响到微机的整体性能,存储容量越大,所能存储的信息就越多。一个存储器芯片的容量常用有多少个存储单元以及每个存储单元可存放多少位二进制数来表示。目前绝大部分芯片组可以支持到 2GB 或以上的内存,主流的芯片组可以支持到 4GB 或以上的内存。

2）运行频率

内存的运行频率表示的是内存的数据传输频率，也就是内存的速度，它代表着内存所能达到的最高工作频率。一般以 MHz（兆赫）为单位来计量。内存运行频率越高，在一定程度上代表内存所能达到的速度越快。

3）内存带宽

内存带宽是每秒钟访问内存的最大位数（或字节数），即数据传输率。其计算公式如下。

$$内存带宽（MB/s）＝工作频率（MHz）×数据宽度（bit）÷8$$

4）数据宽度

数据宽度是指内存同时传送数据的位数，以位（bit）为单位。目前主流内存的数据宽度均为 64 位。

5）时钟周期

时钟周期（TCK）表示内存可以运行的最大工作频率，一般用存取一次数据所需的时间（单位为 ns）来衡量。数值越小，说明内存所能运行的频率越高，内存运行的速度越快。时钟周期与内存的工作频率是倒数关系。

6）存取时间

存取时间（Access Time From CLK，TAC）是指 CPU 读或写内存信息的过程时间，也称为总线循环（Bus Cycle）。存取时间越短，CPU 等待的时间越短。存取时间是衡量内存性能高低的一个重要指标，数值越小，表示访问数据的速度越快，内存性能越好。一般用 ns（纳秒）表示。

7）CAS 延迟时间

CAS 延迟时间（CAS Latency）是指列地址控制器的延迟时间，即从读命令有效开始到输出端可以提供数据为止的时间，是内存纵向地址脉冲的反应时间，也是在一定频率下衡量不同规格内存的重要标志之一。

8）工作电压

内存正常工作所需要的电压值，内存需要不间断的供电，才能正常地存储临时数据。例如，SDRAM 内存一般工作电压在 3.3V 左右，DDR 内存一般工作电压在 2.5V 左右，而 DDR2 SDRAM 内存的工作电压一般在 1.8V 左右。工作电压越低，内存的能耗越小，散发的热量也越少。

9）错误检查和纠正

错误检查和纠正（Error Correcting Code，ECC）技术能检测到错误所在，并纠正绝大多数错误。内存是一种电子元件，在工作中难免会出现错误。对于稳定性要求较高的用户，内存错误可能会引起致命的问题。因此，对于要求稳定性高的用户，建议用带校验的内存条。

10）内存的封装

内存封装是将内存芯片包裹起来，以避免芯片与外界接触，防止外界对芯片的损害。目前，内存的封装方式有 TOSP、BGA 和 CSP 三种，封装方式也影响着内存条的性能优劣。

2. SDRAM 与 DDR、DDR2、DDR3、DDR4 的特点

SDRAM（Synchronous Dynamic Random Access Memory，同步动态随机存储器）是

为了与 CPU 的计时同步化而设计的,这样 CPU 就不需要延后下一次的数据存取。

DDR SDRAM(Double Data Rate SDRAM,双倍数据速率 SDRAM)在单一周期内可读取或写入 2 次。在核心频率不变的情况下,传输效率为 SDRAM 的 2 倍。

DDR2 SDRAM(Double Data Rate 2 SDRAM)的传输效率是 DDR 的 2 倍,

DDR3 SDRAM(Double Data Rate 3 SDRAM)的传输速率为 800~1600MT/s(百万次每秒)。DDR3 将电压控制在 1.5V,较 DDR2 的 1.8V 更为省电。DDR3 也新增了 ASR(Automatic Self-Refresh)、SRT(Self-Refresh Temperature)两种功能,让内存在休眠时也能够随着温度变化去控制对内存颗粒的充电频率,以确保系统数据的完整性。

DDR4 SDRAM(Double Data Rate 4 SDRAM)有高频率、低功耗、高频宽与易于超频的特性,提供比 DDR3/DDR2 更低的供电电压 1.2V 以及更高的带宽,且多数为单条 8GB 的大容量模组。目前,DDR4 的传输速率最少可达 2133MT/s 以上,效率明显高于 DDR3。另外 DDR4 增加了 DBI(Data Bus Inversion)、CRC(Cyclic Redundancy Check)、CA parity 等功能,让 DDR4 内存在更快速与更省电的同时亦能够增强信号的完整性、改善数据传输及存储信息的可靠性。

参数比较如表 3-1 所示。

表 3-1　SDRAM 与 DDR、DDR2、DDR3、DDR4 的比较

内存标准类型	核心频率 /MHz	时钟频率 /MHz	数据传输速率 /(MT/s)	带宽/(GB/s)	工作电压/V
SDRAM	100~166	100~166	100~166	0.8~1.3	3.3
DDR	133~200	133~200	266~400	2.1~3.2	2.5/2.6
DDR2	133~200	266~400	533~800	4.2~6.4	1.8
DDR3	133~200	533~800	1066~1600	8.5~14.9	1.35/1.5
DDR4	133~200	1066~1600	2133~3200	17~21.3	1.2

3.2.4　边学边做 1:内存的选购方法

选购内存时除了考虑前面介绍内存的性能指标之外,还应考虑以下几个因素。

1. 按需购买

由于内存发展太快,所以用户选购时,一般以够用为原则。不要一味地求高频率、高容量。选择内存要兼顾微机的其他配置,并着重考虑配机的用途。如今主流的微机配机方案中,2GB 和 4GB 是两个标准的配置。

2. 适用类型

台式机内存是 DIY 市场内最为普遍的内存,价格相对便宜。笔记本电脑内存则对尺寸、稳定性和散热性方面要求高,价格也相对高于台式机内存。应用于服务器的内存则对稳定性以及内存纠错功能有严格的要求。

3. 选择品牌产品

品牌产品具有良好的兼容性和稳定性,选择品牌产品,质量才有保障。

市场上的内存条分为有品牌和无品牌两种。品牌内存条质量过硬,且都有精美的包装盒,包装内附有内存条说明书和保修卡。无品牌的内存条,多为散装,这类内存条只依内存条上的内存芯片的品牌命名。目前著名的内存品牌包括有金士顿(Kingston)、宇瞻(Apacer)、金邦(GEIL)和三星(Samsung)等。

4. 与主板兼容性

常见的内存包括DDR、DDR2、DDR3和DDR4等多种,不同主板支持的内存类型不同。所以应选择主板支持的内存类型。

在与主板的搭配上要注意,当前不是所有主板都支持DDR的各种型号,某些品牌的内存条在有些主板上会造成无法开机、运行时死机和不稳定等现象。遇到这种情况,可以更换其他品牌的内存条。例如,若主板芯片组支持DDR3内存,应尽量选购与主板匹配的DDR3内存条。

5. 要与CPU前端总线(FSB)相匹配

这是一个容易被用户忽视的问题,在内存的选购上普遍存在一个误区,即根据主板所支持的最高的内存规格来选购内存,其实真正注意的应该是CPU的前端总线频率与内存带宽的合理搭配。

内存的选择应该考虑带宽的搭配,就是说内存提供的带宽应等于或大于CPU前端总线的带宽。内存带宽计算公式如下。

$$内存带宽 = 内存标称频率 \times 64\,位总线位宽 \div 8$$

对于双通道内存,需要再乘以2。例如,1333MHz的前端总线频率使用双通道的DDR2-667是正好匹配的,也可以使用单通道的DDR2-1333或者DDR3-1333,这时候CPU的前端总线频率和内存的带宽相同。

6. 辨别真假

内存条质量的优劣直接影响微机系统的稳定性,因此,应该掌握一些内存条的辨别真假的方法。

(1)多观察内存PCB上的内存模块、线路布线和做工。优质的内存采用的PCB的厚度均匀、做工精细、板面光洁、色泽均匀。而劣质内存经常PCB毛糙,边缘参差不齐或带有毛刺等。

(2)选择品牌内存颗粒。内存颗粒的质量决定了内存的兼容性和耐用性。品牌的内存颗粒在出厂前经过了严格的测试,所以应该选择采用品牌内存颗粒的内存产品,如三星等。

(3)查看焊接工艺。焊接工艺的好坏是衡量内存好坏的重要因素。电路板的做工要求板面光洁,色泽均匀;元件焊接要求整齐划一,绝对不允许错位。品牌内存都采用先进的焊接艺术,焊点圆润饱满并且没有虚焊;而劣质内存经常是芯片标识模糊或混乱,电路板毛糙,电容歪歪扭扭如手焊一般,焊点不干净利落,这样的产品多是水货或者返修货。

总之,用眼睛辨别是较直观、方便的方法,要从以上细节辨别内存的优劣。

7. 售后服务

目前,内存技术已经非常成熟,价格并不是吸引用户的唯一标准,产品的质量以及售后服务同样重要。

3.2.5　边学边做 2：内存安装方法

内存安装操作步骤如下。

（1）先将同颜色的内存插槽两端的扣具打开，如图 3-2 所示。

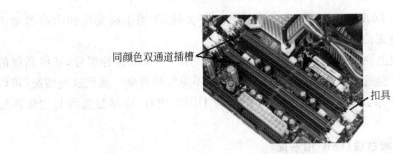

同颜色双通道插槽

扣具

图 3-2　打开扣具

（2）用手指捏住内存条的两端并调整好方向，将内存条底部金手指上的一个凹部对应内存插槽中的一个凸起部分，对准方位后用两拇指按住内存两端轻微向下压，听到"啪"的一声后，即说明内存安装到位，如图 3-3 所示。

图 3-3　正确安装内存条

（3）内存插槽两侧的弹性卡已向上直立，并卡住内存条两侧的缺口。安装完成后，检查内存是否已安装到位，如图 3-4 所示。

图 3-4　安装好的内存

3.2.6 边学边做3：内存故障分析

内存作为微机中的主要配件，主要担负着数据的临时存取任务。如果微机无法正常启动、无法进入操作系统或是运行应用软件，无故经常死机时，内存发生故障的可能性比较大。常见以下几种故障。

1. 运行某些软件时出现内存不足的提示

此现象一般是由于系统盘剩余空间不足造成的，可以删除一些无用文件，多留一些空间。也可以修改虚拟内存的设置，调整驱动器页面文件的大小。在 Windows XP 中步骤如下。

（1）在桌面"我的电脑"上右击，依次选择"属性"|"高级"|"性能"|"设置"，打开"性能选项"对话框，在"高级"选项卡中单击"更改"按钮，如图 3-5 所示。

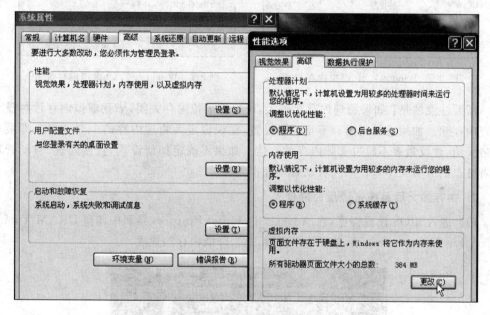

图 3-5 Windows XP 性能设置

（2）在打开的"虚拟内存"对话框中，将"虚拟内存"指定到可用空间较大的分区上，如图 3-6 所示。并设置"自定义大小"的数值，单击"设置"按钮，完成虚拟内存参数的调整。单击"确定"按钮。

在 Windows 7/10 中设置虚拟内存的方法如下。

（1）在桌面上的"计算机"或"此电脑"上右击，选择"属性"命令，在打开的窗口单击"高级系统设置"选项，在打开的窗口中再单击"高级"选项卡"性能"选项组中的"设置"按钮。

（2）打开"性能选项"窗口后，单击"高级"选项卡中的"更改"按钮，取消勾选"自动管理所有驱动器的分页文件大小"。选择"自定义大小"命令，然后手动设置初始大小以及最大值，最后单击"确定"按钮，如图 3-7 所示。

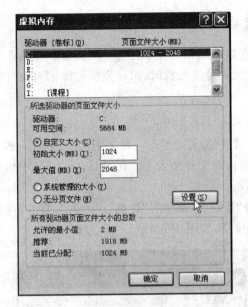

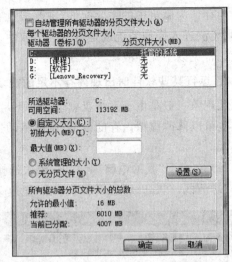

图 3-6 Windows XP 虚拟内存设置 图 3-7 Windows 7/10 虚拟内存设置

需要注意的是：如果物理内存足够大，可以将虚拟内存关闭，毕竟虚拟内存读写没有物理内存快。如果感觉到内存不足时再设置，建议设定为物理内存的 1.5～2 倍，即最小和最大值，建议最多不超过实际内存的 2 倍。如果不确定如何设置，直接勾选"自动管理所有磁盘的分页大小"，让系统自动管理虚拟内存。

2. 内存加大后系统资源反而降低

（1）进入 BIOS 设置程序，在 Advanced Chipset Features 界面中调整 DRAM Timing Selectable 下面的 4 个选项，如图 3-8 所示，适当降低内存的速度。

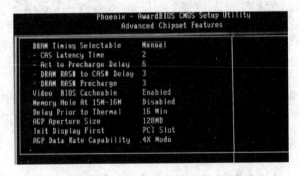

图 3-8 BIOS 设置

（2）保存后退出，重新启动便可排除故障。

3. 随机性死机或无法正常开机

此类故障一般是由于采用了几种不同芯片的内存条，由于各内存条速度不同产生一个时间差从而导致死机，对此可以在 CMOS 设置内降低内存速度予以解决，如图 3-8 所示；否则，唯有使用同型号内存。还有一种可能就是内存条与主板不兼容，此类现象一般少见。另外也有可能是内存条与主板接触不良引起计算机随机性死机，此类现象比较常见。

1）内存与主板兼容性差引发的故障

（1）进入 BIOS 设置程序，在 Advanced Chipset Features 界面中将 DRAM Timing Selectable 设置为 By user，然后将 DRAM CAS Latency 设置为 2.5，DRAM Clock 设置为 10ns，如图 3-9 所示。

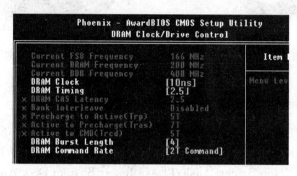

图 3-9　BIOS 设置

（2）保存后退出，重新启动，看故障是否已经排除。如果不行，就只能更换内存条。

2）内存条与主板接触不良

（1）关闭计算机，拔掉电源，打开机箱。拨开内存插槽两边的卡子将内存条取出。若内存条上的金手指有氧化痕迹，用橡皮擦将其擦拭干净。然后对准内存条金手指的缺口和插槽的凸起处，将内存条垂直插入，双手拇指均匀用力将内存条压入内存插槽中。

（2）接好电源，重新启动系统。一般情况下问题可以解决，如果此时问题仍存在，可将内存拔出插入另外一条内存插槽中测试一下，如果问题还不能解决，则说明内存已经损坏，只能更换新的内存条。

3.3　硬盘

硬盘（Hard-Disk，HD）是微机中的重要部件，是一种储存容量较大的外部存储设备，如图 3-10 所示。

硬盘是通过磁介质来保存各种软件和重要的用户数据的。一般硬盘有多个盘片，磁介质均匀地分布在盘片的正反面，在每个盘片的正反面也都有磁头机构用于读取信息。硬盘有柱面、磁道和扇区参数，如图 3-11 所示。

硬盘的生产过程是在无尘工厂中进行的，磁盘和磁头全部密封在铁皮盒子中，它在出厂之前其容量就已经固定了，所以它属于固定的存储设备，它的读写装置（驱动器）和存储体（磁盘）是做成一体并安装于主机箱内。由于硬盘密封在金属盒中，防潮、防霉、防灰尘性能较好，所以硬盘上的数据可保存数十年之久。

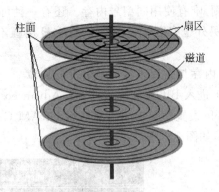

图 3-10　硬盘　　　　　　　　　图 3-11　硬盘的内部结构

3.3.1　情境导入

正在就读大学的邓某,在暑假过后,把家里的计算机带到了大学宿舍,可是当他把微机各个部件连接后,接通电源,微机并没有像原来那样正常启动,而是在屏幕显示器上出现了一行英文提示:"Non System Disk,Please Insert System Disk And Press Enter"。

无论他怎么操作,总是出现这样的提示。邓某没有办法,只好找学校计算机系的同学帮忙。该同学看了启动时的英文提示后,打开微机,把硬盘的电源线和数据线重新连接了一次,然后再开机,就一切正常了。

3.3.2　案例分析

因为微机在搬运过程中,主机受到了震动,导致数据线与主板的接口处或电源与硬盘的接口出现松动,导致微机开机后检测不到硬盘,从而出现上面的提示。下面通过分析硬盘的结构和工作原理,总结在使用微机时应如何维护硬盘。

1. 硬盘的结构

1)硬盘的外部物理结构

硬盘主要由盘体、控制电路板和接口部件组成,如图 3-12 所示。

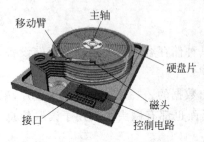

图 3-12　硬盘的外部结构

盘体:是一个密封的腔体。硬盘盘体由盘腔、上盖、盘片电机、盘片、磁头、音圈电机和其他的辅助组件组成。

控制电路板:主要有硬盘 BIOS、硬盘缓存(Cache)和主控制芯片等单元。用于控制硬盘数据的存取。

接口部件:是硬盘与主机系统间的连接部件,作用是在硬盘缓存和主机内存之间传输数据。不同的硬盘接口决定着硬盘与微机之间的连接速度,在整个系统中,硬盘接口的优劣直接影响着程序运行快慢和系统性能好坏。

硬盘的接口主要包括电源接口、数据接口和主、从跳线接口等。其中数据线接口是连接数据线的,是硬盘与主板数据总线或地址总线之间进行数据传输交换的通道;主、从跳线接口是设置硬盘的主、从盘关系;电源接口是连接电源线的,是硬盘与主机电源线的接入插口。

2) 硬盘的内部物理结构

硬盘的内部物理结构,即盘体的内部结构,如图 3-13 所示。

硬盘的盘体由多个盘片组成,这些盘片重叠在一起放在一个密封的盒中,它们在主轴电机的带动下以很高的速度旋转。

盘腔:由铝合金铸造加工而成,盘体的其他组件都直接或间接安装在盘腔上面,盘腔上还有将硬盘安装到其他设备上的螺钉孔。

上盖:由铝合金或软磁金属材料加工而成,有的是单层的,有的是由多层材料黏合而成的。它的主要作用是与盘腔一起构成一个

图 3-13　硬盘的内部结构

相对密封的整体,基本上都是用螺钉与盘腔连接,为了保证密封,上盖与盘腔的结合面一般都有密封垫圈。

盘片:是硬盘存储数据的载体。硬盘的盘片材料硬度和耐磨性要求很高,所以一般采用合金材料,多数为铝合金。盘基上涂上磁性材料。硬盘盘片的厚度一般在 0.5mm 左右,盘片的转速与盘片大小有关,考虑到惯性及盘片稳定性,盘片越大转速越低。

磁头:是硬盘中对盘片进行读写工作的工具,是硬盘中精密的部位之一。磁头是用线圈缠绕在磁芯上制成。硬盘在工作时,磁头通过感应旋转的盘片上磁场的变化来读取数据,通过改变盘片上的磁场来写入数据。

电机:硬盘内的电机都为无刷电机,在高速轴承的支撑下其机械磨损很小,可以长时间连续工作。高速旋转的盘体会产生明显的陀螺效应,因此工作中的硬盘不宜运动,否则将加重轴承的工作负荷。硬盘磁头的寻道伺服电机很多采用音圈式旋转或者直线运动步进电机,在伺服跟踪的调节下精确地跟踪盘片的磁道,所以在硬盘工作时不要有冲击碰撞,搬动时要小心轻放。

2. 硬盘的工作原理

概括地说,硬盘的工作原理是利用特定的磁粒子的极性来记录数据。磁头在读取数据时,将磁粒子的不同极性转换成不同的电脉冲信号,然后利用数据转换器将这些原始信号变成计算机可以使用的数据,写的操作正好与此相反。另外,硬盘中还设有一个存储缓冲区,是为了协调硬盘与主机在数据处理速度上的差异。

3. 硬盘的分类

按照硬盘接口进行分类,可分为 IDE、SATA、SCSI、光纤通道和 SAS 五种。

1) IDE 接口

IDE(Integrated Drive Electronics,集成驱动器电子线路)接口的硬盘中,"盘体"与"控制器"集成在一起的。把盘体与控制器集成在一起的做法减少了硬盘接口的电缆数目

与长度,数据传输的可靠性得到了增强,硬盘制造起来变得更容易,安装更方便。IDE 接口技术从诞生至今就一直在不断发展,性能也在不断地提高,具有价格低廉、兼容性强等特点。IDE 接口的硬盘多用于家用产品中,也部分应用于服务器,如图 3-14 所示。

IDE 接口只是硬盘接口的一种,但在实际的应用中,人们也习惯用 IDE 来称呼最早出现 IDE 类型硬盘 ATA-1,这种类型的接口随着接口技术的发展已经被淘汰了。而其后发展出更多类型的硬盘接口,如 ATA、Ultra ATA、DMA 和 Ultra DMA 等接口都属于IDE 硬盘。

2) SCSI

SCSI 接口(Small Computer System Interface,小型计算机系统接口)是一种系统级的接口,是广泛应用于小型机上的高速数据传输技术。它可以同时挂接各种不同的设备,如硬盘、光盘驱动器等。SCSI 接口具有应用范围广、多任务、带宽大和 CPU 占用率低等优点。SCSI 接口的硬盘则主要应用于服务器市场,主要应用于中、高端服务器和高档工作站中。SCSI 接口如图 3-15 所示。

图 3-14　IDE 接口　　　　　　　　　　　　图 3-15　SCSI 接口

3) SATA 接口

SATA (Serial ATA ,串行 ATA)接口的硬盘又叫串口硬盘。SATA 接口如图 3-16 所示。

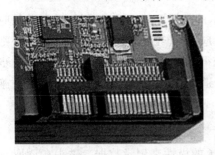

Serial ATA 采用串行连接方式,总线使用嵌入式的时钟信号,与 IDE 硬盘相比具备了更强的纠错能力,因为它能对传输指令(不仅仅是数据)进行检查,如果发现错误会自动矫正,这样在很大程度上提高了数据传输的可靠性。

SATA 串口硬盘是一种完全不同于并行 ATA的新型硬盘接口类型。首先,Serial ATA 以连续串行的方式传送数据,一次只会传送 1 位数据。这样能减少 SATA 接口的针脚数目,使连接电缆数目变

图 3-16　SATA 接口

少,效率也会更高。目前 SATA 接口的硬盘广泛应用于微机。

4) FC 接口

FC(Fibre Channel,光纤通道)接口最初不是为硬盘设计开发的接口技术,而是专门为网络系统设计的。随着存储系统对速度的需求,才逐渐应用到硬盘系统中。光纤通道的主要特性有热插拔性、高速带宽、远程连接和连接设备数量大等。

光纤通道是为提高多硬盘存储系统的速度和灵活性才开发的,它的出现在很大程度上提高了多硬盘系统的通信速度。能满足高端工作站、服务器、海量存储网络和串行数据

通信等高速数据传输率的要求。

5）SAS

SAS(Serial Attached SCSI,串行连接 SCSI 接口)是并行 SCSI 接口之后开发出的全新接口,采取直接的点到点的串行传输方式,传输的速率高达 3Gb/s。此接口的设计是为了改善存储系统的效能、可用性和扩充性,并且提供与 SATA 硬盘的兼容性。其特点就是可以同时连接更多的磁盘设备、更节省服务器内部空间,适合不同服务器环境的需求。

3.3.3　要点提示

硬盘的性能指标直接反映了硬盘的性能,在学习和选购硬盘时要注意硬盘的容量、单碟容量、硬盘的转速、缓存、数据传输率、平均寻道时间、可靠性、平均访问时间和硬盘的表面温度等参数。

1. 硬盘的容量

硬盘作为微机系统的数据存储器,容量是其最主要的参数。硬盘的容量是以 GB(千兆字节)为单位。硬盘的容量越大,能存储的数据就越多。目前的主流产品的容量高达4000GB(4TB)。

2. 单碟容量

单碟容量是指硬盘中每个盘片的最大存储容量。单碟容量越大,硬盘的稳定性就越好。硬盘的盘片过多会降低硬盘的性能和稳定性,所以在容量相同的情况下,应该先考虑硬盘的单碟容量。

3. 转速

转速是指硬盘碟片每分钟转动的次数,其单位为 r/min(转/分钟)。转速越高,内部传输率就越快,访问时间就越短,硬盘的整体性能也就越好。转速是决定硬盘内部传输率的关键因素之一,在很大程度上直接影响到硬盘的速度。

4. 缓存

缓存(Cache Memory)是硬盘控制器上的一块内存芯片,它具有极快的存取速度,是硬盘内部存储和外界接口之间的缓冲器。由于硬盘的内部数据传输速度和外界数据传输速度不同,缓存在其中起到一个缓冲的作用。缓存的大小与速度直接关系到硬盘的传输速度,能够大幅度地提高硬盘整体性能。它主要用于加速数据的读写性能,通常在转速相同的情况下,数据缓存越大,硬盘的读写性能也越好。

5. 硬盘数据传输率

硬盘数据传输率(Data Transfer Rate,DTR)是硬盘工作时的数据传输速度,是硬盘工作性能的具体表现。它分为外部数据传输率(External Transfer Rate)和内部数据传输率(Internal Transfer Rate)。

外部数据传输率是指硬盘缓存与微机系统之间交换数据的速度,也就是微机通过硬盘接口从缓存中将数据读出交给相应的控制器的速率。而内部数据传输率是指磁头与缓冲区之间的数据传输速度,单位为 MB/s(兆字节每秒)。

6. 平均寻道时间

平均寻道时间(Average Seek Time)也是硬盘性能重要参数之一,是指硬盘在接收到系统指令后,磁头从开始移动到数据所在磁道所花费时间的平均值,单位为毫秒(ms)。它在一定程度上体现了硬盘读取数据的能力。平均寻道时间实际上是由转速和单碟容量等多个因素综合决定的一个参数。通常硬盘的平均寻道时间越小,硬盘的性能也越好。

7. 可靠性

可靠性是指硬盘从开始运行到出现故障的最长时间,也叫连续无故障时间(MTBF),单位是小时。为了提高硬盘的可靠性,各大硬盘厂商都采用了很多数据保护技术,用以尽可能地保证硬盘数据的安全性。

8. 平均访问时间

平均访问时间(Average Access Time)是指磁头从起始位置到达目标磁道位置,并且从目标磁道上找到要读写的数据扇区所需的时间。包括平均寻道时间、平均潜伏期(指当磁头移动到数据所在的磁道后,等待所要的数据继续转动到磁头下的时间,单位为 ms)和相关的内务操作时间(如指令处理)等。

9. 硬盘表面温度

硬盘表面温度表示硬盘工作时产生的温度使硬盘密封壳温度上升的情况。

3.3.4 边学边做 1:硬盘的选购方法

硬盘是微机系统中一个非常重要的部件,其性能的高低往往影响着整个微机系统的性能。一般用户在选购硬盘时,除了关注硬盘的主要性能指标如容量、转速、缓存容量和表面温度等以外,还要关注品牌、接口、噪音、稳定性、"行货"/"水货",以及售后服务等因素。下面介绍几种选购硬盘时的方法。

1. 按需选购

在硬盘容量的选购上,要按需选购。用户需求不同,对硬盘的要求也不同。对一般用户,1TB 的硬盘就够用了。对于喜欢从网络上下载资料的用户来说,2TB 或更大容量的4TB 产品可能更适合。

2. 品牌

目前市场中常见的硬盘主要有 Hitachi(日立)、Maxtor(迈拓)、Seagate(希捷)、WD(西部数据)和 Samsung(三星)等。在选购硬盘时,应从正规渠道购买盒装硬盘产品,以确保质量。

3. 接口

目前对于接口的选择,还没有很大的余地,虽然现在市场上有 IDE 接口、SATA 接口和 SCSI 接口。尽管 SCSI 硬盘有很多 IDE 硬盘无法相比的优势,但是它的生产成本导致SCSI 硬盘的价格一直很昂贵,所以不适合普通用户的使用。

现在 SATA 接口的硬盘是市场的主流产品,采用该接口的硬盘又叫串口硬盘,具有结构简单、支持热插拔和纠错能力强等优点。IDE 接口的硬盘依旧在市场上有销售。

对于接口的选择,用户在组装微机或者在选购品牌机时,应尽量选购 SATA 接口的硬盘。如果主板上没有 SATA 接口,只有 IDE 接口,那么只能选择 IDE 接口的硬盘了。

4. 稳定性

硬盘中存储着所有的程序和数据,一旦受到损坏,硬盘中的信息也就丢失了。所以任何人都希望硬盘具有高的稳定性,这对于微机的稳定运行也是必需的。如果硬盘的容量大、转速快,但稳定性极差,则可能出现系统死机。

5. 噪音

对于噪音还是越低越好,一些品牌的硬盘采用液态轴承电动机技术,使硬盘产品噪音相对比较低。

6. 硬盘表面温度

在硬盘工作时,主轴电动机和盘片转动产生热量,如果热量不及时散去,会降低磁头的数据读取灵敏度,也会影响硬盘的稳定性和寿命。所以在选择硬盘的时候,应该选择表面温度较低的硬盘。工作温度越低,硬盘的散热性和数据读写稳定性就越好。

7. 区分"行货"和"水货"

目前市场上硬盘存在"水货"和"行货"两种。水货不是假货,而是没有相应的售后服务的产品。辨别水货的方法为:先看硬盘的代理商贴在自己代理的硬盘产品上的防伪标签,再看硬盘盘体和代理保修单上的硬盘编号是否一致。

8. 售后服务

在国内,各个厂商对于硬盘的售后服务和质量保障做得都不错,尤其是各品牌的盒装产品,为消费者提供 2～3 年甚至 5 年的质量保证期,并且提供数据恢复服务。建议选购提供 3 年以上的质量保证期限的产品。

3.3.5　边学边做 2:硬盘安装方法

硬盘的安装步骤如下。

(1)机箱中有固定托架的扳手,拉动此扳手即可固定或取下硬盘托架,如图 3-17 所示。

(2)取出后的硬盘托架,如图 3-18 所示。

图 3-17　取下硬盘托架

图 3-18　硬盘托架

（3）插入硬盘，如图 3-19 所示。

（4）固定硬盘托架，如图 3-20 所示。

图 3-19　插入硬盘　　　　　　　　　　　　图 3-20　固定硬盘托架

（5）连接硬盘的数据线到主板数据接口上，如图 3-21 所示。

（6）连接硬盘的电源线，如图 3-22 所示。

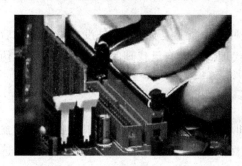 

图 3-21　连接硬盘数据线　　　　　　　　　　图 3-22　连接硬盘电源线

（7）最后检查硬盘的安装是否完好。

3.3.6　边学边做 3：硬盘故障分析

（1）开机后屏幕显示"Device error"或者"Non-System disk or disk error，Replace strike any key when ready"，硬盘不能启动。

造成该故障的原因一般是 CMOS 中的硬盘设置参数丢失或硬盘类型设置错误。进入 CMOS，检查硬盘设置参数是否丢失或硬盘类型设置是否错误，如果确实是该种故障，只需将硬盘设置参数恢复或修改过来即可，如果忘了硬盘参数不会修改，可以打开机箱，查看硬盘表面标签上的硬盘参数，照此修改。有些高档微机的 CMOS 设置中有 HDD AUTO DETECTION（硬盘自动检测）选项，可自动检测出硬盘类型参数。

（2）开机后，WAIT 提示停留很长时间，最后出现"HDD Controller Failure"。

造成该故障的原因一般是硬盘线接口接触不良或接线错误。先检查硬盘电源线与硬盘的连接，再检查硬盘数据信号线与微机主板及硬盘的连接，如果连接松动或连线接反都会有上述提示。硬盘数据线的一边会有红色标志，连接硬盘时，该标志靠近电源线。在主板的接口上有箭头标志,或者标号1的方向对应数据线的红色标记。

(3)开机后,屏幕上显示"Invalid partition table",硬盘不能启动,若从软盘启动则认C盘。

造成该故障的原因一般是硬盘主引导记录中的分区表有错误,当指定了多个自举分区或病毒占用了分区表时,将有上述提示。

主引导记录(MBR)位于0磁头0柱面1扇区,是由fdisk.exe文件对硬盘分区时生成的。MBR包括主引导程序、分区表和结束标志55AAH三部分,共占一个扇区。主引导程序中含有检查硬盘分区表的程序代码和出错信息、出错处理等内容。当硬盘启动时,主引导程序将检查分区表中的自举标志。若某个分区为可自举分区,则有分区标志80H,否则为00H,系统规定只能有一个分区为自举分区。

最简单的解决方法是用硬盘修复工具修复。如果是病毒感染了分区表,格式化是解决不了问题的,可先用杀毒软件杀毒,再用硬盘修复工具进行修复。

(4)开机后自检完毕,从硬盘启动时死机或者屏幕上显示"No ROM Basic,System Halted"。

造成该故障的原因一般是引导程序损坏或被病毒感染,或是分区表中无自举标志,或是结束标志55AAH被改写。

从软盘启动,执行命令fdisk/mbr即可。fdisk.exe文件中包含有主引导程序代码和结束标志55AAH,用上述命令可使fdisk.exe文件中正确的主引导程序和结束标志覆盖硬盘上的主引导程序,该方法对于修复主引导程序和结束标志55AAH的损坏非常见效。

对于分区表中无自举标志的故障,可用硬盘修复工具迅速恢复。

(5)开机后屏幕上出现"Error loading operating system 或 Missing operating system 的提示信息"。

造成该故障的原因一般是DOS引导记录出现错误。

DOS引导记录位于逻辑0扇区,是由高级格式化命令format生成的。主引导程序在检查分区表正确后,根据分区表中指出的DOS分区的起始地址,读DOS引导记录,若连续读五次都失败,则给出"Error loading operating system"的错误提示,若能正确读出DOS引导记录,主引导程序则会将DOS引导记录送入内存0:7C00H处,然后检查DOS引导记录的最后两个字节是否为55AAH,若不是这两个字节,则给出"Missing operating system"的提示。

一般情况下用硬盘修复工具修复即可。若不成功,可以用sys c:命令重写DOS引导记录。

(6)硬盘出现坏道。用scandisk命令扫描硬盘时,如果程序提示有了坏道,大多是逻辑坏道,是可以修复的。

① 首先,使用各品牌硬盘自己的自检程序进行完全扫描,而不选快速扫描,因为"快速"只能查出大约90%的问题。如果检查的结果是"成功修复",那么可以确定是逻辑坏道;否则,物理坏道就修复不了,如果硬盘还在保质期,要赶快拿去更换。

② 硬盘坏道处理方法。

第1步:在计算机相应盘符上右击,在弹出的快捷菜单中选择"属性"命令,弹出如

图 3-23 所示的驱动器属性窗口,切换到"工具"选项卡。

第 2 步:单击"开始检查"按钮,弹出如图 3-24 所示对话框。选中"自动修复文件系统错误"和"扫描并尝试恢复坏扇区"两个复选框,单击"开始"按钮。

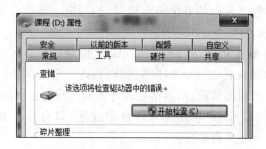

图 3-23 某盘驱动器属性

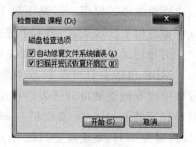

图 3-24 检查硬磁盘

3.4 光盘与光驱

光盘是微机常用的存储器,它具有容量大、速度快、数据保存持久和安全性能高等特点,在微机的外存储器中占有很重要的地位。光驱是读写光盘的驱动器,光盘和光驱外形如图 3-25 所示。

图 3-25 光盘和光驱

光盘主要有不可擦写光盘(如 CD-ROM 和 DVD-ROM 等)和可擦写光盘(如 CD-RW 和 DVD-RAM 等)。

3.4.1 情境导入

某单位职员小王用数码相机给孩子拍了好多照片,他想把照片保存起来,等孩子长大后,作为纪念送给孩子。对于 U 盘、光盘和移动硬盘,他选择哪种盘比较经济合理呢? 使用光盘刻录时又要注意哪些事项?

3.4.2 案例分析

目前 U 盘的存储容量越来越大,但是由于便于携带,使用频繁,容易感染病毒而受损。移动硬盘存储容量大,但是昂贵,而且使用频繁,寿命通常在 10 年左右。而合格的光盘,数据保存稳定,一般保存 50 年以上,是一种永久保存数据最经济合理的方法。下面针对小王的问题详细介绍光盘、光驱和刻录光盘的相关知识。

1. 光盘的种类及特点

不同种类的光盘,在读写方式上也有所不同,用户可以根据需要合理选择光盘。

1) CD-ROM

CD-ROM 是一种只读存储介质,是最常见、使用最广泛的一种光盘,主要用来保存数字化资料,例如各种游戏、电影、照片和软件等。它具有容量大、价格低廉的优点,一张700MB 的 CD-ROM 白盘只需 1 元,刻录一次,可长久保存信息。

2) CD-RW

CD-RW 称为重复擦写式光盘,是在光盘表面加上一层可改写的染色层,通过激光可在光盘上反复多次写入数据,CD-RW 光盘上的资料可自由更改及删除,重复擦写可达1000 次左右。CD-RW 盘面一般呈淡灰色,与 CD-ROM 较相近,价格稍贵。

3) DVD

DVD 称为数字万用光盘,是一种超级的高密度光盘。DVD 光盘与 CD-ROM 光盘的外观很相似,其直径为 120mm,厚度为 1.2mm。同样大小的光盘,DVD 要比 CD-ROM 的存储容量大很多,一般为 4.2GB 左右。目前 DVD 的大容量和通用性得到了广泛的应用和普及。

2. 光驱

光驱是微机用来读写光盘内容的机器,是台式机里比较常见的一个配件。随着多媒体的应用越来越广泛,使得光驱在台式机诸多配件中已经成为标准配置。目前,光驱可分为 CD 光驱(CD-ROM)、DVD 光驱(DVD-ROM)和光盘刻录机等。

1) CD-ROM 光驱

CD-ROM 光驱也称 CD-ROM 驱动器,是从光盘中读取数据,并传送到微机内部的一个输入设备。

CD-ROM 驱动器的工作原理: 在它的核心部分有一个激光头(激光二极管),产生的激光束首先通过对准直透镜变成平行光束,经过分光棱镜、反射镜后,由物镜将激光束聚焦在旋转 CD-ROM 盘片的凹坑上。由于激光的相干性和凹坑的衍射特性,在凹坑处的反射光变弱,而非凹坑区是高反射区,从而形成反射光的差异。反射光束沿原光路返回,由分光棱镜转向光检测器(光检测二极管),由光检测二极管将光信号转换为电信号输出。对输出的电信号经过解调和纠错处理,即可获得光盘上的数据。原理如图 3-26 所示。

2) DVD 光驱

DVD 光驱是一种可以读取 DVD 光盘信息的光驱,除了兼容 DVD-ROM、DVD-R 和CD-ROM 等常见的格式外,对于 CD-R/RW 和 CD-I 等都能很好地支持。

普通 CD-ROM 驱动器无法读取 DVD 格式的光盘。

3) 光盘刻录机

可以刻录光盘的光驱称为光盘刻录机。如果要将重要资料制作成光盘,微机就必须配置光盘刻录机。CD-R 和 CD-RW 都是光盘刻录机,可以用来刻录光盘。

CD-R 光盘刻录机只能使用 CD-R 光盘,而且只能刻录一次;而 CD-RW 光盘刻

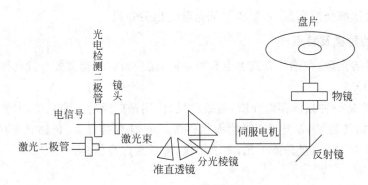

图 3-26　CD-ROM 驱动器工作原理

录机器则可以使用 CD-R 和 CD-RW 光盘,使用 CD-RW 光盘时,可以重复多次刻录资料。

　　除了买光盘刻录机外,还要安装光盘刻录软件,如 Nero 和光盘刻录大师等都是常用的刻录程序。通常购买光盘刻录机,都会附赠刻录软件。有了光盘刻录机和刻录程序后,就可以自己刻录光盘了。

3. CD-ROM 盘刻录的步骤

　　(1) 安装并运行光盘刻录软件,本例使用光驱自带的 Nero 刻录软件。

　　(2) 打开如图 3-27 所示窗口,若要刻录照片文件,应选择"制作数据光盘"命令。

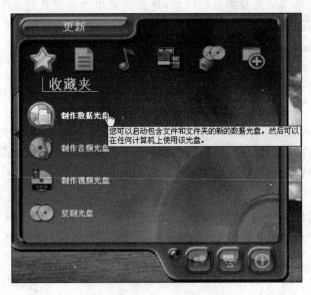

图 3-27　刻录主窗口

　　(3) 打开如图 3-28 所示窗口,单击"添加"按钮,找到数据文件,将数据加入光盘。图中所添加的数据容量为 641MB,低于虚线标识的最大容量。

　　(4) 单击"下一步"按钮,显示最终刻录设置,如图 3-29 所示。

　　(5) 单击"刻录"按钮,提示插入待刻录的光盘,并弹出光盘托盘,放入光盘,进行刻

图 3-28　添加刻录数据

图 3-29　刻录主窗口

录,如图 3-30 所示。

（6）几分钟后,刻录完成。

其他类型光盘的刻录,也是按照相应的向导,依次单击"下一步"按钮,直至完成。

图 3-30   刻录过程

4. DVD 盘刻录

1）光盘刻录软件

Nero Burning ROM 2016 光碟刻录软件支持中文长文件名刻录，可刻录多种类型的光碟片，且支持 DVD 盘的刻录。

光盘刻录大师是一款操作简单，功能强大的刻录软件，不仅涵盖了数据刻录、光盘备份与复制、影碟光盘制作、音乐光盘制作等大众功能，更配有音视频格式转换、音视频编辑、CD/DVD 音视频提取等多种媒体功能。

2）光盘刻录方法

对于使用 Windows 7 以上系统的用户，可以使用系统自带的光盘刻录功能，下面介绍这种方法。

（1）首先插入可以进行刻录的 DVD 新光盘，如果开启了自动播放功能，则在对话框中直接选择"将文件刻录到光盘"命令；否则，双击桌面上的"计算机"图标，在打开的窗口中的"DVD RW 驱动器"上右击，在弹出的菜单中选择"刻录到光盘"选项，如图 3-31 所示。

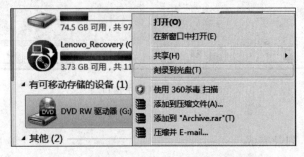

图 3-31   DVD 刻录菜单

（2）弹出"刻录光盘"对话框，如图 3-32 所示。注意"类似于 USB 闪存驱动器"与"带有 CD/DVD 播放器"的区别，前者可以删除编辑，后者只能刻录或者覆盖，不能编辑和删除。

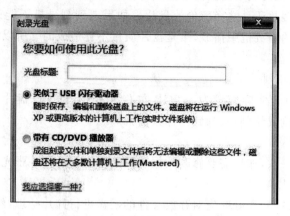

图 3-32　选择刻录光盘的类型

（3）选择"类似于 USB 闪存驱动器"选项，单击"下一步"按钮。新光盘格式化后便直接拖动文件到文件夹中即可完成刻录。刻录完成后，可以删除文件，也可以对文件编辑后保存。

（4）选择"带有 CD/DVD 播放器"选项，单击"下一步"按钮，根据系统提示，将需要刻录到光盘的文件复制、粘贴或拖动进来后，单击"刻录到光盘"按钮，启动"刻录到光盘"向导，设置好光盘标题和刻录速度，再单击"下一步"按钮，Windows 7 自动完成光盘的刻录。

5. 刻录光盘注意事项

DVD 刻录和 CD 刻录，从盘片到刻录机本身都有很大的不同，如不注意就会造成使用不当的错误，轻者会使刻录的盘片质量不佳，严重的甚至会烧毁刻录机。所以，除注意区分刻录类型以外，还要注意以下事项。

1）防尘、防潮

激光头最怕灰尘，光驱长期使用后，读盘率下降就是因为尘土过多，所以平时不要把托架留在外面，也不要在计算机周围吸烟。而且不用光驱时，尽量不要把光盘留在驱动器内，以免划伤激光头。

2）保证供电，在刻录之前要关闭省电功能

在刻录过程中要消耗很大的功率才能熔化染色剂，并且刻录是一个相对较长的过程，所以要保证平稳的电压和较大的电流。普通 CD-R 刻录机的功率一般在 15W 左右，DVD 刻录机一般都在 25～35W，所以 DVD 需要更为强劲的电源来支持。供电不足首先会对刻录品质产生影响，严重的直接影响刻录机的使用寿命。

3）散热

刻录机功率较大，并且由于刻录的时间会相对较长，不可避免地会有很大的发热量，刻录机过热势必影响内部元件。所以选择一款散热设计较好的刻录机比较重要，同时也建议买散热较好的机箱。

4）选择质量好的盘片

一般来说,刻录机的刻录品质需要品质有保证的光盘片支持。但是由于价格的因素,用户购买光盘片时多数还是选择廉价的盘片。如果遇到刻录机不能识别刻录盘,或者刻好的盘无法在一般的播放机中播放,多是盘片质量不佳造成的。所以,不要因为每张省几角钱去买廉价、劣质盘。

5）不要满刻或超刻

4.7GB 的 DVD 盘实际容量为 4.2GB 左右,700MB 的 CD 盘片实际容量为 650MB左右。尽量不要满刻或超刻,只刻到标称数据就好。

6）一次性刻录

光盘只能刻录一次,如果需要修改数据就只能重新刻录另一张光盘。

7）被刻文件碎片整理

刻录大量小文件时,最好要先对存放文件的硬盘进行碎片整理,然后再将欲刻录的文件拷入,否则发生读取错误的概率会大大增加。

8）关闭多余任务

在刻录的过程中为了保证刻录的顺利进行,最好将一些多余的程序关闭,以免降低系统效率,增加故障的出现概率。

9）保证被刻录的数据连续

由于刻录机在刻录过程中,必须要有连续不断的资料供给刻录机刻录到光盘的空片上,如果刻录机在缓冲区已空缺还得不到资料时,就会导致刻录失败。所以,在刻录之前一定要把待刻录的数据准备好,保证数据的连续。

10）尽可能在配置高的机器上刻录

在高性能的微机上刻录的成功率要明显高于在低性能的微机上刻录的成功率,如果微机的配置太低,刻录过程中大量的数据会使机器超负荷而停止甚至死机。

3.4.3　要点提示

光驱的性能指标是生产厂商推出产品的标称值,包括接口类型、数据传输率、平均寻道时间、内部数据缓冲、CPU 占用时间、容错能力和兼容性等,在学习和选购光驱时要注意这些参数。

1. 接口类型

光驱采用的接口与硬盘接口相同,一般有 IDE 和 SATA 两种接口。目前 IDE 逐渐被 SATA 接口所取代。

2. 数据传输率

数据传输率是指光驱一秒内所能读取的最大数据量,是光驱最基本的性能指标,通常用 KB/s 来计算。数据传输率的高低表示光驱从光盘上读取数据的快慢。

3. 平均寻道时间

平均寻道时间（Average Access Time）又称为平均访问时间,是指检测光头从定位到开始读盘的时间,平均寻道时间越短,光驱的性能就越好。

4. 内部缓存

内部缓存(Buffer)主要用于存放读出的数据。它的大小直接影响光驱的速度。

5. CPU 占用时间

CPU 占用时间(CPU Loading)指光驱在维持一定的转速和数据传输速率时所占用 CPU 的时间。它是衡量光驱性能的一个重要指标,光驱的 CPU 占用时间越少,系统整体性能的发挥就越好。

6. 容错能力

容错能力是指光驱的容错性能,即光驱读取质量不太好的光盘的能力。容错性能越强,光驱能读"烂盘"上的信息越多。容错能力强的光驱,能够跳过坏的数据区,而容错能力差的光驱,则不能正常读取质量较差的光盘。

7. 兼容性

兼容性直接影响光驱的应用范围,兼容性越好,光驱能够进行读取、刻写操作的光盘种类就越多。目前很多光驱都采用了全兼容性技术。

3.4.4　边学边做 1：光盘与光驱的选购方法

选购光盘与光驱时,除了要重点关注光驱的性能参数以外,还应注意以下几点。

(1) 品牌。因为品牌的光驱具有更稳定的读写能力、更好的兼容性以及更长的质量保质期。所以建议购买品牌产品。市场上 Acer、华硕、源兴、飞利浦和索尼等的光驱都属知名品牌。这些名牌产品的质量一般都有保障。

(2) 工艺。工艺是指整个光驱给人的视觉印象。从外包装上要看有没有代理或厂家的防伪标志等。打开光驱外包装后,检查里面的说明书、排线、视频线、驱动盘和附赠物品等是否完整。

(3) 稳定性。光驱中损耗最大的部件是机芯。对于普通机芯的光驱稳定性比较差,刚买回来的时候读盘性能很好,可是过几个月后,读盘能力明显下降。而采用金刚机芯有更长的使用寿命,它以钢材为原料,具有抗高温,抗高速等特点,能够保证机芯的稳定性。

(4) 售后服务。售后服务也是选购光驱的条件之一,建议选购 3 个月包换、一年保修的售后服务。

目前,DVD 驱动器的价格已经降到了大多数人可以接受的价位,市场上 DVD-ROM 正逐步取代 CD-ROM。用户配置微机时,也大都要求配置 DVD 光驱。选购 DVD 光驱要注意以下几点。

(1) 读盘能力。DVD-ROM 有单激光器和双激光器两大类,其性能各有其特点,在购买时可根据需要和资金进行选择。一般来说,DVD-ROM 的包装盒上都标有所使用的激光头。

① 单头单眼。采用单激光头、单聚焦镜双聚焦点方案。它具有较快的读盘速度,机械故障少,造价便宜的优点。缺点就是读盘精度较差,且长期使用品质较差的碟片时,会

影响它的使用寿命。

②　单头双波长。它是目前比较流行的 DVD 读盘方式,在一个激光头内安装了两个不同的激光器,用同一个激光头读取 DVD 和 CD 信号。其优点是读盘质量稳定且速度快,机芯的使用寿命比较长。

③　单头双眼。采用一个激光头两组透镜,通过转换不同的聚焦镜来分别读取 DVD 和 CD 信号。读取质量较高,但读盘速度较慢,且机械故障率较高。

④　双激光头。采用两个完全独立的激光头分别读取 DVD 和 CD,拥有两套完全独立的聚焦镜。其优点是读盘质量很好,但成本相对较高,机械故障率也较高。

(2) 接口。DVD 光驱的接口主要有 IDE 和 SCSI 两种。SCSI 接口的优点是具有更好的稳定性和数据传输率,并且 CPU 的占用率也比 IDE 接口的低得多,但这种接口须使用 SCSI 卡才能连接,安装使用起来不太方便,价格也比较高。而 IDE 接口的 DVD 光驱与 CD-ROM 一样,即插即用。因此,选择 IDE 接口的 DVD 光驱更适合于一般用户。

(3) 数据缓存。同 CD-ROM 光驱和硬盘一样,DVD 光驱的数据缓存容量的大小也直接影响到其整体性能。缓存容量越大,其速度与流畅性就越高。现在主流 DVD 光驱一般采用了 512KB 缓存,但也有采用比较低缓存的 DVD 光驱。

(4) 倍速。DVD 与 CD-ROM 光驱一样,倍速也是人们重点要考虑的问题,它直接影响着数据的传输速率。目前主流的 DVD 光驱为 16 倍速。

(5) 支持格式。支持格式是指该 DVD 光驱能支持和兼容多少种盘片。一般来说,一款合格的 DVD 光驱除了要兼容 DVD-ROM、DVD-Video、DVD-R、CD-ROM 等常见格式外,对于 CD-R/RW、CD-I 和 Video-CD 等都应该能够很好地支持。能支持的格式越多越好。

3.4.5　边学边做 2:光驱安装方法

安装光驱的操作步骤如下。

(1) 拆下光驱挡板,如图 3-33 所示。

光驱挡板 —　　　　　　　　　　　　— 光驱由此插入

图 3-33　拆下光驱挡板

(2) 从光驱插入口插入光驱,如图 3-34 所示。

(3) 固定光驱和卡扣,如图 3-35 所示。

图 3-34　插入光驱

螺钉固定 →

← 卡扣固定

图 3-35　固定光驱和卡扣

3.4.6　边学边做 3：光驱故障分析

当光驱出现问题时，一般表现为光驱的指示灯不停地闪烁、不能读盘或读盘性能下降、光驱盘符消失、光驱读盘时蓝屏或死机、显示"无法访问光盘，设备尚未准备好"等提示信息等。主要有以下一些原因。

1. 光驱连接不当

光驱安装后，开机自检，如不能检测到光驱，则要认真检查光驱排线的连接是否正确、牢靠，光驱的供电线是否插好。如果自检到光驱这一项时出现画面停止，则要看看光驱的主、从跳线是否正常。尤其注意：光驱尽量不要和硬盘连在同一条数据线上。

2. 内部接触问题

如果光驱卡住无法弹出，可能是光驱内部配件之间的接触出现问题，用户可以尝试如下的方法解决。

将光驱从机箱卸下并使用十字螺钉旋具拆开，通过紧急弹出孔弹出光驱托盘，卸掉光驱的上盖和前盖。卸下上盖后会看见光驱的机芯，在托盘的左边或者右边会有一条末端连着托盘电动机的皮带。检查皮带是否干净，是否有错位，同时也可以给皮带和连接电动机的末端上油。另外光驱的托盘两边会有一排锯齿，这些锯齿是控制托盘弹出和缩回的，给锯齿上油，并检查它有没有错位之类的故障。如果上了油，要注意将多余的油擦去。然后将光驱重新安装好，再开机试试。建议：一般用户最好找专业人士修理。

3. CMOS 设置的问题

如果开机自检到光驱这一项时出现停止或死机，有可能是 CMOS 设置中光驱的工作模式设置有误所致。一般来说，只要将光驱用到的 IDE 或 SATA 接口设置为 AUTO，就可以正确地识别光驱工作模式了。

4. 与虚拟光驱发生冲突

用户安装虚拟光驱后,有时会发现原来的物理光驱"丢失"了,这是由于硬件配置文件设置的可用盘符太少。

解决方法:用 Windows 自带的记事本程序打开 C 盘根目录下的 Config. sys 文件,加入"LASTDRIVE＝Z",保存退出,重启后即可解决问题。

在安装双光驱的情况下,安装低版本的"虚拟光驱"后,有时会造成一个或两个物理光驱"丢失",建议换个高版本的或其他虚拟光驱程序。

5. 托盘进、出仓不顺畅

凡是发生进、出仓不顺畅现象,主要是由于连接仓的橡胶带老化而变得有点松,按下进仓键后,进出仓机构得不到足够的传动力,金属机芯不能完全到位,导致光驱内部的处理器误判为被异物卡住,从而保护性地执行出仓动作。

解决方法有两种:①可以换一条同样规格的传送带,但该方法费时费事费钱,而且普通传送带的质量远不能与原装产品相比;②更换光驱。

3.5　移动存储器

3.5.1　情境导入

什么是移动存储器? 使用和选购移动存储器时要注意什么?

3.5.2　案例分析

移动存储器属于辅助存储器,主要用于异地传输和携带数据。随着电子技术的不断发展,移动存储设备种类越来越多,它们都具有即插即用、读写快速和易于携带等优点,所以深受广大用户的喜爱。常见的移动存储器除了光盘和移动硬盘外,最常用的是 U 盘和存储卡。

1. U 盘

U 盘即 USB 盘的简称,而"优盘"只是 U 盘的谐音称呼。它是一种可移动的数据存储工具,使用时只要插入微机的 USB 接口即可。U 盘的最大特点是存储数据安全性强、便于携带、存储容量大、价格便宜、传输速度快和很高的稳定性,另外它体积小、防磁、防震、防潮、功耗低和寿命比较长,是最常用的移动存储设备。

目前,一般的 U 盘容量有 8GB、16GB、32GB 和 64GB 等。一些生产厂商如朗科、纽曼和联想等的 U 盘产品都是不错的选择。常见 U 盘如图 3-36 所示。

图 3-36　U 盘

2. 移动硬盘

移动硬盘是以硬盘为存储介质,适用于微机之间交换大容量数据时的一种便携性存储产品,如

图 3-37 所示。

移动硬盘具有以下特点。

(1)容量大。移动硬盘可以提供相当大的存储容量。目前,大容量"闪盘"的价格,还不能被一般用户所接受,而移动硬盘能在用户可以接受的价格范围内,提供给用户较大的存储容量和便携性。现在流行的移动硬盘有 320GB、500GB、1TB、2TB 和 4TB 等。

(2)传输速度高。移动硬盘大多采用 USB、IEEE 1394 接口,能提供较高的数据传输速度。

图 3-37 移动硬盘

(3)使用方便。现在的微机基本上都配备多个
USB 接口,USB 接口已成为个人计算机中的必备接口。USB 设备在大多数版本的
Windows 操作系统中,不需要安装驱动程序,具有真正的即插即用特性,使用起来灵活
方便。

(4)可靠性强。数据安全一直是移动存储用户最为关心的问题,也是人们衡量该类产品性能好坏的一个重要标准。移动硬盘以高速、大容量和轻巧便捷等优点赢得许多用户的青睐,而更大的优点还在于其存储数据的安全、可靠性。

这类硬盘与笔记本电脑硬盘的结构类似。采用以硅氧为材料的磁盘驱动器,以更加平滑的盘面为特征,有效地降低了盘片可能影响数据可靠性和完整性的因素,更高的盘面硬度使 USB 硬盘具有很高的可靠性,提高了数据的完整性。

3. 存储卡

存储卡是利用闪存技术实现存储数字信息的存储器,它作为存储介质应用在手机、数码相机、便携式电脑、MP3 和其他数码产品中,一般是卡片的形态,故统称为存储卡,又称为数码存储卡等。它具有体积小巧、携带方便和使用简单的优点。

图 3-38 CF 卡

同时,由于大多数存储卡都具有良好的兼容性,便于在不同的数码产品之间交换数据。近年来,随着数码产品的不断发展,存储卡的存储容量不断得到提升,应用也快速普及。常见的存储卡类型有 CF(Compact Flash)卡,如图 3-38 所示。还有 MMC 卡(MultiMedia Card)、SD 卡(Secure Digital)和 SM(Smart Media)卡等,这些存储卡虽然外观不同,但是技术基本相同。

3.5.3 要点提示

(1)U 盘是人们应用最多的一种移动存储设备。它的性能指标主要有存储容量、数据传输率、数据读取或写入速度、接口类型、支持的操作系统、支持的分区、数据保存时间、工作环境温度和运行相对湿度等。高端的 U 盘还有智能纠错功能,通过固化在 U 盘内部的数据纠错软件,在数据写入时,自动调用系统对写入数据即时巡检,并同原始数据进行核对。

（2）U盘的数据读取/写入速度，除了U盘本身的参数外，和计算机的配置也有关系。

（3）U盘性能检测软件可以用AntiAutorun-U盘病毒免疫器、U盘芯片检测器V5.0等，常用的U盘修复工具有MFormat等。

3.5.4　边学边做1：U盘的选购方法

U盘已经成为人们工作、生活中不可缺少的一部分。目前的U盘市场上鱼龙混杂，到处可以看到低价的产品，那么，如何选购一个好的U盘呢？如表3-2所示，列举了金士顿U盘的常见参数，可以给用户在选购U盘时提供参考。

表 3-2　金士顿U盘

金　士　顿	DT101G2
存储容量	4GB
价　格	60元
接口类型	USB2.0
存储介质	闪存
数据传输率	10MB/s
写入数据传输率	5MB/s
外形设计	青色
外形尺寸	57.18mm×17.28mm×10.00mm
系统要求	Windows 7，Windows Vista，Windows XP，Windows 2000，Mac OS v.10.5.x＋，Linux v.2.6.x＋
工作性能	工作温度：0～60℃ 存储温度：－20～185℃ 携带方便：易于携带的口袋大小设计 简易连接：只要插入USB连接口即可 使用容易：精巧的旋转设计
质保时间	5年质保

具体要看以下几个参数。

1. 品牌

品牌是对产品品质与服务的保证。从品牌入手，选中几个质量有保证的U盘品牌，然后根据自己的购买力和需求选购合适的U盘。

市场中的U盘品牌众多，很多劣质产品充斥市场，如果一味追求低价，购买了无质量保证的杂牌产品，势必会影响到产品使用中的稳定性和使用寿命，U盘的损坏导致存储在U盘里的重要资料丢失，有时是无法挽回的。所以要买品牌产品。

2. 需求

确定好品牌后，再根据自己的购买力和需求选购合适的U盘。不必一味追求大容量产品,"够用即可"永远都是选购时的基本原则。普通学生及家庭用户可以选择价格不高、功能够用的中低端产品。商务用户的选购规格相对就要高一些。

3．接口类型

USB 2.0 分为两个版本,第一个版本叫作 USB 2.0 Fast Speed 即为快速 USB 2.0 接口,其实它就是以前所接触到的 USB 1.1 接口,只不过现在把它定义成这个名称了;还有一种就是 USB 2.0 High Speed 即高速 USB 2.0 接口,也就是常规的 USB 2.0 接口,分辨方法很简单,只看 USB 上面的标识就行。

目前市面上的 USB 3.0 U 盘的容量有 16GB、32GB 和 64GB。USB 3.0 接口的读取速度为 80MB/s,写入速度为 60MB/s。

4．存储速度

高速度、大容量已经成为选择 U 盘的趋势。

5．系统要求

选择 U 盘时,要注意 U 盘在相关平台上的兼容性和互换性。

6．工作性能

选择 U 盘时,要选择小巧一点的为宜。需要考虑其方便性,即足够小,足够轻,真正便于携带。另外要注意其工作和存储温度等。

7．辨别真伪

(1)检查 USB 接口处是否有划痕,有划痕的产品很可能是商家自己使用了一段时间再拿出来销售的产品。

(2)要检查外壳的喷漆色泽是否均匀,外壳的喷漆色泽均匀一方面表示产品制作工艺过关,另一方面也表明是新品。

(3)检查包装盒上的厂商信息是否完整,例如网址、电话、地址和产品信息等,正品上的信息标注都比较详细。

8．售后服务

售后服务是不可缺少的重要环节。目前因为 U 盘使用不当或发生损坏给用户带来损失的现象比较普遍,因此选择具备优质服务的品牌是免除后顾之忧的最好办法。除了应该提供的"三包"服务,有实力的移动存储厂商已经实现了更优异的服务标准。

3.5.5 边学边做 2：移动存储设备故障分析

1．插入移动设备后没有出现盘符

(1)选择"开始"|"运行"命令,在弹出的"运行"对话框中输入 diskmgmt.msc,按 Enter 键后打开"磁盘管理"窗口,如图 3-39 所示。

(2)在该窗口中可以看见有一个没有盘符的磁盘,这就是可移动存储设备,在其上右击,在弹出的快捷菜单中选择"更改驱动器名和路径"命令,在弹出的"更改"对话框中单击"添加"按钮。接着会弹出"添加驱动器号或路径"对话框,选择"指派以下驱动器号",单击"确定"按钮。

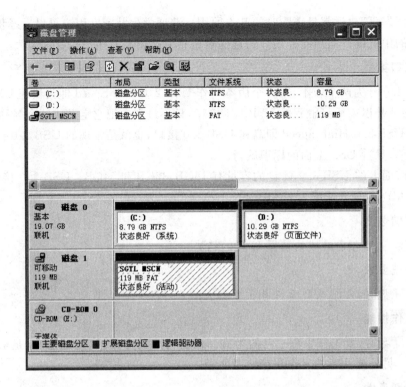

图 3-39　磁盘管理窗口

2. 无法停止可移动存储设备

（1）双击任务栏上的安全删除硬件图标，出现"安全删除硬件"对话框。

（2）按 Ctrl＋Alt＋Delete 组合键弹出"任务管理器"对话框，结束其中的 Explorer.exe 进程，此时桌面上的"任务栏"消失。

（3）单击"安全删除硬件"对话框的"停止"按钮，当系统提示"安全地移除硬件"文字提示时，就可以拔下可移动存储设备。

（4）在"任务管理器"菜单栏上选择"文件"|"新建任务（运行）"命令，输入 explorer.exe，然后按 Enter 键，此时任务栏出现。

3. 可移动存储设备无法识别

（1）重新插拔可移动存储设备，一般故障就能解决。如果故障仍然存在，则可能是可移动存储设备的驱动程序损坏。

（2）在桌面上右击"计算机"图标，在弹出的快捷菜单中选择"属性"命令，在弹出的"属性"对话框中切换到"硬件"选项卡，单击"设备管理器"按钮。

（3）在弹出的"设备管理器"窗口中，查看"通用串行总线（USB）控制器"是否被打上黄色的问号或红叉号，如有，将其驱动程序卸载。

（4）刷新后，在微机上重新安装可移动存储设备的驱动程序即可。

本章小结

本章介绍了存储器类型,并详细介绍了内存、硬盘、光盘、光驱、移动存储器、选购、安装方法和常见故障分析等基础知识。使读者全面地了解了微机存储设备的情况,以便于在使用微机时能更好地维护其存储设备。

习题

一、单项选择题

1. 断电会使原存信息丢失的存储器是( )。
    A. RAM   B. 硬盘   C. ROM   D. 软盘

2. 硬盘连同驱动器是一种( )。
    A. 内存储器   B. 外存储器
    C. 只读存储器   D. 半导体存储器

3. 在内存中,每个基本单位都被赋予一个唯一的序号,这个序号称为( )。
    A. 字节   B. 编号   C. 地址   D. 容量

4. 在下列存储器中,访问速度最快的是( )。
    A. 硬盘存储器   B. 软盘存储器
    C. RAM(内存储器)   D. 磁带存储器

5. 只读存储器(ROM)与随机存取存储器(RAM)的主要区别在于( )。
    A. ROM 可以永久保存信息,RAM 在掉电后信息会丢失
    B. ROM 掉电后,信息会丢失,RAM 则不会
    C. ROM 是内存储器,RAM 是外存储器
    D. RAM 是内存储器,ROM 是外存储器

6. 计算机存储器是一种( )。
    A. 运算部件   B. 输入部件   C. 输出部件   D. 记忆部件

7. 计算机的内存储器的 ROM 又称为( )。
    A. 只读存储器   B. 随机存取存储器   C. 硬盘存储器   D. 软盘存储器

8. 计算机存储器的容量以字节为单位。一个字节由( )个二进制位组成。
    A. 1   B. 2   C. 8   D. 16

9. 存储器的存储容量通常用字节(Byte)来表示,1GB 的含义是( )。
    A. 1024MB   B. 1000B   C. 1024KB   D. 1000KB

10. 存储器是计算机用来存储信息的重要功能部件,它能保存大量的( )数据。
    A. 二进制   B. 八进制   C. 十进制   D. 六进制

11. 硬盘的数据传输率是衡量硬盘速度的一个重要参数,是指计算机从硬盘中准确找到相应数据并传送到内存的速率,分为内部和外部传输率,其外部传输是( )。
    A. 硬盘的高缓到内存   B. CPU 到 Cache

　　　C. 系统总线到硬盘高缓　　　　　　D. 硬盘的磁头到硬盘的高缓

12. 下列存储器中,属于高速缓存的是(　　)。
　　A. EPROM　　　　B. Cache　　　　C. DRAM　　　　D. CD-ROM

13. 通常衡量内存速度的单位是(　　)。
　　A. ns　　　　　　B. s　　　　　　C. 0.1s　　　　　D. 0.01s

14. 将存储器分为主存储器、高速缓冲存储器和辅助存储器,这是按(　　)标准来划分。
　　A. 在微机的作用　　B. 封装形式　　C. 功能　　　　D. 结构

二、简答题

1. 内存的主要性能指标有哪些?
2. 内存条是如何安装的?
3. 存储器是如何进行分类?
4. 硬盘的主要技术指标有哪些?

第 *4* 章
输入/输出设备

输入设备是用户向微机输入数据和指令等信息的设备。常用的输入设备有键盘、鼠标、扫描仪、摄像头和数码相机等。

输出设备是把微机处理后的结果信息转换成用户能够识别和使用的数字、图形和声音等信息形式的设备。常用的输出设备有显示器、打印机、绘图仪和音响设备等。

输入/输出设备是微机与其他设备通信的桥梁,也是用户与微机系统之间进行信息交换的主要设备。

学习目标

(1) 掌握键盘和鼠标的特点及选购方法;
(2) 掌握键盘和鼠标的安装方法;
(3) 熟悉显示器、打印机的功能和选购方法;
(4) 熟悉显卡的安装、显示器和打印机的连接方法;
(5) 熟悉输入/输出设备的常见故障与解决方法。

4.1 输入设备

输入设备的作用是把程序和原始数据转换成微机中用以表示二进制的电信号,并通过微机的接口电路将这些信息传送到微机的存储设备中。

以前,如果说到微机的输入设备,人们常常会想到的是键盘和鼠标。但是随着时代的发展,微机的输入设备日益增多,像扫描仪、数码相机和摄像头等输入设备不断涌现。学习微型机有必要掌握这些常用输入设备,以便更好地使用这些设备。

4.1.1 情境导入

朱某购买了一台品牌微机,并配有该品牌的键盘和鼠标。微机使用中各项性能正常,但是过了一段时间,感觉键盘按键有较大的黏滞感,不像刚买回来的时候弹性好了,有时候个别按键还不起作用。

4.1.2 案例分析

朱某怀疑自己的微机质量有问题,找到了维修员小赵。小赵仔细检查了键盘与主机的连接,查看了操作系统中键盘的设置,都没有发现问题。最后发现键盘比较脏,缝隙中有不少灰尘、食物残渣等。于是小赵将键盘的各个键帽拆下,用"皮老虎"将其键盘表面上的灰尘等脏东西吹掉,然后用棉球蘸酒精仔细擦洗键盘表面和全部键盘帽。清洗完毕后,用风扇吹干,再把键帽安装到键盘上。把键盘连接到微机上,再敲击键盘感觉和刚买回来时一样好用,朱某比较满意。

4.1.3　键盘

1. 键盘类型

键盘是微机系统最重要的输入设备,通过键盘,可以将各种文字符号和指令信息输入微机中,从而向微机发送命令和输入数据等。

键盘的种类很多,按照不同的标准可以将键盘分成不同的类型,下面介绍几种常见的键盘类型。

(1) 按照键盘的接口分为 PS/2 接口和 USB 接口。

PS/2 接口的颜色为紫色,亦称圆口,USB 接口为扁口,支持热插拔,使用越来越多,两种接口可以使用 PS/2 转 USB 的转换头进行转换,如图 4-1 所示。

图 4-1　PS/2 接口及 PS/2 转
USB 的转换头

(2) 按照键盘的结构分为机械式键盘和电容式键盘两种。

机械式键盘是最早被采用的,工作原理类似金属接触式开关,使触点开通和断开。机械式键盘工艺简单,但是手感差、噪音大,长时间击键易引起手指的疲劳。

电容式键盘的工作原理是通过按键改变电极间的距离,以产生电容量的变化。按下一个键识别哪个键被按下。电容式键盘手工精细、手感好、噪音小,磨损率也非常低。现在的键盘大多是电容式键盘。

(3) 按照外形分为标准键盘和人体工程学键盘。

常用的键盘是标准键盘,人体工程学键盘是在标准键盘上将指法规定的左手键区和右手键区这两大板块左右分开,严格按照人体结构学中手部水平放置时的最佳角度来设计的一种键盘,如图 4-2 所示。在操作过程中,操作员操作键盘时,操作者不必有意识地夹紧双臂,操作员双手保持一种比较自然的形态,这样可以有效地降低左右手键区的误击率,减少由于手腕长期悬空而导致的疲劳。

(4) 按照键盘的连接方式分为有线键盘和无线键盘。

无线键盘与微机之间没有直接的物理连线,通过红外线或无线电波将输入信息传送给微机。无线键盘需要在主机上的 USB 或 PS/2 接口上插一个接收器,在接收器的工作范围内可以实现

图 4-2　人体工程学键盘

无线键盘操作,如图 4-3 所示。

2. 键盘的结构与工作原理

键盘一般由按键、导电塑胶、编码器以及接口电路等组成。在键盘上通常有上百个按键,每个按键负责一个功能。当用户按下其中一个键时,键盘中的编码器将此按键所对应的编码通过接口电路输送到微机的键盘缓冲器中,由 CPU 进行识别处理。

图 4-3 无线键盘

微机键盘可以分为外壳、按键和电路板 3 部分。

1) 外壳

键盘外壳主要用来支撑电路板,提供操作者一个方便的工作环境。多数键盘外壳上有可以调节键盘与操作者角度的装置,通过这个装置,用户可以使键盘的角度改变。键盘外壳与工作台的接触面上装有防滑减震的橡胶垫。许多键盘外壳上还有一些指示灯,用来指示某些按键的功能状态。

固定式键盘:键盘和主机连为一体,键盘和主机的相对位置固定不变。固定式键盘没有自己专用的外壳,而是借用主机的外壳。

活动式键盘:独立于主机之外,通过一根活动电缆与主机相连,键盘和主机的位置可以在一定范围内移动调整。显然,活动式键盘均拥有自己的外壳。

2) 按键

印有符号标记的按键安装在电路板上。有的直接焊接在电路板上,有的用特制的装置固定在电路板上,有的则用螺钉固定在电路板上。键盘根据不同的功能可分为主键盘区、数字辅助键盘区、功能键区和编辑键区,对于多功能键盘还增添了状态指示灯,如图 4-4 所示。

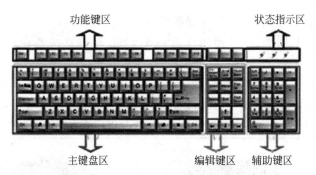

功能键区　　　　　　　　　　状态指示区

主键盘区　　　　　编辑键区　辅助键区

图 4-4 键盘

3) 电路板

键盘电路板是整个键盘的控制核心,主要由逻辑电路和控制电路组成。它位于键盘的内部,主要担任按键扫描识别、编码和传输接口的工作。

逻辑电路排列成矩阵形状,每一个按键都安装在矩阵的一个交叉点上。电路板上的控制电路由按键识别扫描电路、编码电路和接口电路组成。

4.1.4　鼠标

1. 鼠标类型

鼠标(Mouse)是增强键盘输入功能的一个重要设备,控制屏幕上的鼠标箭头准确地定位在指定的位置处,然后通过按键发出命令,完成各种操作。使用鼠标在屏幕上定位比键盘更方便,特别是针对图形界面,鼠标操作更直观、快捷。多数软件都支持和要求使用鼠标,没有鼠标,软件将难以运行。

(1)按鼠标的工作原理,可将鼠标分为机械式鼠标、光电式鼠标和轨迹球鼠标 3 种。后两种鼠标如图 4-5 所示。

图 4-5　鼠标

早期鼠标多为机械鼠标,机械鼠标结构简单,底部有一圆球,通过圆球边上的水平和垂直两个滑动定位器记录轨迹,目前已被淘汰。

光电鼠标用光电传感器代替了滚球,通过发光二极管和光敏管来记录拍摄下鼠标的轨迹,具有精度高、灵敏度高和维护简单等特点。

轨迹球鼠标的工作原理与机械鼠标几乎相同,只不过轨迹球鼠标的滚动球在鼠标底座上方,可以直接用手拨动,其精度比机械式鼠标高,常用于专业设计领域。

(2)按照鼠标的接口:可将鼠标分为串口鼠标、大口鼠标、PS/2 接口鼠标、USB 接口鼠标和无线鼠标等。

PS/2 鼠标使用较多,接口颜色为绿颜色,不支持热插拔。

USB 鼠标支持热插拔,可以使用任意一个 USB 接口直接插在微机上,正逐渐取代PS/2 鼠标。

无线鼠标与主机之间没有线连,分为红外型和无线电型两种。红外型的鼠标要求将鼠标红外线发射器与连接主板的红外线接收器对准后才能操作;无线电型鼠标的方向性要求不严格,可以偏离一定角度。USB 接口鼠标和无线鼠标如图 4-6 所示。

图 4-6　USB 接口鼠标和无线鼠标

2. 鼠标的结构与工作过程

鼠标按其工作原理及其内部结构的不同可以分为机械式和光学式。

(1) 机械鼠标。机械鼠标主要由滚球、辊柱和光栅信号传感器组成。当拖动鼠标时，就带动滚球转动，然后滚球又带动辊柱转动，于是装在辊柱端的光栅信号传感器产生的光电脉冲信号反映出鼠标在垂直和水平方向的位移变化，最后，通过微机程序的处理和转换来控制屏幕上光标箭头的移动。

图 4-7 光学鼠标内部结构

(2) 光学鼠标。光学鼠标是针对光学机械式鼠标的弱点改进的产物。它采用 NTELLIEYE 技术，在鼠标底部的小洞里有一个小型感光头，面对感光头的是一个发射红外线的发光管，这个发光管每秒钟向外发光 1500 次，然后感光头就将这 1500 次的反射回馈给鼠标的定位系统，从而实现准确的定位。图 4-7 所示为一款光学鼠标的内部结构，与机械式鼠标相比具有许多优点：非常精确的移动和定位，比机械零件更加耐用，无须清理，性能表现更加稳定，可在任何地方无限制地移动等。

3. 光电鼠标使用注意事项

(1) 光电鼠标中的发光二极管、光敏三极管都是怕振动的配件，使用时要注意尽量避免强力拉扯鼠标连线。

(2) 使用时要注意保持感光板的清洁和感光状态良好，避免灰尘附着在发光二极管和光敏三极管上而遮挡光线接收，影响正常的使用。

(3) 敲击下鼠标按键时不要用力过度，并避免摔碰鼠标，以免损坏弹性开关或其他部件。

(4) 无论是在什么紧急情况下，都要注意不要对鼠标进行热插拔。

4.1.5 其他输入设备

1. 数码相机

数码相机(Digital Camera)简称 DC，也叫数字式相机，是一种利用电子传感器把光学影像转换成电子数据的照相机，是集光学、机械和电子一体化的产品。目前，数码相机已经成为一种主要的微机外部设备，如图 4-8 所示。

1) 数码相机的结构和工作原理

数码相机是由镜头、CCD、A/D(模/数转换器)、MPU(微处理器)、内置存储器、LCD(液晶显示器)、PC 卡(可移动存储器)和接口(计算机接口和电视机接口)等部分组成。

图 4-8 数码相机

数码相机的工作原理：当按下快门时,镜头将光线会聚到感光器件 CCD 上。CCD 是半导体器件,它取代了一般相机中胶卷的作用,它的功能是把光信号改变为电信号,从而得到对应拍摄景物的电子图像。接着使用 ADC 器件把电的模拟信号转换成数字信号。再使用 MPU 对数字信号进行压缩并转化为特定的图像格局,如 JPG 格式等。最后,图像文件被存储在内置存储器中,至此,数码相机的主要工作完成。还可以通过 LCD 查看拍摄到的照片。

2）数码相机的性能指标

目前,购买数码相机的用户越来越多,随着数码产品的飞速更新与升级,数码相机的性能指标也在不断发生变化。因此,要想购买到一款实用且性能较好的数码相机,就需要用户首先了解数码相机的各项性能指标。

（1）分辨率。分辨率是数码相机可选择的成像大小及尺寸,单位为像素。数码相机的分辨率有 640×480、1024×768、1600×1200 和 2048×1536 等。数码相机的分辨率还直接反映出能够打印出的照片尺寸的大小。分辨率越高,在同样的输出质量下可打印的照片尺寸越大。同类数码相机,分辨率越高,照片占用的存储空间越多。

（2）光学镜头。其主要作用是收集光线形成图像和对焦等。

（3）光学变焦。光学变焦是通过镜头、物体和焦点三方的位置发生变化而实现的,即通过镜片的移动来放大或者缩小所拍摄的物体。光学变焦能力是相机镜头最主要的性能指标,光学变焦倍数越高,数码相机就能拍摄到越远处的景物,变焦的倍数自然是越高越好。

（4）数字变焦。数字变焦是通过数码相机内的微处理器,把图片内的每个像素面积增大,从而达到放大的目的。

（5）有效像数。有效像数是真正参与感光成像的像素值,最高像素的数值是感光器件的真实像素,这个数据通常包含了感光器件的非成像部分,而有效像素是在镜头变焦倍率下所换算出来的值。

（6）电池及耗电量。在数码相机的运作过程中,电池消耗构成了相机长期运行过程中的主要花费,因此,不能不考虑使用的电池种类以及电量的消耗,电池的型号是否容易获得也要加以考虑。另外,在同样价格性能下,最好选择锂电池的数码相机,因为锂电池的数码相机都带有充电器,可作为外接电源使用。

（7）白平衡调整。在不同环境下,色温（在不同温度下呈现出的色彩）的差异非常明显,偏色的现象时有发生。人眼在做颜色分析时,会纠正色相,能看到一个色彩正确的世界。而 CCD 传感器本身没有这种功能,因此要对它输出的信号进行一定的修正,使在各种色温条件下都能正确还原出物体本来的色彩,这种修正就叫白平衡调整。

（8）存储介质。在数码相机中,一般有两种存储数字图像的方式。一种是内置的内存,另一种是各种类型的可移动存储卡。目前,常用的存储卡有三类：CF 卡、SM 卡和记忆棒。其中 CF 卡以通用性著称,是目前支持最广泛的存储介质,而且价格低廉；SM 卡则以小巧轻薄闻名,但是价格较前者昂贵；记忆棒又称 SONY 记忆棒,是 SONY 数码产品专用的存储介质。

（9）取景器和液晶显示屏。数码相机一般均带有一块可供取景的 LCD 液晶显示屏,显示屏越大越易观察拍摄效果。另外,一般数码相机还带一个光学取景器,它与 LCD 液晶取景方式互为补充,在选购数码相机的时候应该选择有两种取景方式的相机。

3) 数码相机的保养

(1) 镜头的清洁维护。注意拍摄后及时合上镜头盖。尽可能地少擦拭镜头,如果镜头上堆积的灰尘太多,严重影响拍摄视觉效果,可用镜头专用纸、专用布或是一些毛很软的刷子,轻轻将灰尘除去,绝对不要使用手帕、衣角去擦镜头。在擦拭的过程中注意不要过分用力挤压镜头,正确的方法是沿一个方向从镜面的中央以螺旋形逐渐向外围擦拭。

(2) 液晶屏的维护。在使用和存放时,要注意不让 LCD 屏幕表面受到挤压,更要防止失手将 LCD 碰坏或摔坏。若上面粘上了一些不易拭去的指纹或者其他污垢,除了用软布轻轻擦拭外,还可以使用专用的透明薄膜粘贴在液晶显示屏上,以免屏幕被刮伤而影响到图像的观察。

4) 数码相机的选购要点

(1) 明确用途及心理价位。

(2) 基本确定机型。

(3) 检查机器并进行试拍。

(4) 查看配件。

(5) 售后服务。

2. 扫描仪

扫描仪(Scanner)是通过专用的扫描程序将原稿(图片、照片、底片或书稿)扫描到微机的一种输入设备,如图 4-9 所示。事实上,扫描仪已成为继键盘、鼠标之后的第三件最主要的微机输入设备。

1) 扫描仪工作原理

扫描仪输入微机中的是原稿的“图像”。它将原稿扫描到微机中后,进而实现对这些图像形式的信息处理、管理、使用、存储和输出等。

(1) 将预扫描的原稿正面朝下铺在扫描仪的玻璃板上,原稿可以是文字稿件或者图纸照片。

图 4-9 扫描仪

(2) 启动扫描仪驱动程序,安装在扫描仪内部的可移动光源开始扫描原稿。

(3) 照射到原稿上的光线经过反射后穿过一个很窄的缝隙,形成沿水平方向的光带,又经过一组反光镜,由光学透镜聚集进入分光镜,经过棱镜和红绿蓝滤色镜得到的 RGB 三条色彩光带分别照到各自的 CCD 上,CCD 将 RGB 光带转变为模拟信号,此信号又被 A/D(模拟量/数字量)转换器转换并放大为数字信号,至此,反映原稿的图像或文字信号便被转换为微机可以接收的数字信号。

(4) 通过串行或并行口送到计算机内部,保存为微机中的图像格式,完成扫描。

2) 扫描仪选购注意事项

(1) 扫描仪的分辨率。市面上的扫描仪,主要有 300dpi×600dpi(水平分辨率×垂直分辨率)、600dpi×1200dpi、1000dpi×1200dpi 和 1200dpi×2400dpi 几种不同的光学分辨率。一般的家庭或办公用户建议选择 600dpi×1200dpi 的扫描仪。1200dpi×2400dpi 以上级别是属于专业级的,适用于广告设计行业。

(2)色彩位数。色彩位数是反映扫描仪对扫描图像的色彩范围的辨析能力。通常扫描仪的色彩位数越多,就越能真实反映原始图像的色彩,扫描仪所反映的色彩就越丰富,扫描的图像效果也越真实,当然也会造成图像文件体积增大。色彩位数的指标是用"位"来描述,常见的扫描仪色彩位数有 24 位、30 位、36 位、42 位和 48 位。

(3)感光元件。感光元件是扫描仪中的关键部件。目前,扫描仪所使用的感光器件主要有:光电倍增管(PMT)、电荷耦合器(CCD)和接触式感光元件(CIS)。

(4)扫描幅面。扫描幅面表示可扫描图稿的最大尺寸,常见的有 A4、A3 幅面等。

(5)接口方式。扫描仪与计算机的接口方式目前有 3 种:并口方式、SCSI 接口方式和 USB 接口方式。

(6)选择厂商。现在市面上常见的扫描仪有:Canon、HP、MICROTEK、MUSTEK、方正(Founder)和紫光(UNISCAN)等品牌。

(7)配套软件。了解附带软件的情况。

(8)售后服务。查看保修期及售后服务情况。

3. 摄像头

摄像头(Camera)是一种用来捕捉影像的数字视频输入设备,通过它可以捕捉影像存储到微机中,如图 4-10 所示。

摄像头应用越来越广泛,下面介绍摄像头的选购时的注意事项。

1)镜头

镜头是摄像头的重要组成部分,摄像头的感光元件一般分为 CCD 和 CMOS 两种。在摄影方面,由于要求较高,因此多采用 CCD 设计,而摄像头对图像要求比较低,应用于较低影像的 CMOS 已经可以满足需要。而且 CMOS 的优点就是制造成本比 CCD 低,功耗也小很多。除此之外,还可以注意一下镜头的大小,镜头大的成像质量会好些。

图 4-10　摄像头

2)像素

像素值是影响摄像头质量的重要指标,也是判断摄像头性能优劣的重要指标。现在的主流产品像素值一般为 30 万左右。不过,并不是说像素越高,就越适合用户使用,因为像素值越高的产品,其要求更高的带宽进行数据交换,因此用户还要根据自己的网络情况选择。一般来说,30 万像素的摄像头足够使用了。

3)分辨率

分辨率就是摄像头解析辨别图像的能力,和感光元件的选料有很大关系。在实际应用中,640 像素×480 像素标准的分辨率已经可以满足用户的应用,高分辨率的产品价格也贵一些。还有,有些摄像头标识的分辨率是利用软件实现的,和硬件分辨率有一定的差距,购买的时候一定要注意。

4) 调焦功能

调焦功能也是摄像头比较重要的指标之一,一般好的摄像头都应该具备物理调焦功能,这样用户能手动调节摄像头的焦距,尽量得到最清晰的图像。

5) 附带软件

了解附带软件的情况。

4. 视频卡

视频卡将摄像机、录像机和电视机等输出的视频或视频音频混合数据输入微机,并将其转换成微机可辨别的数字数据并存储在微机中,成为可编辑处理的视频数据文件,如图 4-11 所示。

5. 话筒

话筒学名传声器,是将声音信号转换为电信号的能量转换器件,如图 4-12 所示。

图 4-11 视频卡

图 4-12 话筒

6. 触摸屏

触摸屏作为新的微机输入设备,是目前最简单、方便的一种人机交互方式。它赋予了多媒体以崭新的面貌,是极富吸引力的全新多媒体交互设备。

触摸屏又称为触控面板,是个感应式液晶显示装置。当接触到屏幕上的图形按钮时,屏幕上的触觉反馈系统可根据预先编制的程序驱动各种连接装置,并由液晶显示画面制造出生动的影音效果。触摸屏可以取代机械式的按钮面板。

4.1.6 边学边做 1:键盘和鼠标的选购方法

1. 键盘的选购

键盘作为微机必不可少的重要设备,要经常用它输入大量的数据,因此选购一款质量较好的键盘就显得非常重要。选购时要注意以下几点。

(1) 从外观上认识生产工艺和质量。购买键盘时,查看键盘外露部件加工是否精细,表面是否美观。一款好的键盘一般采用钢板为底板,用手掂量感觉比较重。观察键盘的背后是否有厂商的名字和质量检验合格标签等,以便有质量上的保证。整个键盘有防水功能。此外,优质键盘的键帽字符都采用激光蚀刻工艺,字符清晰,且清洗时不褪色。

(2)选择品牌产品。键盘属于耗材产品,在购买时建议购买品牌产品。品牌产品能给用户一定的信誉度和安全感。

(3)确定键盘的接口类型。键盘的接口主要分为 PS/2 接口和 USB 接口,用户可根据实际需求选择。根据主板的结构选择键盘的插头,AT 主板配大口,ATX 主板配小口,也可根据需要配 USB 口的键盘。

(4)按键手感舒适度。键盘的手感对于用户来说是非常重要的。手感主要是指键盘的弹性。质量好的键盘一般在操作时手感比较舒适,弹性适中,回弹速度快而无阻碍,灵敏度高,声音小,键盘晃动幅度较小等。每个人的手感不一样,因此在购买键盘时击键尝试一下,以自己感觉轻快为准。

2. 鼠标的选购

鼠标也是微机系统中不可缺少的重要输入设备,物美价廉的鼠标在微机操作中也非常重要。目前,市场上主流的鼠标是光电鼠标。要想选购一款合适的鼠标应从以下几方面考虑。

(1)按需选购。现在市场上鼠标种类和样式很多,价格也高低不等。如果对鼠标要求不是太高,普通的鼠标完全可以满足日常需要。对于经常上网的人来说,应该考虑选择买一个有滚轮功能的鼠标比较方便。对于那些经常使用如 AutoCAD 设计、三维图像处理软件的用户,则最好选择专业光电鼠标。如果是笔记本电脑,最好选用遥控轨迹球鼠标。

(2)分辨率。分辨率通常用 CPI(Count Per Inch,每英寸的测量次数)来表示。该值越高,定位就越准确。

(3)手感。有些鼠标看上去样子很难看,歪歪扭扭的,其实这样的鼠标手感非常好,适合手形,握上去很贴切,符合人体工程学标准,长时间使用不容易疲劳。

(4)外观。无论鼠标的功能有多强大、外形多漂亮,质量可靠是最重要的。一般品牌产品的质量都比较好,但要注重也有假冒产品。识别假冒产品的方法很多,主要可以从它的外包装、鼠标的做工、序列号、内部电路板和芯片,甚至是一颗螺钉、按键的声音来分辨。

(5)接口类型。鼠标主要包括 PS/2 和 USB 接口两种。目前以 USB 接口为主。

(6)品牌。鼠标属于计算机耗材产品,在购买时建议购买品牌产品。目前,著名的品牌产品有微软、罗技、明基和双飞燕等。

4.1.7　边学边做 2：键盘和鼠标的安装方法

(1)判断键盘和鼠标的接口类型。若是 USB 接口,直接插入即可。下面以 PS/2 接口为例介绍。

(2)找到主机背板 PS/2 接口。注意:PS/2 接口的键盘和鼠标需要在关机状态下插入,如图 4-13 所示。

(3)连接键盘时,将键盘 PS/2 插头内的定位柱对准主机背面相同颜色的 PS/2 接口中的定位孔(键盘接口为紫色,鼠标接口为绿色),并将插头轻轻推入接口内。使用相同方法,将鼠标上的 PS/2 插头插入另一 PS/2 接口,即可完成键盘和鼠标与主机的连接,如图 4-14 所示。

图 4-13　键盘和鼠标接口类型　　　　图 4-14　鼠标和主机的连接

4.1.8　边学边做 3：键盘和鼠标的故障分析

1. 无法正确识别键盘和鼠标

(1) 查看主板说明书,看当前使用的鼠标、键盘是否与主板兼容,如不兼容,重新更换主板可以兼容的鼠标、键盘即可。

(2) 检查鼠标、键盘的连接端口,看是否有松动。如果有松动可重新更换鼠标、键盘接口,确保连接稳定、可靠。

2. 键盘进水失灵

如果不慎将水洒到键盘上,键盘上按键失灵。一般情况下是没有办法挽救的。不过可以提供一些应急的办法:有液体撒到键盘上后,应尽快拔下键盘,也就是要断开键盘的电源,同时也关掉微机的电源,然后把键盘翻过来,尽量将里面的液体倒出来,并使用吹风机或风扇对着键盘表面吹。但要注意的是要把吹风机设成冷风。最后将键盘放置 24 小时,如有必要还可在阳光下晒干(但不能暴晒),再重新测试键盘。如果还是不行,则表示该键盘已经报废了。

3. 键盘、鼠标插反造成开机黑屏

对于某些微机,键盘和鼠标接口插反,会造成开机后黑屏。因为有些微机主板上两者的接口都是 PS/2 接口,如果接反了,开机就可能会黑屏,但是不会烧坏设备。解决的方法很简单,只要在关机后,将键盘和鼠标的接口调换一下就可以了。

4. 键盘的某些按键无法键入

当按下某些按键却不能正常工作时,通常是需要清洗一下键盘的内部。这是一种常见的故障,一些按键经常被使用,比较容易出现问题。可能是由于键盘太脏,或者按键的弹簧失去弹性,所以需要保持键盘清洁。解决的方法是:关机后拔下键盘接口,将键盘翻转打开底盘,用棉球沾无水酒精擦洗按键下与键帽相接的部分。

5. 键盘的某些按键按下后不能弹起

经常使用的按键有时按下后不能回弹,除了是使用次数过多的缘故,很可能还会是用

力过大,或每次按下时间过长,造成按键下的弹簧弹性功能消退,无法托起按键所致。解决的方法是:在关机后,打开键盘底盘,找到相应按键的弹簧,如果已经老损、无法修护,就必须更换新的弹簧;如果不太严重,可以先清洗一下,再摆正位置后,涂少许润滑油,改善弹性。

4.2　输出设备

输出设备是直接向用户提供微机运行结果的设备,它将微机处理后的文字、声音和图像等信息按照人们要求的形式输出。常用的输出设备有显示器、打印机、音箱和绘图仪等。

4.2.1　情境导入

(1)同事小赵购买了一台 LCD 显示器,替换了原来使用过多年的 CRT 显示器,可是拿回家连接好后,启动微机,开始一切正常,可是进入 Windows 桌面后,出现了黑屏或蓝屏问题。小赵吓坏了,急忙打电话问经销商。

(2)某单位工程师王某使用的某品牌打印机不知道什么原因,最近一段时间出现了一个奇怪的现象,不管打印什么文件,打印纸上总出现乱码。

4.2.2　案例分析

(1)经销商告诉小赵,出现这种问题的原因是显示器的刷新率或分辨率超出了 LCD 的支持范围。然后让他进入"显示属性"设置界面。单击"高级"按钮,在显示卡的设置界面,将"适配器"下的"刷新速度"更改为"默认的适配器",保存后退出。重新启动系统进入 Windows 桌面,再将桌面的分辨率更改为 1024×768 即可。

(2)打印机能够打印,只不过是乱码,这说明打印机在硬件方面上没有出现问题,引起这种现象的原因很可能是打印机驱动程序发生了错误,或者是系统中传染上了病毒。当王某对微机杀毒,并重新装了一下驱动程序后,打印机又可以正常打印了。

4.2.3　显示器

显示器是微机的主要输出设备,它与键盘一起构成最基本的人机对话环境。显示器是用户与微机进行交互时必不可少的重要设备,它能够将微机系统中的电信号转换成为人类可以识别的媒体信息,用户只有通过显示器才能够查看微机的运行状态及处理结果。

1. 显示器的分类

按显示屏幕大小分类:通常显示器有 15 英寸、17 英寸、19 英寸和 21 英寸等。

按显示色彩分类:有单色显示器和彩色显示器,单色显示器已经被淘汰。

按显示器的显像方式分类:显示器主要分为 CRT 显示器和液晶(LCD)显示器,如图 4-15 所示。

图 4-15　CRT 显示器和 LCD 显示器

2. 显示器的工作原理

1）CRT 显示器的工作原理

CRT 显示器是一种使用阴极射线管的显示器。它的主要部件是显像管（电子枪）。当显像管内部的电子枪阴极发出的电子束，经强度控制、聚焦和加速后变成细小的电子流，再经过偏转线圈的作用向正确的目标偏离，穿越荫罩的小孔或栅栏，轰击到荧光屏上的荧光粉时，使被击打位置的荧光粉发光，通过电压来调节电子束的功率，就会在屏幕上形成明暗不同的光点，形成各种图案和文字。

2）LCD 显示器的工作原理

LCD 的横截面很像是很多层三明治叠在一起。液晶位于两片导电玻璃体之间。颜色过滤器和液晶层可以显示出红、蓝和绿三种最基本的颜色。LCD 后面都有照明灯以显示画面。一般只要电流不变动，液晶都在非结晶状态，此时液晶允许任何光线通过。当液晶层受到电压变化的影响后，液晶只允许一定数量的光线通过。光线的发射角度按照液晶来控制。当 LCD 中的电极产生电场时，液晶分子就会产生扭曲，将穿越其中的光线进行有规则的折射，最后经过第二层过滤层的过滤在屏幕上显示出来。

3. 显示器的性能指标

由于 CRT 显示器和 LCD 显示器的原理不同，它们的性能指标也不相同，下面分别介绍。

1）CRT 显示器的性能指标

CRT 显示器的性能指标主要有显示器尺寸、显像管类型、点距、刷新频率、显示带宽、分辨率、环保认证和调节方式等。

（1）显示器尺寸。显示器尺寸是指显示管的尺寸，具体表现是显示管的对角线长度，一般以英寸为单位，如 21 英寸、17 英寸和 15 英寸等。

（2）显像管类型。CRT 显示器的屏幕分为球面和纯平面两种。早期的显像方式多为球面，屏幕中间呈凸出球形，这种显示器的图像在边角上有些变形，已经被淘汰。纯平面显示器的屏幕完全为平面，使色彩图像更加逼真。

（3）点距。点距一般是指显示屏相邻两个像素点之间的距离，单位是 mm（毫米）。在显示屏幕尺寸相同的情况下，点距越小，显示出来的图像越精细、清晰。如今大多数显示器采用的都是 0.24mm 的点距。有些专业级的显示器达到的点距更小。

（4）刷新频率。刷新频率是屏幕刷新的频率。它分为水平刷新频率和垂直刷新频率两种。单位是赫兹（Hz）。刷新率越低，图像的闪烁和抖动就越厉害。因为 60Hz 正好与日光灯的刷新频率相近，所以当显示器处于 60Hz 的刷新频率时会产生令人难受的频闪效应。当采用 70Hz 以上的刷新频率时可基本消除闪烁。一般到 72Hz 以上才有较好的视觉效果。

（5）显示带宽。显示带宽指电子枪每秒能扫描的像素总数，是显示器的一个重要性能指标，单位为 MHz，计算公式如下。

$$显示带宽＝水平分辨率×垂直分辨率×刷新频率$$

显示带宽越高，响应速度越快，信号失真越小。

（6）分辨率。分辨率是指构成一个影像的像素总和，也就是屏幕上水平方向和垂直方向所显示的像素，一般表示为"水平像素数×垂直像素数"。如分辨率为 1024×768，表示水平方向上能显示 1024 个像素，垂直方向上能显示 768 个像素。通常情况下，分辨率越高，图像越清晰，但显示的文字越小。

（7）环保认证。由于 CRT 显示器在工作时会产生辐射，因此，人们对显示器在辐射、节电和环保等方面的要求也越来越苛刻，促进了各种环保认证标准的发展。因此各厂商都在开发新技术以降低辐射，国际上也有一些低辐射标准，由早期的 EMI 到现在的 MPRII 和 TCO，如今的显示器大都能通过 TCO99 标准，甚至还通过了更严格的 TCO03 标准。

2）LCD 显示器的性能指标

LCD 显示器的性能指标主要有亮度、对比度、响应时间、分辨率、刷新频率、可视角度、坏点和颜色数等。

（1）亮度。液晶显示器是靠显示屏背部的灯管辅助液晶发光，辅助灯管的亮度决定了液晶显示器画面的亮度和色彩饱和度。一般来说，亮度越高，显示器画面显示的层次越丰富，显示的质量也就越高。亮度的单位是 lm（流明），普通液晶显示器的亮度为 200～350lm。

（2）对比度。对比度是显示器亮区与暗区的亮度之比，它决定显示器的色彩还原度。对比度越高，还原的画面层次感就越好。即使在观看亮度很高的照片时，黑暗部位的细节也可以清晰体现。液晶显示器的对比度可达到 400∶1 或 500∶1。

（3）响应时间。响应时间是指液晶面板中各个像素点对输入信号的反应速度，即液态感光物质由亮转暗或由暗转亮所需的时间。响应时间决定了显示器每秒所能显示的画面帧数，通常当画面显示速度超过每秒 25 帧时，人眼会将快速变换的画面视为连续画面，不会有停顿的感觉，所以响应时间会直接影响视觉的感受。响应时间越短越好，目前液晶显示器的响应时间在 5ms 左右。

（4）分辨率。液晶显示器属于数字显示方式，由于液晶显示器的特殊显示原理，液晶显示器的最大分辨率就是它的真实分辨率，也就是最佳分辨率。所以也只有以最佳分辨率进行显示时，显示的画面质量才是最佳的，否则画面会产生扭曲或模糊。

（5）可视角度。可视角度是指在位于屏幕正方的某个角度时，可以清晰观看屏幕图像的最大角度，它分为水平可视角度和垂直可视角度两种。可视角度应该是越大越好。

一般可视角度都在 160°以上。

(6) 坏点。坏点是在液晶显示器制造过程中不可避免的液晶缺陷。这种缺陷表现为,无论在任何情况下都只显示为一种颜色的一个小点。一般 LCD 显示器都有坏点,这是液晶面板的特点决定的。由于坏点是永久性的,因此如果坏点太多会直接影响显示效果,坏点多于 3 个为不合格,最好不要购买。因此,在选购时 LCD 显示器时应特别注意。

(7) 颜色数。颜色数是液晶显示器的一个重要指标。颜色数能够直接地反映出液晶显示器的色彩还原能力。颜色数越多,色彩还原能力就越佳。

4. 显示器维护常识

1) 电源要稳定

尽管显示器的工作电压的适应范围较大,但也可能由于受到瞬时高压的冲击而造成元件损坏,所以还是应该将显示器的电源插在单独的优质插座上,劣质的插座有可能烧毁显示器。

2) 防电磁干扰

显示器的干扰主要来自电源、电子元件和音响等电磁干扰,显示器在这些电器旁时间过长,就会出现磁化、偏色等现象。因此,显示器应远离磁源,并定期对显示器进行消磁操作。

3) 注意散热

CRT 的显像管是显示器中的热源,在高温的环境下,其工作性能会下降且降低使用寿命。显示器应尽量避免长期在高温环境下工作,避免阳光直射,因为显示器中含有聚酯橡胶和塑料成分,这些成分长时间受阳光或强光照射容易老化变黄,显像管的荧光粉在强烈的光照下也会老化,从而降低发光的效率。

4) 注意保持清洁

经常清洁显示器,可以时刻保持清晰的视觉效果,一般一个月清洁一次即可。在长时间不用显示器的时候,要盖上防尘罩。

如果是 CRT 显示器,清洁的时候不必用太贵的专业清洁剂。只要用软绒布,蘸上任意一种不含氨的清洁剂,轻轻擦屏幕就可以,含氨的清洁剂会破坏显示器表面某些化学涂层,影响效果。此外,清洁的时候必须关闭电源,而且显示器决不能用酒精等化学溶剂清洁,更不要用纸和布类的粗糙物品,切忌让水流入显示器内部。

5) 正确插拔显示器

插拔显示器看上去是一件很平常的事情,但对用户的要求还是很高的,如果插拔不当,可能会烧坏显示器甚至微机主板。因此插拔时一定要注意以下事项。

(1) 移动显示器时不要忘记将电源线和信号电缆拔掉,而插拔电源线和信号电缆时应先关机,以免损坏接口电路元件。

(2) 插拔显示器时不要让线缆拉得过长,插拔动作一定要轻,如果不小心将插头的某个引脚弄弯或折断,轻则不能显示颜色或偏色,重则不能显示内容甚至有可能导致屏幕上下翻滚。

6) 不要随意拆卸显示器

显示器内部会产生高压,在关机很长时间后依然可能带有高达 1000V 的电压,对于只有 36V 的人体抗电性而言绝对是一个危险值,所以不要企图拆卸或打开显示器机壳。显示器出现故障,要找专业人员修理。

　　7) 安装驱动程序

　　如果发现显示器经常出现文字、画面显示不完全或者出现异常杂点、图案时,则可能是显示卡的驱动程序被破坏了,此时只要重新安装驱动程序就可以了。如果计算机的操作系统被破坏了,在重新安装操作系统之后也应该重新安装显示卡的驱动程序。

4.2.4　打印机

　　打印机是微机的重要输出设备,用于将微机运行的结果或中间结果打印在纸上,可以打印出各种文字、图形和图像等信息。打印机作为一种极有用的输出设备已经被越来越多的微机用户接受,如图 4-16 所示。

1. 打印机类型

　　打印机按不同的工作原理分为针式打印机、喷墨打印机和激光打印机。

　　1) 针式打印机(击打式)

　　针式打印机主要由打印机芯、控制电路和电源 3 大部件构成。针式打印机中的打印头是由多支金属撞针组成。其工作原理是:当接到打印命令时,利用打印针对色带的机械撞击,色素就印在纸上形成一个色点,利用多个撞针的排列样式,就能在纸上打印出文字或图形。打印针的数量直接决定了产品打印的效果和打印的速度。针式打印机的优点是结构简单、打印耗材便宜和维护费用低等,如图 4-17 所示。

图 4-16　打印机　　　　　　　　　图 4-17　针式打印机

　　2) 喷墨打印机

　　喷墨打印机的工作原理是带电的喷墨雾点经过电极的偏转后直接在纸上形成文字或图形,喷墨打印机能打印的详细程度依赖于喷头(喷头是一种包含数百个小喷嘴的设备,每一个喷嘴都装满了从可以拆卸的墨盒中流出的墨)在打印机上的墨点的密度和精确度。打印品质根据每英寸的点数来度量,点越多,打印出来的文字或者图像就越清晰、越精确。喷墨打印机的价格比较便宜,而且打印时噪音较小,图形质量较高,如图 4-18 所示。

　　3) 激光打印机

　　激光打印机是目前最流行的一种输出设备,其关键部分是机芯和控制电路。它的工作原理是:激光源发出的激光束经过由字符点阵信息控制的声光偏转器调制后,当调制

图 4-18 喷墨打印机

激光束在硒鼓(硒鼓是一只表面涂覆了有机材料的圆筒,预先带有电荷,当有光线照射时,受到照射的部位会发生电阻的变化)上进行横向扫描时,使鼓面感光并带上负电荷,当鼓面经过带正电的墨粉时感光部分吸附上墨粉,然后将墨粉印到纸上,纸上的墨粉经加热熔化形成文字或图像。激光打印机具有技术成熟、可靠性极高、快速安全、分辨率高和运转费用低等优点,如图 4-19 所示。

图 4-19 激光打印机

2. 三种打印机的比较

针式打印机具有使用灵活、分辨率和速度适中、多份副本和大幅面打印的功能,性能价格比高。

喷墨打印机采用点阵印字技术,分辨率高、噪音低、易实现彩色印字,缺点是不具备拷贝能力及耗材(包括喷墨头、墨水)价格偏高。

激光打印机以其成熟的技术、极高的可靠性和快速安全的打印方式,可实现各种打印机技术中最高打印速度和分辨率,成为办公自动化系统和桌面印刷系统的主要设备。

4.2.5 其他输出设备

1. 音箱

音箱是整个音响系统的终端,它是音响系统极其重要的组成部分。其作用是把音频电能转换成相应的声能,并把它辐射到空间中,如图 4-20 所示。

以下主要介绍音箱的选购方法。

1)按需选购

一般来说,普通用途的多媒体音箱主要考虑其性能的可靠性,售后服务良好和信噪比高等特点。游戏用途和家庭影院用途的多媒体音箱除了满足一般的使用要求外,还要求频率响应较宽,有一定的动态范围,有声场模拟重放的功能。如果用多媒体电脑欣赏音乐,则要求音箱的音质要比较好,有一定的保真度,并有一定的艺术感染力,信噪比要求比较高,一般要大于

图 4-20 音箱

80dB,最好大于85dB,并且声卡一定要好。

2)掂重量

用手捧起音箱掂一下重量,一般来说同档次的音箱其重量越重的其质量就越好。这种方法可广泛适用选购其他音箱产品。重量越重,表明音箱的各种材料正宗,没有偷工减料。音箱材料从所用箱体材料到扬声器、功放板和电源,要达到品质超群的目标,分量自然不轻。要是主音箱箱体过轻,则说明在箱体所用板材、电源变压器、扬声器选用等存在严重的问题或有偷工减料现象。

3)看外观

打开包装箱,检查音箱及其相关附件是否齐全,如音箱连接线、插头、音频连接线、说明书与保修卡等。另外,还要注意以下事项。

观察箱体的整体外形是否满意;查看音箱外贴层是否有明显的起泡、划伤和贴层粗糙不平等现象;箱板之间结合是否紧密整齐,是否有不齐、不严、漏胶、多胶等现象;纱罩上的商标标记是否粘贴牢固;取下前面板上的防尘纱罩仔细检查高低音喇叭的用料、材质、规格是否和说明书上的一致;重点检查高低音喇叭、倒相管与箱体是否固定牢固、紧密等;音箱上的紧固螺钉是否为内六角螺钉(一般的,档次较低的或假冒伪劣产品大多采用的是普通螺钉)。

4)了解性能指标

了解音箱的标称功率、阻抗、频响、失真度和动态范围等指标,还应了解喇叭是否具有防磁功能等。

5)耳听为实

在选购音箱时,可同时挑选几款不同档次的品牌音箱来试听,选择音箱表现力较好的。当然,如果实在没有把握,也可直接到专门的代理店挑选市场上口碑较好品牌的音箱。

6)重品牌

多媒体音箱的品牌很多,常见的有 YAMAHA、Philips、创新、AltecLansing、JBL、Bose、Polkaudio、三诺、漫步者、国立、奋达、冲击波、超音速、Bali(百利)、丽歌等。

2. 绘图仪

绘图仪是能按照人们的要求自动绘制图形的设备。它可将微机的输出信息在绘图软件的支持下,以图形的形式输出,是各种微机辅助设计不可缺少的工具。

绘图仪一般是由驱动电机、插补器、控制电路、绘图台、笔架和机械传动等部分组成。它除了具有必要的硬设备之外,还需要配备丰富的绘图软件。只有软件与硬件结合起来,才能实现自动绘图。最常用的绘图仪有 X-Y 绘图仪,如图 4-21 所示。

图 4-21　绘图仪

4.2.6 边学边做1: 显示器和打印机的选购方法

1. 显示器的选购

显示器是微机系统最主要的输出设备,用于文字图像的显示输出。液晶显示器凭借其高清晰、低功耗以及图像稳定不闪烁等优点已经逐渐取代了 CRT 显示器。下面主要介绍液晶显示器的选购技巧。

1) 屏幕尺寸与比例

对于液晶显示器来说,其面板的大小就是可视面积的大小。对于液晶显示器的屏幕尺寸较多从 17 英寸到 30 英寸,甚至更大。用户主要从个人爱好等多方面来选择屏幕的尺寸。

2) 品牌

液晶显示器对于技术的要求很高,所以应该注意选择品牌产品。品牌产品在质量、售后和环保等方面都可以得到可靠的保障。

3) 亮度和对比度

液晶显示器的亮度越高,显示的色彩就越鲜艳,显示效果也越好。

对比度是亮度的比值,也就是在暗室中,白色画面下的亮度除以黑色画面下的亮度。

4) 可视角度

可视角度分为水平可视角度和垂直可视角度。在使用时,当视角超出了可视范围后,画面颜色就会减退变暗,甚至会出现正像变成负像的情况。所以,在选择液晶显示器时,应尽量选择可视角度大的产品。

5) 颜色数

在选购液晶显示器时,需要注意显示器的颜色数。如果产品资料中没有标明颜色数,可以通过对比度和响应时间来分辨液晶显示器的颜色数。

6) 坏点和亮点

坏点和亮点同样是选购时必须注意的。它们的存在会影响到画面的显示效果,一般液晶显示器的坏点不多于 3 个。优派、玛雅等品牌产品提供了无坏点的保障,建议用户购买无坏点的显示器。

7) 接口类型

液晶显示器的接口都是数字式的,这使色彩和定位更加准确完美。所以选购一款合适的接口类型很重要。目前液晶显示器接口主要有 D-Sub(VGA)和 DVI 两种。其中 D-Sub 接口需要经过数/模转换和模/数转换两次转换信号;DVI 接口是全数字无损失的传输信号接口。

用户在购买液晶显示器时,携带并使用显示器测试软件,如 Display-Test 或 Nokia Monitor Test,通过查看测试结果,可以了解以上一些参数的数值,经过软件检测过的显示器可以放心购买。有的测试软件还可以更好地调节显示器,让显示器发挥出最好的性能。

2. 打印机的选购

目前使用最多的是喷墨和激光两类打印机,在进行选购时要注意以下几个参数。

1) 打印分辨率

打印分辨率的单位是 dpi(dot per inch),即指每英寸打印的点数,打印分辨率是衡量打印机打印质量的重要指标,它决定打印机打印图像时所能表现的精细程度和输出质量。

一般来说,打印质量由打印分辨率决定。分辨率越高打印质量也越好,所以,在同等价位情况下,应该尽可能选择分辨率较高的打印机产品。通常来说,分辨率越高的产品价格越贵。

2) 打印速度

打印速度也是影响一台打印机工作质量的重要参数。打印速度指的是打印机每分钟可打印的页数,单位是 ppm,不过黑白打印和彩色打印的速度有所不同。并且打印速度还与打印分辨率相关,打印分辨率越高,打印速度越慢。如果需要大量、快速的打印,打印速度至关重要。

如果是在家庭使用,打印数量有限的情况下,一般购买比较便宜的喷墨打印机即可;如果需要快速打印数量较多的内容,则应选用激光打印机;如果需要打印票据等,则应选用针式打印机。

3) 耗材与打印成本

打印成本就是耗材的价格和寿命。对于中小企业来说,耗材与成本必然是其购机时考虑的重要因素。打印机的耗材主要包括打印纸、墨盒和硒鼓等。墨盒和硒鼓是打印机最重要的部件,打印机的寿命长短、打印质量的好坏以及单页打印机成本高低,在很大程度上受墨盒或硒鼓的影响。在选购打印机时,应该考虑耗材的价格和使用成本。如激光打印机采用的硒鼓价格较贵,使用时间较长。喷墨打印机的墨盒价格便宜,但使用成本较高。

4) 颜色要求

根据是否需要打印彩色图像而选择黑白打印机或彩色打印机。一般彩色打印机的价格和耗材价格都比黑白打印机贵,所以用户选购时应注意。

5) 打印机语言

打印机语言常常被购机用户忽略,而实际上打印机语言是关系到打印机性能好坏的重要因素。目前,在打印机中,主要有两种打印机控制方式,因而也形成了打印语言的分类,分别是采用 PostScript、PCL 标准页面描述语言的打印机和 GDI 的位图打印机。

6) 可靠性

打印机的可靠性是指主机的使用寿命和打印负荷(标识为每月打印量)。打印负荷代表了不同打印机在可靠性方面的差异。打印机的使用寿命直接关系到打印机的使用成本,而打印负荷则是指每一种打印机都有一个在一定时间段中连续打印的数量限制,这个指标以月为衡量单位。如果超过这个限制,会严重影响打印的效果和打印机的寿命。

7) 品牌

知名品牌的打印机质量有保证,售后服务一般较好,通常保修时间为 1 年,而且耗材也比较容易购买。目前主流的打印机品牌包括惠普(HP)、爱普生(Epson)、佳能(Canon)、三星(SAMSUNG)、富士施乐、联想(Lenovo)、松下(Panasonic)和方正(Founder)等。

8）售后服务

一般要看免费维修的时间，还要看是否在全国范围内提供免费的上门服务等。

4.2.7　边学边做 2：显示器、打印机与主机的连接方法

1. 显示器连接到主机

显示器尾部有两根电缆线，一根是信号电缆，用于连接显示卡；另一根是三芯电源线，为显示器提供电源。

1）连接显示器的信号线

将显示器尾部的信号电缆插头拿正、端平，对准显示卡尾部的显示信号输出插座（VGA Output），平稳插入，拧紧插头两端的压紧螺钉，如图 4-22 所示。

2）连接显示器电源线

普通机箱的电源风扇旁边有两个插座，上面一只三孔插座是显示器电源插座，下部的是三针电源输入插座。将显示器的三芯电源电缆插头插入三孔电源插座即可。

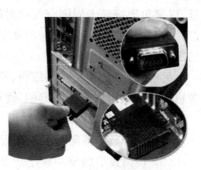

图 4-22　连接显示器信号线

2. 打印机连接到主机

（1）找出打印机的电源线和数据线，如图 4-23 所示。

（2）打印机的数据线连接到主机，并拧紧螺钉，如图 4-24 所示。

图 4-23　打印机的数据线

图 4-24　打印机的数据线连接

（3）连接打印机电源。

（4）安装打印机驱动程序。

（5）打印测试页。

4.2.8　边学边做 3：显示器、打印机故障分析

1. 显示器常见的几种故障分析

1）显示器花屏

（1）软件方面。如果是在玩游戏或处理 3D 时出现花屏、停顿甚至死机的现象，在排除散热问题之后可以尝试换一个驱动程序版本，建议使用通过 WHQL 认证的驱动。

也可以考虑重新安装操作系统,系统安装好后要按正确的顺序来安装驱动程序:Windows 系统补丁→主板驱动程序→显卡驱动程序→声卡及其他 PCI 设备驱动程序→外设驱动程序。当驱动程序的安装顺序不正常时,可能产生上述问题。

(2) 硬件方面。一般来说,性能较高的显卡在长时间工作后会散发出大量的热量,而这些热量无法从微机中及时散发出来时,将会导致显卡的温度升高,达到一定程度后,显卡往往不能正常工作,而这时如果再处理大量数据信息,就容易出现上述现象。所以用户一定要注意显卡的散热问题,特别是在安装各类插卡时,尽量不要让其他插卡与显卡靠近,以避免影响显卡周围空气的对流速度。还要检查显卡的风扇是否停转,用手触摸显卡芯片的温度。再看看主板上的显卡插槽上是否有灰尘,金手指是否被氧化,然后根据具体情况进行处理。

另外,对于出现长时间停顿、死机或者花屏的现象,在排除超频的前提下,一般是由电源或主板插槽供电不足引起的,建议更换电源。

2) 显示屏边缘闪烁

(1) 检查显示器附近是否有带磁物品,如有,将其拿开。

(2) 检测显卡的驱动程序是否存在漏洞(Bug),尝试更新驱动程序。

(3) 把分辨率和刷新频率设置成中间值进行测试。

(4) 检查高压包产生的加速极电压和高压是否正常,有时这两个电压异常也会导致此类故障产生。

3) 开机后显示器指示灯亮,但无显示

(1) 调节亮度、对比度旋钮,观察屏幕有无明暗变化,排除把亮度、对比度关死而"黑屏"的现象。

(2) 若故障还在,则检查主机与显示器连接的信号电缆是否插接完好,有无断头、断线故障。

(3) 在确认信号电缆完好后,进行 POST 检测,看是否有报警声,检查显卡与扩展槽是否接触完好。

(4) 拔下显示器重新进行 POST 检测,如果报警声正常,则说明是显示器故障。

4) 开机后,显示器出现模糊现象

可能是显像管尾部的插座受潮或是受灰尘污染,也可能是显像管老化造成的。对于插座受潮或积灰尘的情况,如果不很严重,用酒精清洗显像管尾部插座部分即可解决。如果情况严重,就需要更换显像管尾部插座了。对于显像管老化的情况,只能更换显像管才能彻底解决问题。如果还在保修期内,最好找厂商解决。

5) 显示器颜色缺色

比较明显的是缺红色、黄色或蓝色,也有可能是颜色混乱,但图像细节清晰。在关机后,检查一下显示器和主机的连接插头,看里面的插针是否有断的(并不是全缺,而是有,但只露出了一半)、松的或歪的(偏折在一边或与其他针连在一起)。请注意显示器和主机通常使用的是 15 针 D 形插头,一般只用 11 根,会空着 9、5 和 11 号针。再检查显卡是否松动。如果这些都没问题,则是显示器内部出了故障,要送专业部门修理。

当整个屏幕出现红色、绿色和蓝色时,一定是显示器内部电路坏了,必须送专业部门修理。

2. 打印机的几种常见故障和处理方法

1）打印效果与预览不同

这种情况一般是在文本编辑器下发生的，比如常见的 Word 文档等，在预览时明明是格式整齐，但是打印出来却发现部分字体是重叠的。这种情况一般都是由于在编辑时设置不当造成的，改变一下文件"页面属性"中的纸张大小、纸张类型和每行字数等就可以解决。

2）打印字迹不清晰

这种问题在平时使用打印机过程中经常会碰到，这种情况主要和硬件的故障有关。以喷墨打印机为例，遇到打印颜色模糊、字体不清晰时，可以先对打印头进行机器自动清洗，如果没有成功可以用柔软的吸水性较强的纸擦拭接近打印头的地方。如果仍然不能解决，就只能重新安装打印机的驱动程序了。

3）无法打印大文件

这种情况在激光打印机中发生的较多，可能在打印小文件时是正常的，但是打印大文件时就会死机，这种问题主要是软件故障，可以查看硬盘上的剩余空间，删除一些无用文件，或者查询打印机内存数量，看是否可以扩容。

4）选择打印后打印机无反应

一般遇到这种情况时，系统通常会提示"请检查打印机是否联机及电缆连接是否正常"，原因可能是打印机电源线未插好，打印电缆未正确连接，接触不良，或微机并口损坏等。解决的方法主要有以下几种。

（1）如果不能正常启动（即电源灯不亮），要先检查打印机的电源线是否正确连接，在关机状态下把电源连线重新接插一遍，并且换一个电源插座试一下看能否解决。

（2）如果按下打印机电源开关后打印机能正常启动，就进入 BIOS 设置里面去看一下并口设置。一般的打印机用的是 ECP 模式，也有些打印机不支持 ECP 模式，此时可用 ECP＋EPP 或 Normal 方式。

（3）如果上述的两种方法均无效，就需要着重检查打印电缆，先把微机关掉，把打印电缆的两头拔下来重新插一下。如果问题还不能解决，可以换个打印电缆试试。

5）打印机输出空白纸

对于喷墨打印机，打印输出空白纸故障大多是由于喷嘴堵塞、墨盒没有墨水等原因造成的，应清洗打印头或更换墨盒。

（1）执行"开始"|"设置"|"打印机和传真"命令，选择打印机并右击，在弹出的快捷菜单中选择"内容"|"工具"命令，选择清洁打印头项目。

（2）清洁完成后做打印机测试，检查墨水是否还足够，如果有一种或多种颜色出不来，就需要更换新的墨盒。

对于激光打印机，可能的原因有：显影辊未吸到墨粉（显影辊的直流偏压未加上），也可能是感光鼓未接地，使负电荷无法向地释放，激光束不能在感光鼓上起作用。此种情况下应进行以下操作。

（1）断开打印机电源，取出墨粉盒，打开盒盖上的槽口，在感光鼓的非感光部位做个记号后重新装入机内。开机运行一会儿,再取出检查记号是否移动了,判断感光鼓是否工作正常。

(2) 检查墨粉是否用完、墨盒是否正确装入机内、密封胶带是否已被取掉。

(3) 激光束被挡住,不能射到鼓上,也会造成输出白纸,检查激光照射通道上是否有障碍物。注意做这项检查时,一定要将电源关闭,以防止被激光损伤。

本章小结

本章介绍了输入/输出设备的类型和作用,以及常见的几种输入/输出设备的选购和安装。通过显卡、键盘和鼠标的安装以及显示器、打印机与主机的连接,使读者熟练操作这些设备,并更好地维护它们。

通过分析常用输入/输出设备的故障,使用户熟练操作并排除设备故障,提高工作效率。

习题

一、多项选择题

1. 键盘按键可分为(　　　)。
   A. 功能键　　　　　B. 打字键　　　　　C. 控制键　　　　　D. 小键盘
2. 按功能划分,PC 键盘大致分为(　　　)。
   A. 标准键盘　　　　　　　　　　　B. 人体工程学键盘
   C. PS/2 键盘　　　　　　　　　　　D. 多功能键盘
3. 鼠标按内部结构分为(　　　)。
   A. 机械式鼠标　　　B. 光学鼠标　　　C. Web 鼠标　　　D. 电学鼠标
4. 键盘最主要的两种接口有(　　　)。
   A. PS/2 接口　　　B. USB 接口　　　C. 并行接口　　　D. 串行接口
5. 以接口类型来分,鼠标可分为(　　　)。
   A. 串行口　　　　B. PS/2 接口　　　C. USB 接口　　　D. 无线鼠标
6. 选购音箱时,下面说法恰当的是(　　　)。
   A. 应根据用途确定多媒体音箱的档次
   B. 要了解音箱的标称功率、阻抗、频响、失真度、动态范围等指标
   C. 应该进行试听比较
   D. 一般情况下,同档次的音箱其重量越轻,质量就越好
7. 关于打印机的技术参数,下面说法正确的是(　　　)。
   A. 速度是衡量打印机的一个重要指标,打印的速度越快越好
   B. 分辨率是打印机在每平方英寸能够打印的点数(dpi),点数越少越好
   C. 工作可靠性主要用来衡量打印机在一定工作负荷下的稳定程度
   D. 在介质支持方面,应当了解打印机的介质支持范围

8. 在选购鼠标时,下列描述正确的是( )。

    A. 要看质量是否可靠

    B. 要选择手感好的鼠标

    C. 要按照自己的需要来选择相应功能的鼠标

    D. 对计算机的性能不产生影响,只要能用,越便宜越好

9. 在选购键盘时,下列描述正确的是( )。

    A. 要根据计算机的接口类型选择匹配的键盘

    B. 只要能打字就行,无须要求太高

    C. 要有好的手感

    D. 要看结构是否稳固

10. 能通过键盘自带的驱动程序,使用键盘上的快捷键来实现诸如 CD 播放、音量调整、键盘软开关计算机、休眠启动和上网浏览等功能。这样的键盘是( )。

    A. 标准键盘   B. 人体工程学键盘

    C. 多媒体键盘   D. 手写键盘

二、判断题

1. 鼠标的工作原理:由滚球的移动带动 X 轴及 Y 轴光圈转动,产生 0 与 1 的数据。再将相对坐标值传回微机,并反映在屏幕上。   ( )

2. PS/2 鼠标是目前市场上的主流产品,PS/2 鼠标使用一个 6 芯的圆形接口,它需要主板提供一个 PS/2 接口。   ( )

3. 键盘可以进行热插拔。   ( )

4. USB 接口的鼠标是目前市场上最常用的一种鼠标。   ( )

5. 在 Windows 时代,鼠标可以完全取代键盘。   ( )

6. 鼠标按照内部构造可以分为 PS/2 接口鼠标、光学鼠标、无线鼠标和轨迹球鼠标等几类。   ( )

三、简答题

1. 简述如何选购键盘。

2. 简述打印机的分类及工作原理。

3. 简述 LCD 显示器的工作原理和主要性能指标。

4. 简述显卡的结构和工作原理。

5. 简述键盘和鼠标的安装步骤。

6. 简述显卡的安装步骤。

7. 简述打印机的安装步骤。

第 5 章
主板及其他设备

前 4 章介绍了微机中 CPU 和存储器的功能、结构、选购和维护方法,要想充分发挥 CPU、内存和其他部件的作用,就要有一块好的主板。主板决定了整个微机系统的性能。

声卡、显卡和机箱电源是微机系统的重要组成部分,本章介绍这些部件的功能结构和选购等常识。

学习目标

(1) 熟悉微机主板类型、结构、选购方法和使用注意事项;

(2) 熟悉微机声卡的功能、结构和选购方法;

(3) 熟悉微机显卡的功能、结构和选购方法;

(4) 了解微机机箱和电源的常识。

5.1 主板

主板是微机最基本、最重要的部件之一。它的类型和档次决定整个微机系统的类型和档次,它的性能影响着整个微机系统的性能。

5.1.1 情境导入

当你打开计算机机箱的时候,会见到一块大板子,上面密密麻麻地安装着微机的各种部件,这就是主板。

你知道主板的类型和结构吗? 你熟悉常说的 CPU、内存和各种接口在主板的什么位置吗?

如何选购主板? 是看主板的尺寸还是品牌?

微机应用中的哪些故障是主板引起的? 日常应如何维护微机,才能提高主板的使用寿命?

5.1.2 案例分析

主板也叫主机板、系统板或母板,安装在机箱内,下面对其类型、结构进行分析。

1. 主板类型

(1) 按照 CPU 生产厂家,主要有 Intel 和 AMD 两类主板平台。

① Intel 系列：用芯片组的名字来区分主板的型号，目前主要有 Z97、X58、X79、X99、P55、P67、H81、H97、G43 和 G45 等芯片组。

Z 系列为高端，一般用料最好。例如 Z97 芯片组支持超频功能，支持目前所有的 Intel 主板功能，包括多显卡，接口设计全采用 SATA 3。

X 系列表示旗舰级，例如 X99 主板支持最新架构的 Haswell-E 系列的 Core i7 EE8 核 16 线程的 CPU，支持 DDR4 的内存。

H 系列有主流和入门两类，用数字来区分，H61、H81 为入门级，H67、H87、H97 为主流级。该系列用料一般，不支持超频，一般不带集成显卡，但能够提供 CPU 集成显卡的接口。

G 系列一般都是带有集成显卡，而且显卡集成在主板北桥。

P 系列一般无集成显卡，例如 P55 以上芯片组支持 Core i7/i5 等四核处理器。

② AMD 系列：目前主要有 8 系列和 9 系列的芯片。例如 8 系列的 870 和 890FX 是独立芯片组，880G 和 890GX 是集成显卡芯片组。9 系列属于新一代，例如 980G 是集成显卡芯片组、990FX 是高端的北桥芯片组。

（2）按照生产厂商，一线品牌主要有微星、华硕和技嘉，其他的还有精英、磐正和英特尔等。一线品牌的主要特点是研发能力强，推出新品速度快，产品线齐全等。

2. 主板的结构

主板一般为矩形电路板，上面安装了组成微机的主要部件，包括芯片组（南、北桥）、CPU、内存、BIOS 芯片、集成的声卡/网卡和显示卡等主要部件，还有多个扩展插槽和输入输出（I/O）接口等。

大部分主板上通常分为北桥芯片和南桥芯片，如图 5-1 所示为一款华硕 P4PE 主板。

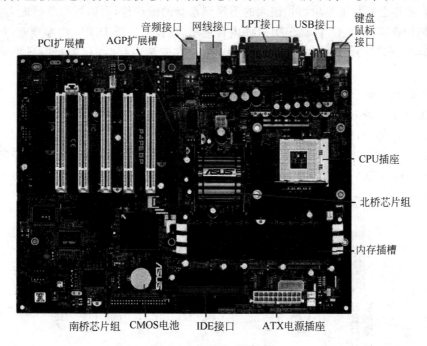

图 5-1 华硕 P4PE 主板

主芯片组几乎决定着主板的全部功能。其中 CPU 的类型、主板的系统总线频率、内存的类型、容量及性能和显卡插槽规格等由芯片组中的北桥芯片决定的;而扩展槽的种类与数量、扩展接口的类型和数量(如 USB 3.0、串口、并口和笔记本的 VGA 输出接口)等,是由芯片组的南桥决定的。另外南桥还决定着微机系统的显示性能和音频播放性能等。

新型主板淡化了南北桥的概念,例如华硕 P7P55D 主板,如图 5-2 所示主板是基于 Intel P55 芯片组的主板,芯片组的北桥被完全整合到了 Intel i5 CPU 处理器中,主板上只有南桥芯片。

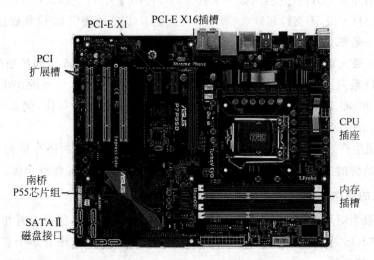

图 5-2　华硕 P7P55D 主板

P55 芯片上安装了一块面积很大的不规则形状的散热片,可以提高散热能力。

主板内存部分,提供了 4 条 DIMM 内存插槽,支持双通道 DDR3 内存规格,最大支持 16GB 容量,而且采用了单边卡扣的设计,让用户在安装内存时,只需要一只手就可以轻松插拔。

主板扩展部分,提供了 2 条 PCI-E X16 插槽,支持 PCI-E 2.0 规范,支持双 8X 交火,同时还提供了 2 条 PCI-E X1 插槽和 3 条 PCI 接口。

磁盘接口部分,提供了 7 个 SATA 2 磁盘接口和 1 个 IDE 接口。

主板接口部分提供了 1 组 PS/2 键盘和鼠标接口,8 个 USB 接口,光纤音频输出接口,1394 接口,E-SATA 接口,RJ-45 网络接口以及一组 8 声道音频接口,如图 5-3 所示。

图 5-3　华硕 P7P55D 主板接口

目前,新型高性能主板上有 3 条 PCI-E X16 插槽,3 条 PCI-E X1,1 条 Mini PCI-E 插槽;4 个 SATA 3 接口,1 个 SATA Express 接口,1 个 M.2 接口;6 个 USB 2.0,6 个 USB 3.0 接口和 32GB 内存,整机性能更高、更稳定。

3. 主板板型

常用主板板型有 3 种: ATX、Micro ATX 和 Mini-ITX。

(1) ATX。英特尔在 1995 年 1 月公布的扩展 AT 主板结构,即 ATX(AT extended) 主板标准。ATX 主板广泛应用于家用计算机,比 AT 主板更大一些,软驱和 IDE 接口都被移植到了主板中间,键盘和鼠标接口也由 COM 接口换成了 PS/2 接口,并且直接将 COM 接口、打印接口和 PS/2 接口集成在主板上。

(2) Micro ATX。是 ATX 结构的简化版。主要目的是为了降低个人计算机系统的总体成本和减少计算机系统对电源的需求量。目前很多品牌机主板使用了 Micro ATX 标准,在 DIY 市场上也常能见到 Micro ATX 主板。

(3) Mini-ITX。一种结构紧凑的主板,用来支持小空间、相对低成本的计算机,如用在汽车、置顶盒以及网络设备中的计算机。

5.1.3　要点提示

1. 主板驱动

主板驱动是使微机能识别主板硬件的驱动程序。如果微机不能识别主板,就要安装主板驱动程序,同时,集成的声卡或显卡驱动程序也就装上了。一般 Windows XP 系统包含主板驱动,不用安装。

主板驱动有的是集成在系统盘上,有的自带光盘,放入光驱即可安装。如果驱动光盘丢失,可以从网上下载"主板万能驱动"等软件,然后安装。

主板驱动主要包括: 芯片组驱动、集成显卡驱动、集成网卡驱动、集成声卡驱动和 USB 2.0 驱动等。

2. 主板电池

微机关闭以后,由主板电池继续为主板上的 BIOS 模块供电以保存 BIOS 设置信息。如果把电池从主板上取下来,BIOS 中的所有设置信息将全部丢失,数据被恢复为出厂时的设置。

如果主板电池没电了,更换电池时要注意以下事项。

(1) 机箱完全断电后打开,在主板上找到一颗纽扣电池,观察其型号。购买时注意型号的区别,品牌可以不一样。

(2) 取主板电池时注意,放置电池的圆形槽边上有一个卡口,将其略向外侧掰一点,电池就能很容易地取下。

(3) 新电池放在圆形槽中,略用力,听到"咔嗒"一声,卡口将电池卡好。

(4) 开机时屏幕上会提示"CMOS 数据丢失,无法启动",只需再重启进入 CMOS 设置,选择"Load BIOS Defaults"加载 BIOS 缺省值并更改时间即可。

3. BIOS 芯片

BIOS 芯片是一块方块状的存储器,里面存有与该主板搭配的基本输入/输出系统程序。能够让主板识别各种硬件,还可以设置引导系统的设备,调整 CPU 的外频等。

5.1.4　边学边做 1：主板的选购方法

好的主板能为微机的稳定运行提供可靠的保障。选择时要注意以下 5 点。

1. 供电系统

首先,仔细观察主板电容的品牌,如果是"三无"产品就不要选择。其次,主板的供电形式,最好选择三相供电以上的,因为目前处理器的供电要求都比较高。

2. 散热性能

在选购主板时还应当注意的是主板的散热性能。主板良好的散热性能不仅能够有效地保证整机长时间工作的稳定,同时还能够进一步提升微机的整体超频性能。

3. 接口和插槽

(1) CPU 插座。目前市面上的主板产品根据支持 CPU 的不同,其处理器插座并不相同,其中主要分为 Intel 系列以及 AMD 系列两大类。

(2) 内存插槽。目前市面上主流的有 DDR2 和 DDR3 内存,可以选择两者兼有的主板产品。如果希望配置大容量内存,可以挑选 DIMM 内存插槽较多的产品。

(3) 主板插槽数量和新技术。数量上主要考虑自身的需求。如果需要使用大量扩展卡来实现一些附加功能,则应当选择扩展插槽较多的产品。另外,要注意扩展槽新技术的应用。

4. 品牌与售后服务

对于那些不熟悉硬件的消费者,可以根据相关参数来判断这个产品的性能,也可以到主板网站查看主板排名,选择比较知名的品牌主板,并注意主板的售后服务情况。

5. 价格

一般一线厂商或大品牌的产品要贵一些,但是一分钱一分货。购买前可以先到主板网站上选择性价比高的主板,做到购买时心中有数。

5.1.5　边学边做 2：主板故障分析

1. 故障的原因

主板产生故障的原因,一般有 3 个方面。

(1) 人为故障。用户在操作时不注意操作规范及安全,对微机的有些部件造成损伤。如带电插拔设备及板卡,安装设备及板卡时用力过度,造成设备接口、芯片和板卡等损伤或变形,从而引发故障。

(2) 环境引发故障。外界环境如雷击、市电供电不稳定等直接损坏主板;另外因温度、湿度和灰尘等引起的故障,如经常死机、重启或有时能开机有时又不能开机等,从而造成机器的性能不稳定。

（3）元器件质量引起故障。主板的某个元器件因本身质量问题而损坏,导致主板的某部分功能无法正常使用、系统无法正常启动或自检过程中报错等现象。

2. 主板维修方法

检查维修主板时,一般采用"一看、二听、三闻、四摸"的维修原则。就是观察故障现象、听报警声(参考 11.1 节)、闻是否有异味、用手摸某些部件是否发烫等。下面列举几种常见主板的维修方法,每种方法都有自己的优势和局限性,一般要几种方法相结合使用。

（1）清洁法。一般用来解决因主板上灰尘太多,灰尘带静电造成主板无法正常工作的故障,可用毛刷清除主板上的灰尘。另外,主板上一般接有很多的外接板卡,这些板卡的金手指部分可能被氧化,造成与主板接触不良,这种问题可用橡皮擦擦去表面的氧化层。

（2）观察法。先关闭电源,观察各部件是否接插正确,电容、电阻引脚是否接触良好,各部件表面是否有烧焦、开裂的现象,各个电路板上的铜箔是否有烧坏的痕迹。同时,可以用手去触摸一些芯片的表面,看是否有非常发烫的现象。

（3）替换法。当对一些故障现象不能确定究竟是由哪个部件引起的时候,可以对怀疑的部件通过替换法来排除故障。可以把怀疑的部件拿到好的计算机上去试,同时也可以把好的部件接到出故障的计算机上去试。

（4）软件诊断法。通过随机附带的诊断程序或系统测试软件去测试,一般用于检查各种接口电路故障。

3. 主板故障分析实例

1）开机无显示

计算机开机无显示,首先要检查的就是 BIOS。主板的 BIOS 中储存着重要的硬件数据,同时 BIOS 也是主板中比较脆弱的部分,极易受到破坏。一般 BIOS 被病毒破坏后硬盘里的数据将全部丢失,可以通过检测硬盘数据是否完好来判断 BIOS 是否被破坏,如果硬盘数据完好无损,还有 3 种原因会造成开机无显示的现象。

（1）因为主板扩展槽或扩展卡有问题,导致插上扩展卡后主板没有响应而无显示。

（2）免跳线主板在 CMOS 里设置的 CPU 频率不对时,也可能引发不显示故障,清除 CMOS 即可解决问题。清除 CMOS 的跳线一般在主板电池附近,其默认位置一般为 1、2 短路,要将其改跳为 2、3 短路几秒钟,即可解决问题。若找不到跳线,可以将电池取下,待开机显示进入 CMOS 设置后,再关机,将电池装上即可。

（3）主板无法识别内存、内存损坏或者内存不匹配也会导致开机无显示的故障。当主板无法识别内存时,就无法启动,甚至某些主板不给任何故障提示(鸣叫)。有时,为了扩充内存插上不同品牌、类型的内存,同样会导致此类故障的出现。

2）CMOS 设置不能保存

此类故障一般是由于主板电池电压不足造成,要更换主板电池。但有的主板电池更换后同样不能解决问题,有以下两种可能。

（1）主板电路问题,需要找专业人员维修。

（2）主板 CMOS 跳线问题，可能因为错误地将主板上的 CMOS 跳线设为"清除"，或者设置成外接电池，使得 CMOS 数据无法保存。

3）在 Windows 下安装主板驱动程序后出现死机或者光驱读盘速度变慢

需要重新安装最新的主板驱动程序，或者重新安装系统。

4）安装 Windows 或启动 Windows 时鼠标不可用

在排除鼠标本身损坏或有灰尘接触不良的情况外，一般是由于 CMOS 设置错误造成。在 CMOS 设置的电源管理中有 Modem Use IRQ 设置，它的选项可以是 3、4、5、……、NA，一般默认选项为 3，将其设置为 3 以外的数值即可。

5）计算机频繁死机，在进行 CMOS 设置时也会出现死机现象

一般是由于 CPU、主板 Cache 或主板设计散热不良引起。对于 Cache 有问题的故障，可以进入 CMOS 设置，将 Cache 禁止，这样 CPU 速度会受到影响。若是散热不良引起，可更换大功率风扇或增加散热装置。若还不能解决故障，就只有更换主板或CPU 了。

6）主板 COM 口、并行口或 IDE 口失灵

一般是由于用户带电插拔相关硬件造成，此时用户可以用多功能卡代替，但在代替之前必须先禁止主板上自带的 COM 口、并行口或 IDE 口。

5.2　声卡

5.2.1　情境导入

从 1984 年第一张声卡的诞生到现在，声卡已经诞生三十多年了。声卡的出现，改变了人们的生活，数字音频变为主流，音频播放软件取代了碟机，音频编辑软件使录音和音效合成变得非常容易，网上语音聊天也无须担心高额的花费，学校的多媒体教室也越来越多等，人们的生活因此改变，变得更加有声有色。

现在看起来，微机如果没有了声卡，也就没有了缤纷多彩的多媒体世界。

5.2.2　案例分析

声卡也叫音频卡，是实现声波与数字信号相互转换的一种硬件。声卡的基本功能是把来自话筒、磁带、光盘的原始声音信号加以转换，输出到耳机、扬声器、扩音机和录音机等声响设备，或通过音乐设备数字接口（MIDI）使乐器发出声音。

1. 声卡类型

声卡主要分为板卡式、集成式和外置式 3 种接口类型，以适用不同用户的需求，3 种类型的产品各有优缺点。

（1）板卡式。目前的主流板卡式声卡是 PCI 接口的，支持即插即用，安装使用很方便，如图 5-4 所示。

（2）集成式。声卡集成在主板上，如图 5-5 所示，具有不占用 PCI 接口、成本更为低廉、兼容性更好等优势，能够满足普通用户的绝大多数音频需求，越来越得到用户的认可。

图 5-4 板卡式声卡

图 5-5 集成式声卡

（3）外置式声卡。通过 USB 接口与微机连接，具有使用方便、便于移动等优势，如图 5-6 所示。主要应用于特殊环境，如连接笔记本电脑实现更好的音质等。目前市场上的外置声卡较少。

图 5-6 外置式声卡

2. 声卡的结构和工作原理

声卡的工作原理很简单，话筒和喇叭所用的都是模拟信号，而微机所能处理的都是数字信号，声卡的作用就是实现两者的转换。

声卡主要由两颗芯片，即数字信号处理器和 CODEC 组成。

数字信号处理器（Digital Signal Processor，DSP）是一片使用数字逻辑电路对数字信号再加工处理的芯片，可以减轻 CPU 的负担，用来处理音频信号。它可以加快处理的速度，并可用于音乐合成以及加强一些特殊的数字声音效果。

CODEC 由模/数转换电路和数/模转换电路两部分组成，模/数转换电路负责将话筒等声音输入设备采到的模拟声音信号转换为微机能处理的数字信号；而数/模转换电路负责将微机使用的数字声音信号转换为喇叭等设备能使用的模拟信号。

DSP 确定了一块声卡所能达到的最高性能和音质，CODEC 就决定了声卡所能达到的最高采样率和信噪比。

3. 声卡的性能指标

1）采样频率和量化位数

采样频率和量化位数是衡量声卡录制和重放声音质量的主要参数。一般声卡采用44.1kHz 采样频率，对立体声源进行 16 位数字化录音和重放。

2）分辨率

采样过程中，需使用分辨率来描述数字化声音。采样频率越高，每一声音波形采用的比特数越多,分辨率就越高,保真度也越好。

3) 动态范围

音乐、语言和音响效果千变万化、丰富多彩。多媒体节目要求音响效果与视觉效应有机地融合在一起,这就要求声卡的声音处理有足够大的动态范围。但动态范围不是越大越好,因为过大不但影响处理速度,而且对音效的改善也起不了多大作用。

4) 信噪比

信噪比是音频或视频信号的幅度与噪声强度的比值。单位是 dB(分贝),通常是负分贝,负的数值越大就越好。

5) 合成器

运用合成器,可以得到乐声,它能模仿不同的乐器形成合成音乐。

5.2.3　边学边做 1:声卡的选购方法

微机作为多媒体工具,必须能够播放声音,因此声卡也成为微机必备的功能部件。声卡的种类繁多,如何选择一款适合自己的、性价比高的声卡呢? 购买时能够试听一下最好,但装机商一般不让试听,用户挑选时要注意以下参数。

(1) 板载式主流声卡一般采用 PCI 接口,外接声卡为 USB 接口。

(2) 声卡的信噪比普遍都是 96dB,取样频率为 44.1kHz 即达到 CD 的音质,48kHz 即是 DVD 的音质。

(3) 对于不挑剔音质也不需太多 3D 音效处理功能的用户,声卡的价格在 200 元左右就可以。如果需要强大的 3D 音效处理功能和完整的扩充性,一块声卡价格可以达到 1000 元左右。

(4) 支持多声道已成为很多声卡的必备功能。如果用于观赏 DVD 影片,最好挑选支持 5.1 声道以上的、支持输出 AC-3 信号的声卡。

(5) 最重要的是多比较,选择可靠的品牌,不要选三无产品。

5.2.4　边学边做 2:声卡故障分析

1) 声卡无声

常见的原因如下。

(1) 驱动程序默认输出为"静音"。单击屏幕右下角的声音小图标(小喇叭),出现音量调节滑块,选择"静音"复选框,清除框内的对号,即可正常发音,如图 5-7 所示。

(2) 声卡与其他插卡有冲突。解决办法是调整各个卡所使用的系统资源,使各卡互不干扰。通过控制面板打开声卡的"属性"对话框,在"资源"选项卡中修改中断请求为一个空闲的中断即可。

图 5-7　音量调节

(3) 安装了 DirectX 后声卡不能发声了。说明此声卡与 DirectX 兼容性不好,需要更新驱动程序。

(4) 一个声道无声。检查声卡到音箱的音频线是否有断线。

2) 声卡发出的噪音过大

常见的原因如下。

（1）插卡不正。由于机箱制造精度不够高、声卡外挡板制造或安装不良导致声卡不能与主板扩展槽紧密结合。打开机箱,用钳子校正声卡上"金手指"与扩展槽簧片的位置即可。此类故障属于常见故障。

（2）有源音箱输入接在了声卡的 Speaker 输出端。对于有源音箱,应接在声卡的 Line Out 端。

（3）Windows 自带的驱动程序不好。在安装声卡驱动程序时,要选择"厂家提供的驱动程序"而不要选"Windows 默认的驱动程序"。如果用"添加新硬件"的方式安装,要选择"从磁盘安装"而不要从列表框中选择。如果已经安装了 Windows 自带的驱动程序,可选择"控制面板"|"系统"|"硬件"|"设备管理器"|"声音、视频和游戏控制器"命令,选择声音设备右击,选择"属性"|"驱动程序"|"更新驱动程序"|"从磁盘安装"命令。这时插入声卡附带的磁盘或光盘,装入厂家提供的驱动程序。

3）声卡无法"即插即用"

声卡无法"即插即用"解决的方法如下。

（1）尽量使用新驱动程序或替代程序。

（2）在控制面板中添加新硬件,当提示"需要 Windows 搜索新硬件吗?"时,单击"否"按钮,而后从列表中选取"声音、视频和游戏控制器",用驱动盘或直接选择声卡类型进行安装。

5.3 显卡

5.3.1 情境导入

1981 年 IBM 推出个人计算机,同时推出了单色显卡和彩色绘图卡两种显卡。显卡已经走过了 30 多个年头,从最初的只负责绘制图形和文字数据处理的简单功能,发展到现在 PC 系统中第二重要的处理器,显卡发生了翻天覆地的变化,如今显卡不但能够处理复杂的 3D 图形,甚至还可以作为协处理器,运用在通用计算之中处理包括游戏、视频和物理加速等多方面的应用。未来,显卡将承担起更多的计算任务,那时候,也许就不再叫显卡了。

5.3.2 案例分析

显卡全称是显示接口卡(Video Card)是微机的最基本组成部分之一。显卡的用途是将微机系统所需要的显示信息进行转换驱动,并向显示器提供行扫描信号,控制显示器的正确显示,是连接显示器和微机的重要元件,是"人机对话"的重要设备之一。

1. 显卡的类型

显卡有集成显卡和独立显卡两种。

1）集成显卡

集成显卡是指将显示芯片、显存及其相关电路都集成在主板上,与主板融为一体的显卡。集成显卡的显示芯片有单独的,但大部分都集成在主板的北桥芯片中,由主板北桥芯片集成了显示卡芯片的主板称为整合主板。

集成显卡又分为独立显存集成显卡、内存划分集成显卡、混合式集成显卡。

独立显存集成显卡是指在主板上有独立的显存芯片,不需要系统内存,独立运作的显卡。

内存划分集成显卡是指从系统内存中划分出一部分内存作为显存的显卡,所以,集成显卡的机器显示的系统内存和标称不符,少的一些空间是划分出去作为显存了。

集成显卡的优点是功耗低、发热小,部分集成显卡的性能已经可以媲美入门级的独立显卡,所以不用花费额外的资金购买显卡。

集成显卡的缺点是不能更换显卡,如果损坏只能更换主板。

图 5-8   独立显卡

2)独立显卡

独立显卡是指将显示芯片、显存及其相关电路单独做在一块电路板上,作为一块独立的板卡存在,如图 5-8 所示。它需占用主板的扩展插槽,如 PCI、AGP 或 PCI-E 插槽。

独立显卡的优点是单独安装有显存,一般不占用系统内存,在技术上也较集成显卡先进,比集成显卡能够得到更好的显示效果和性能,容易进行显卡的硬件升级。

独立显卡的缺点是系统功耗较大,发热较大,需额外花费购买显卡的资金。

2. 独立显卡接口标准

1)PCI 接口

由于 PCI 总线带宽的限制,无法满足性能日益强大的显卡需求。目前 PCI 接口的显卡已经不多见了,只有较老的微机上才有。

2)AGP 接口

AGP(Accelerate Graphical Port,加速图像接口)是 Intel 公司开发的一个视频接口技术标准,是为了解决 PCI 总线的低带宽而开发的接口技术。它通过将图形卡与系统主内存连接起来,在 CPU 和图形处理器之间直接开辟了更快的总线。目前,新型主板上已经被 PCI-E 接口取代。

3)PCI Express 接口

PCI Express(简称 PCI-E)是新一代的总线接口,被称为第三代 I/O 总线技术。显卡使用的 PCI-E X16 接口比 AGP 接口数据流量更大,而且是"双工传输",即同一时间段内允许"进"和"出"的两路数字信号同时通过,而 AGP 接口只是单向传输。

3. 显卡的结构及工作原理

显卡由显卡总线接口、显示存储器、显示芯片和显卡输出端口等组成,如图 5-9 所示。

CPU 输出的数据若要显示在显示屏上,必须通过 4 个步骤,如图 5-10 所示。

(1)CPU 将数据通过总线传送到显卡芯片。

图 5-9　显卡的结构

（2）显卡芯片对数据进行处理，将处理的结果保存在显存中。

（3）数字数据从显存进入数/模转换器（Digital Analog Converter，DAC），把数字信号转换为模拟信号。

（4）模拟信号再通过专用接口传送到显示器。

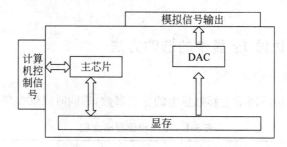

图 5-10　显卡的工作原理

4.　显卡性能指标

1）显存容量

显存容量是显示内存的容量，是指显卡的显示内存的大小。它决定了显存存储临时数据的能力，对显卡性能的影响较大。随着应用需求的增加，显存容量越来越大。现在主流显卡一般都拥有 4GB 或 8GB 的显存。

2）显存位宽

显存位宽是指在一个时钟周期内所能传送数据的位数。它是显存的重要参数，位数越大，瞬间所能传输的数据量也越大。

3）显存频率

显存频率是指显存芯片的默认工作频率，一般以 MHz（兆赫兹）为单位，在一定程度上反映了显存芯片的速度。现在常见的显存频率一般为 1500～2000MHz，高端产片的显存频率达到 4000MHz，甚至更高。

4）刷新频率

刷新频率是指图像在屏幕上的更新速率，也就是每秒钟图像在屏幕上出现的次数，也称为帧数，一般以 Hz 为单位。刷新频率越高，屏幕图像就越稳定。

5）核心频率

核心频率是指显示芯片的工作频率，在一定程度上可以反映显卡的核心性能。一般在相同级别的显示芯片中,核心频率越高,显卡的性能就越强。

6) 分辨率

分辨率是指显示器屏幕上所描绘的像素数目。用"水平像素点数×垂直像素点数"来表示。如 800×600、1024×768 和 1600×1200 等。分辨率越高,图像像素越多,图像就越清晰。

7) 色深

色深又称为颜色深度,是指在一定分辨率下每一个像素能表现出的色彩数。颜色深度取决于显卡上给它分配的 DAC 位数。位数越高,每个像素可显示出的颜色数目就越多。当显存容量一定时,增加色深,会使显卡处理的数据增加,刷新频率降低。

8) 显示芯片

显示芯片的性能好坏直接决定显卡的档次。它的主要任务是处理系统输入的视频信息并将其进行构建、渲染等。现在市场上的显卡大多数采用 AMD、nVIDIA 和 Intel 三家的显示卡芯片。

5.3.3　边学边做 1:显卡的选购方法

1. 显卡常见参数

比较两款网上报价不同的七彩虹显卡的主要参数,选购时以供参考,如表 5-1 所示。

表 5-1　不同价位显卡比较

价格	899 元	2999 元
所属	七彩虹 GTS 450 系列	七彩虹 GTX 500 系列
芯片厂商	NVIDIA Geforce GTS 45	NVIDIA GeForce GTX 570
显存容量和类型	1024MB GDDR5	1280MB GDDR5
显存位宽	128 位	320 位
核心频率	850MHz	750MHz
显存频率	3800MHz	3900MHz
显存速度	0.5ns	0.5ns
显存颗粒	三星显存	三星显存
最高分辨率	2560×1600	2560×1600
散热方式	散热风扇	散热风扇
总线接口	PCI Express 2.0 X16	PCI Express 2.0 X16
供电模式	3+1 相	4+2 相
保修政策	全国联保,享受三包服务	全国联保,享受三包服务
质保时间	2 年保修	2 年保修

2. 选购注意事项

首先是看显卡的型号、同型号的显存类型、显存大小、位宽和频率,其次是看显卡外观、做工,最后看显存的品牌和售后服务。

(1) 显卡的型号。决定显卡性价比高低的首要因素是显卡芯片的型号,比如七彩虹的 GTS 450 系列比 GT 240 系列性能高,而 GTX 570 系列比 GTS 450 系列性能要高。

常见显卡的后缀区别如下。

GT：加强版。

GE：高清影音版。

GS：降频版。

LE：标准版。

GTS：超级加强版。

GTX：终极版。

（2）显存类型。例如，DDR3 比 DDR2 快，DDR5 比 DDR3 更快，DDR5 正逐渐成为市场主流。

（3）显存大小、位宽和频率。显存大小即显存容量，一般越大越好，但是要结合位宽和频率。目前主流显卡的显存位宽在 64～256 位，高端显卡可达 512 位。

显存的大小、位宽和频率一般综合决定显卡性能，例如：64 位、700MHz 显存的显卡比 128 位、400MHz 显存的显卡还要慢。频率相同但位宽不同的显卡，128 位总线传输的数据是 64 位总线的两倍，而 256 位总线传输的数据则是 64 位的四倍。使用 256 位 128MB 显存的显卡，其性能往往高于使用 64 位 512MB 显存的显卡。

除了观察以上显卡参数以外，在选购时还要注意以下事项。

（1）根据需求选购显卡。高性能的显卡总是受到用户的偏爱，然而产品的高性能往往意味着高价格，所以选购的关键是需求，不同的用户对显卡的需求不一样，需要根据自己的经济实力和使用情况来选择合适的显卡。

① 办公应用类。这类用户不需要显卡具有强劲的图像处理能力，只需要显卡能处理简单的文本和图像即可。

② 普通用户类。这类用户平时娱乐上网，看电影或玩一些小游戏，对显卡有一定要求，可以购买显卡价格在 300～500 元，投入不多，但是完全可以满足要求。

③ 游戏玩家类。这类用户对显卡的要求较高，需要显卡具有较强的 3D 处理能力和游戏性能，所以要考虑性能强的显卡，相对价格也要贵一些。

④ 图形设计类。这类用户一般选择市场上顶级的显卡，当然显卡的价格也非常贵。

（2）看做工。显卡是一个模拟电路和数字电路联合工作的部件，对做工要求比较高。在做工方面，优质显卡的元器件排列整齐、布局合理，焊点非常精致，光滑鲜亮。

在显卡的金手指部分，做工用料差别很大，从侧面看，做工好的显卡，其金手指镀得厚、镀得好，有明显的凸起，反复插拔不易脱落。

（3）注意显卡总线接口。显卡的总线接口是指显卡与主板插槽相连的接口。目前显卡的总线接口主要为 PCI-Express 接口。显卡的输出接口主要有 VGA 接口、DVI 接口和 HDMI 接口等，用户选购时，应该根据显示器的支持情况选择。

（4）查看 PCB。一般来说质量好的 PCB 有一种晶莹、温润的感觉，主流显卡采用的 PCB 主要有 4 层板和 6 层板两种，4 层板主要用于低端显卡或小品牌的产品中。在选择显卡时需要看清显卡使用的 PCB 层数（最好在 4 层以上）以及显卡采用的元件等。目前市面上绝大多数显卡用的是 4 层板和 6 层板，同样层数的板越厚越好。PCB 上各芯片和零件的布置也很重要。

(5) 显存的品牌。采用有品牌的显卡,稳定性更高,产品的质量和售货服务都有保障。如三星等大厂的比较好。

(6) 售后服务。在购买显卡时,注重显卡各种硬性规格的同时也要清楚知道显卡的保修期,包括免费保修期长短、能否及时更换新品(良品)和维修能力等。建议购买保修期在2年或以上的显卡,并要考虑到是否是全国联保,全国联保对于质量和服务都更有保障。

5.3.4　边学边做 2：显卡故障分析

1) 显示颜色不正常

一般有以下原因。

(1) 显卡与显示器信号线接触不良。

(2) 显示器自身故障。

(3) 运行某些软件时颜色不正常,应开启 BIOS 中校验颜色的选项。

(4) 显卡损坏。

(5) 显示器被磁化,显示画面出现偏转的现象。

2) 显示花屏,字迹不清或画面显示不完全

此类故障一般是由于显示器或显卡不支持高分辨率或者显示器分辨率设置不当。可切换启动模式到安全模式,重新设置显示器的显示模式,或调整显示分辨率。

3) 死机

出现此类故障一般多发生在主板与显卡的不兼容或主板与显卡接触不良的情况下。显卡与其他扩展卡不兼容也会造成死机。

4) 显卡驱动程序丢失

显卡驱动程序载入,运行一段时间后驱动程序自动丢失,此类故障一般是由于显卡质量不佳或显卡与主板不兼容,使得显卡温度太高,从而导致系统运行不稳定或出现死机,此时需更换显卡。

5) 屏幕出现异常杂点或图案

此类故障一般是由于显卡的显存出现了问题,或显卡与主板接触不良造成。需清洁显卡的金手指部位或更换显卡。

6) 开机无显示

此类故障一般是因为显卡与主板接触不良或主板插槽有问题造成的。对于一些集成显卡的主板,如果显存共用主内存,则需注意内存条的位置,一般在第一个内存插槽上应插有内存条。

5.4　机箱、电源

5.4.1　情境导入

机箱是微机配件的保护壳,电源是整机的基础,它们虽然价格不高,但却是微机安全

的重要保障。品质不好的机箱和电源不仅会损坏主板、硬件等组件,还会缩短主机的使用寿命。选购一套价格实惠又质量稳定的机箱和电源产品并非易事。

如何选择一款优质的机箱和电源呢?

5.4.2 案例分析

1. 机箱

机箱作为微机系统的一部分,主要作用是放置和固定各微机配件,起到一个承载和保护作用,此外,微机机箱还具有屏蔽电磁辐射的作用,所以在购买机箱的时候也要重视。

一般机箱包括外壳、支架、面板上的各种开关和指示灯等。外壳用钢板和塑料结合制成,硬度高,主要起保护机箱内部元件的作用;支架主要用于固定主板、电源和各种驱动器。

1) 构架类型

现在市场比较普遍的是 ATX、Micro ATX 和新型 BTX 机箱。ATX 机箱是目前最常见的机箱,支持现在绝大部分类型的主板。Micro ATX 机箱是在 ATX 机箱的基础上缩小了占用的空间,因而比 ATX 机箱体积要小一些。BTX 机箱与 ATX 的架构不同,比如 ATX 机箱上的主板安在机箱右边,而 BTX 的主板是安在机箱左边的。在散热方面,BTX 构架中各部件之间为平行同轴排布,CPU、显卡和内存等部件都有高速低温的冷却气流通过,气流在机箱中运转不受阻碍。BTX 架构可支持下一代微机系统设计的新外形,使行业能够在散热管理、系统尺寸和形状以及噪音方面实现最佳平衡。

要注意的是各种结构的机箱只能安装其支持类型的主板,一般是不能混用的,而且电源也有所差别。大家在选购时一定要注意。

2) 应用类型

一般分为台式机、服务器或工作站机箱。

台式机机箱是最常见的机箱,其最基本的功能就是安装微机主机中的各种配件。

服务器或工作站机箱除了有上述台式机机箱的基本要求外,还因为服务器或工作站的工作性质和用途与台式机机箱有许多不同之处,还应注意以下几个方面。

(1) 安全性好。通常服务器或工作站机箱的前端面板都是带有折页的可活动形式,而且电源开关、光驱和硬盘等设备都被设计在面板内部,可以防止人为的误操作而造成服务器的停机与重启,或者在进行安装、拆卸硬盘或光驱时出现故障。

(2) 材料散热性好。为了保证服务器稳定的工作,一般情况下服务器或工作站的工作环境要求干燥、凉爽,其使用的材料一般有全铝质和铝合金,也有用钢板、镁铝合金作为材料的机箱。

(3) 预留风扇位置多。一般的普通台式机机箱中散热风扇口只有 2~3 个,分别在机箱的正面挡板的内部与背部挡板的内部。而服务器或工作站机箱需要更多的排风口,而且各个排风口针对系统不同的发热源进行散热。

(4) 通风系统良好。一般情况下服务器或工作站机箱背面有两个风扇位,而且是一吹一抽,形成一个良好的散热循环系统,能将机箱内的热空气迅速抽出,以降低机箱内的温度。

(5)具有冗余性。例如,很多的服务器或工作站机箱都采用了自动切换的冗余风扇,系统工作正常时,主风扇工作,备用风扇不工作,当主风扇出现故障或转速低于规定转速时,自动启动备用风扇。

2．电源

1）电源类型

目前市场上常见的电源有两种：ATX 电源和 Micro ATX 电源。

ATX 电源是微机的工作电源,作用是把交流 220V 的电源转换为微机内部使用的直流 5V、12V 或 24V 的电源。

ATX 电源最主要的特点是不采用传统的市电开关来控制电源是否工作,而是采用"+5VSB、PS-ON"的组合来实现电源的开启和关闭,只要控制 PS-ON 信号电平的变化,就能控制电源的开启和关闭。PS-ON 小于 1V 时开启电源,大于 4.5V 时关闭电源。与主板连接的是一个 20 芯插头。输出功率一般为 160～350W。

Micro ATX 电源与 ATX 电源相比,其最显著的变化就是体积减小、功率降低,输出功率只有 90～145W。目前,Micro ATX 电源大都在一些品牌机和 OEM(即代工生产,品牌生产者不直接生产产品,而是通过合同订购的方式委托同类产品的其他厂家生产)产品中使用,零售市场上很少看到。

2）电源故障分析

(1)无法开机。用万用表测量 5VSB,如果该电压值正常且稳定,而主板反馈信号 PS-ON 始终为高电平,则可能是主板上的开机电路损坏,或电源的开关按钮损坏；如果上述两者均正常而主电源仍无输出,则可能是开关电源主回路损坏,或因负载短路或因空载而进入保护状态。

(2)休眠与唤醒功能异常。微机不能进入休眠状态,或进入休眠状态后不能唤醒。出现这类问题时,首先要检查硬件的连接是否正确、开关是否失灵和 PS-ON 信号的电压值等。进入休眠状态时,PS-ON 信号应为低电平(0.8V 以下),唤醒后,PS-ON 信号应为高电平(2.2V 以上)。如果 PS-ON 信号正常,而休眠和唤醒功能仍不正常,则为 ATX 电源故障。

(3)零部件异常。一般在遇到主板、内存、CPU、板卡或硬盘等部件工作异常或损坏故障时,通常要先测量电源电压。正常的工作电压是微机可靠工作的基本保证,而很多奇怪的故障都是电源造成的。例如,一台机器出现找不到硬盘的故障,取下硬盘连在其他机器上能正常运行,此时可以确信硬盘是好的。进一步猜测主板上的 IDE 接口是否损坏,找来多功能卡,将其插在主板的空闲插槽,连接硬盘,仍然找不到硬盘。测量电源电压,12V 电压只有 10V 左右,电压太低,硬盘就不工作了。更换了一台 ATX 电源,故障排除。

5.4.3　边学边做：机箱和电源的选购方法

1．机箱选购

(1)机箱的外观、用料。外观和用料是一个机箱最基本的特性,外观直接决定一款机箱能否被用户接受的第一个条件。用料主要看机箱所用的材质,机箱边角是否经过卷边处理,材质的好坏也直接影响到抗电磁辐射的性能。

(2)可扩展性。提供多少个 5.25 英寸光驱位置,3.5 英寸软驱和硬盘位置的分布以及设计。

(3)特色功能。要看机箱是否提供了前置 USB 和音频输入输出接口。内部设计中如硬盘、光驱采用的是导轨安装还是板卡的免工具安装,是否简单易用。

(4)防尘性。为了让机箱保持长时间的清洁,选购时要注意散热孔的防尘性能和扩展插槽 PCI 挡板的防尘能力。

(5)散热性。要查看散热风扇的个数或散热风扇预留位置及散热孔的个数。

2. 电源选购

劣质电源提供不稳定的电压,而电压和功率长时间不稳或偏低,对于微机内部的主板、CPU、内存和显卡等配件是一个慢性损坏的过程。选择一个好电源,可以保证微机在大功率下的稳定的工作,保证微机的安全。

选购电源时主要注意电源的功率指标、外观质量和风扇性能,以及电源线路板的做工、是否有滤波装置和过电压保护,其次还要注意其标牌和标识是否完善,有没有各项技术参数、产地介绍和安全标志等。在选购时具体还要考虑以下几点。

(1)电源重量。一般来说,好的电源外壳一般都使用优质钢材,优质钢材的材质好、质厚,所以较重的电源,材质都较好。电源内部的零件,比如变压器、散热片等,重的比较好。

(2)风扇。风扇的使用对散热能力起决定作用。一般电源的风扇都是采用向外抽风方式散热,这样可以保证电源内的热量能及时排出,避免热量在电源及机箱内积聚,也可以避免在工作时外部灰尘由电源进入机箱。

(3)线材和散热孔。电源使用的线材粗细,与它的耐用度有很大关系。较细的线材长时间使用,可能会因过热而烧毁。另外电源外壳上面的散热孔面积越大越好,但是要注意散热孔的位置,位置放对才能使电源内部的热气及早排出。

(4)静音和节能。电源风扇要注意尺寸和转速。尺寸方面,现在很多厂家都使用的大风车风扇,直径为 12cm 甚至 14cm 的,降低了转速,噪音也降低了,所以风扇的好坏直接决定了噪音的大小。转速方面,有的电源使用温控风扇,温度高,转速高;温度低,转速也低,同时也节能。

本章小结

本章分别介绍了主板、声卡、显卡和机箱电源的类型、结构、常见故障分析和选购方法,使读者在日常使用、维护这些设备时能了如指掌,同时能提高这些设备的使用寿命。

通过比较新旧设备的结构、参数和性能,使读者了解新型主板及其他设备的发展情况,在选购时能够根据自己的需求选择性价比较高的产品。

习题

一、单项选择题

1. 主板的核心和灵魂是(　　)。
   A. CPU 插座　　　　　　　　　　　B. 芯片组
   C. 内存条　　　　　　　　　　　　D. BIOS 和 CMOS 芯片

2. AGP 接口插槽可以插接(　　)设备。
   A. 显卡　　　　　B. 声卡　　　　　C. 网卡　　　　　D. 硬盘

3. 关于北桥芯片的功能以下说法不正确的是(　　)。
   A. 负责传输内存里的数据　　　　　B. 负责联系 CPU
   C. 负责传输 PCI 总线里的数据　　　D. 负责 I/O 设备的控制

4. 几乎所有微机部件都是直接或间接连接到(　　)上的。
   A. 主板　　　　　B. 显示器　　　　C. 显卡　　　　　D. 电源

5. ATX 主板电源接口插座为双列(　　)。
   A. 12 针　　　　B. 18 针　　　　C. 20 针　　　　D. 25 针

6. 对微机的电源有特别的规格,中国内地采用的输入电源是(　　)的交流电源。
   A. 110V　　　　B. 220V　　　　C. 5V　　　　D. 12V

7. 一台微机,在正常运行时突然显示器"黑屏",主机电源指示灯熄灭,电源风扇停转,试判断故障部位是(　　)
   A. 显示器故障　　　　　　　　　　B. 主机电源故障
   C. 硬盘驱动器故障　　　　　　　　D. 软盘驱动器故障

8. 用微机录制音乐,音源设备的音频输出插头应接在声卡的(　　)插口。
   A. SPK　　　　B. Line In　　　　C. Line Out　　　　D. MIC In

9. 有源音箱的输入插头通常应接在声卡的(　　)插口。
   A. SPK　　　　B. Line In　　　　C. Line Out　　　　D. MIC In

10. 屏幕局部显示马赛克花斑,造成故障的原因是(　　)。
    A. 显示卡显存故障　　　　　　　　B. 显示卡控制芯片坏
    C. 显示器坏　　　　　　　　　　　D. 系统主存故障

二、填空题

1. 目前市场上最常见的主板结构是_____主板。

2. 系统板由 CPU、_____、内存条、系统 I/O 总线和接口等组成。

3. 机箱内包括_____、软驱、硬盘、光驱、扩展卡和电源等部件。

4. SATA 是一种高速的串行连接方式,可以广泛应用于硬盘和光驱,一个 SATA 接口可以同时接_____块硬盘或光驱。

5. 显卡上用于存放显示数据的模块叫_____。

三、简答题

1. 如何选购主板?

2. 如何选购机箱和电源?

第 6 章
微机组装与系统设置

前面介绍了组成微机的主要功能部件,这些部件如何组装在一起形成一台完整的微机系统的呢? 本章将详细介绍微机的硬件组装和系统配置方法。

通过本章的学习,读者可以实现微机 DIY,即亲自动手组装一台最适合自己的微机。DIY 的微机能节省用户的开支,并且能配置比较灵活的系统。

学习目标

(1) 了解微机硬件的组装流程;

(2) 掌握微机组装方法;

(3) 理解 BIOS 和 CMOS 的含义;

(4) 掌握微机系统常用参数的配置方法;

(5) 了解系统自检过程。

6.1 微机组装流程

6.1.1 情境导入

现在,微机已经进入了生活和工作的各个领域,给人们带来了许多帮助和欢乐,但是用户是否了解微机各部件的功能、配置,是否能自行解决遇到的各种故障? 是否能组装一台微机或连接常用设备? 是否能设置微机的不同参数?

6.1.2 案例分析

微机组装流程如下。

(1) 做好准备工作。

(2) 在主板上安装 CPU 和 CPU 风扇,连接 CPU 风扇电源线。

(3) 在主板上安装内存条。

(4) 打开机箱,固定电源。

(5) 固定主板。

(6) 安装软驱、硬盘和光驱。

(7) 安装显示卡、网卡和声卡等。

（8）连接主板、软驱、硬盘和光驱的电源线和数据线。

（9）连接光驱和声卡之间的音频线。

（10）连接主板与机箱上的各种信号线。

（11）连接 USB 接口信号线、音频信号线等。

（12）整理机箱内电源线、数据线和信号线等，并分别捆绑成束。

（13）盖好机箱侧面板并拧好螺钉。

（14）连接显示器信号线和电源线，连接键盘和鼠标，连接音箱。

（15）连接机箱的电源线。

（16）开机前检查，加电测试。

组装微机硬件时，要根据主板、机箱的不同品牌和特点来决定组装的顺序，以安全和便于操作为原则。

6.1.3　要点提示

在装机过程中，需要注意以下要点。

（1）防止静电。装机过程中要注意防止人体所带静电对电子器件造成损伤，可以洗洗手或摸一摸金属。

（2）装机过程中不要连接电源线，严禁带电插拔硬件，以免烧坏芯片和部件。

（3）安装电源开关线时，注意方向，一般有防插错标识。

（4）计算机配件要轻拿轻放，板卡尽量拿边缘，不要用手触摸内存条或板卡的金手指。

（5）拆除各部件及连线时，小心操作，不要用力过大，以免拉断连线或损坏部件。

（6）硬盘要轻拿轻放，不要碰撞。

（7）固定主板、光驱、软驱、硬盘等硬件时，先将对角的螺钉拧上，不要拧紧，最后再对角拧紧所有螺钉。

（8）在拧紧螺栓或螺帽时，要用力适度，能固定无松动即可。

6.1.4　边学边做：微机硬件的组装

下面为某用户组装一台微机，从速度和容量上要支持大型游戏的运行。组装步骤如下。

1. 准备工作

准备好配件和工具、清楚各个部件的使用方法和安装位置，消除身上的静电。

1）准备配件

本例选择的配件档次比较低，用户可以选择不同型号和档次的配件。

主机内有主板、CPU、内存、硬盘、显卡、光驱、声卡、电源和机箱等部件，如图 6-1 所示。

下面依次介绍这些部件。

（1）主板采用昂达 H55T 魔笛版，如图 6-2 所示。

该板支持 Intel Core i7/Core i5/Core i3 CPU，插槽为 LGA 1156，支持 Intel Socket 1156 接口。支持双通道 DDR3 1333/1066MHz 内存。主板集成声卡和 Realtek

RTL8111DL 千兆网卡,一个 PCI-E X16 显卡插槽,2 个 PCI 插槽,4 个 SATA 2 接口,一个 RJ-45 网络接口、一个光纤接口和音频接口。采用 Micro ATX 板型,电源插口为一个 8 针和一个 24 针插口,供电模式为五相。

图 6-1　装机配件

图 6-2　主板

(2) CPU 为 Core i3 530 盒装,双核心,2.93GHz 的主频,4MB 字节三级缓存,Intel LGA 1156 接口,如图 6-3 所示。

(3) 内存为超胜单条,容量为 2GB,频率为 1333MHz,如图 6-4 所示。

图 6-3　CPU

图 6-4　内存条

(4) 硬盘为希捷 500GB,转速 7200r/min,缓存 32MB,尺寸 3.5 英寸。接口类型为 SATA 2,如图 6-5 所示。

(5) 显卡为盘古 GF4,如图 6-6 所示。

芯片厂商: nVIDIA GeForce GT24。

图 6-5　硬盘

图 6-6　显卡

显存容量：512MB。

显存颗粒：三星 GDDR5。

显存位宽：128bit。

核心频率：550MHz。

显存频率：3600MHz。

散热方式：散热风扇。

I/O 接口：HDMI 接口/DVI 接口/VGA。

总线接口：PCI-E 2.0 X16。

3D API：DirectX 10.1。

（6）光驱为华硕 DVD 24X。

（7）电源为长城双动力 BTX-380 盒装，风扇为 8cm 风扇，电源功率 300～380W，电源为 ATX 12V，SATA 电源接口 2 个，4 针电源接口 5 个，6 针电源接口 1 个。

（8）机箱为立式 ATX 机箱，金属外壳。

2）准备工具

有磁性的十字螺钉旋具、一字螺钉旋具、若干螺钉、尖嘴钳、镊子和散热胶等。

2. 在主板上安装 CPU 和 CPU 风扇，连接 CPU 风扇电源线

（1）安装 CPU。安装 Socket 插座的 CPU 及其风扇的步骤如下。

先将插座旁的锁杆轻向外侧拨出一点，使锁杆与定位卡脱离，再向上推到垂直 90°，使 CPU 能够插入插座中。

将 CPU 的缺角对准插座的缺角，将 CPU 轻轻插入 Socket 插座，使每个接脚插到相应的孔里，注意要放到底，但不必用力压 CPU。再把锁杆卡入定位卡即可。

（2）安装 CPU 风扇。在 CPU 的中心位置均匀涂上散热膏，然后紧贴着 CPU 的核心放置好 CPU 风扇，如图 6-7 所示。

（3）连接 CPU 风扇电源线。接上 CPU 风扇的电源线，一头插到 CPU 的风扇上，一头插到主板的 CPU 风扇电源接口上。

3. 在主板上安装内存条

（1）在主板上找到内存插槽。

（2）用手轻轻将两边的卡子向外掰开，如图 6-8 所示。

图 6-7　安好风扇

图 6-8　掰开内存卡子

（3）两只手捏住内存条的两边边缘，将内存条凹口部分对准插槽的凸口部分，均匀垂直地向下按，在按的过程中插槽两边的固定卡会自动地卡住内存条，当听到"咔"的一声时内存条就插好了。

（4）如果要发挥主板双通道的作用，那么两根内存条必须为同一品牌、同一型号。然后将它们插入1、3或2、4插槽上，即相同颜色的插槽上，这样才能支持和发挥双通道的性能。

4. 打开机箱，固定电源

（1）先将电源放进机箱后部安装电源的位置上，将电源上的螺孔与机箱上的螺孔对正，如图6-9所示。

（2）再将螺钉对正位置，拧紧即可，如图6-10所示。

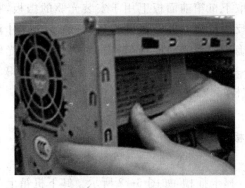 

图 6-9　放置电源　　　　　　　　　　　图 6-10　固定电源

5. 固定主板

把主板放在机箱的底板上，观察对应孔位，利用这些定位圆孔可将主板固定在机箱底板上。

根据主板和机箱底板的实际情况，选取机箱中附带的铜质螺钉拧到与主板螺孔相对应的底板上。

主板的固定将直接影响到安装的质量，严重时还会造成短路现象。因此，在固定时，应注意以下问题。

（1）注意绝缘。

（2）主板必须与底板平行。

（3）外部接口要与挡板孔对齐。

（4）一般机箱底板上的螺钉孔多，可以先将主板放到机箱底板上，在相应的螺钉孔上做一个标记，以便于知道底板上的哪个螺孔与主板的螺孔对应。

（5）上螺钉时，采用对角线方式上螺钉，每个螺钉先不要拧紧，等全部螺钉都上好，再逐个拧紧。

6. 安装软驱、硬盘和光驱

1）安装软驱

若装软驱，软驱要安装在机箱内3.5英寸支架上，安装时要注意选择机箱前面有3.5英寸挡板的支架安装，并注意软驱上的弹出键和机箱上的键要对应。现在的计算机一般不用软驱,使用 U 盘或移动硬盘更方便。

2) 安装硬盘

硬盘一般固定在机箱内 3.5 英寸支架上,先在机箱找一个位置合适的支架,将硬盘插入该支架的适当位置,然后调整硬盘的位置,以使硬盘侧面的螺钉孔与硬盘支架上的螺孔对齐,如图 6-11 所示。

图 6-11　放置硬盘到机箱支架上

将螺钉拧到机箱支架的螺孔上。由于硬盘在工作时会处于高速运转状态,因此一定要使硬盘牢牢地固定在机箱的支架上,以免损坏硬盘。

3) 安装光驱

取下机箱前面板上用于安装光驱的挡板,将光驱反向从机箱前面板装进机箱的 5.25 英寸槽位。确认光驱的前面板与机箱对齐平整,在光驱的每一侧用两个螺钉初步固定,一般不要拧得太紧,这样可以对光驱的位置进行细微的调整。等光驱面板和机箱面板完全平齐后拧紧螺钉。

7. 安装显卡、网卡和声卡等,注意选择主板上的插槽

1) 安装显卡

(1) 在主板上找到显卡对应的 PCI-E X16 显卡插槽,如图 6-12 所示。卸下机箱上与该插槽对应挡板上的螺钉,取下挡板。

图 6-12　安装显卡的插槽

(2) 将 PCI-E 显卡插入插槽中,注意显卡有接口的一端靠近挡板处。将显卡的金手指小心地插入插槽,在插入的过程中,双手应捏紧显卡的边缘垂直用力将显卡插入插槽中,如图 6-13 所示。

图 6-13　安装显卡

（3）用螺钉将显卡金属挡板顶部的缺口固定在机箱条形窗口的螺孔上，如图 6-14 所示。

2）安装声卡和网卡

声卡和网卡等扩展卡的安装和显卡的安装基本相同，所不同的是一般选择 PCI 插槽。具体方法如下。

图 6-14　固定显卡

（1）先选择一条空闲的 PCI 插槽，从机箱上移除对应 PCI 插槽上的挡板及螺钉。

（2）将声卡或网卡对准 PCI 插槽，用双手大拇指均匀用力将其插入 PCI 插槽中，即将卡上的金手指垂直插进 PCI 插槽。

（3）用螺钉将声卡或网卡固定在机箱上。

8．连接主板、CPU、软驱、硬盘和光驱的电源线和数据线

（1）连接主板电源线。

① 将主板电源插头对准主板上的 ATX 插座插到底，如图 6-15 所示。

② 将机箱电源插头插入主板的 ATX 插座中，如图 6-16 所示。

图 6-15　连接主板电源线

图 6-16　电源插头插入主板插座中

（2）若有软驱，连接软驱电源线。

（3）连接硬盘。

① 连接硬盘电源线，如图 6-17 所示。

② 连接硬盘与主板，如图 6-18 所示。

图 6-17　连接硬盘电源线

图 6-18　硬盘连接到主板

③ 连接硬盘数据线,如图 6-19 所示。

(4) 连接光驱。

① 连接光驱数据线,如图 6-20 所示。

 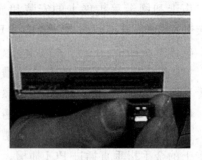

图 6-19　连接硬盘数据线　　　　　图 6-20　连接光驱数据线

② 连接光驱电源线,如图 6-21 所示。

图 6-21　连接光驱电源线

注:为了在播放光盘时能听到声音,需要在光驱和声卡之间插入一根音频线。

9. 连接主板与机箱上的各种信号线

机箱面板上一般有开关和几个指示灯,如电源指示灯、复位开关、音频和硬盘指示灯等信号线。与之对应,在机箱面板后侧有一组连接相应开关和指示灯的连接线,这些连接线需要与主板上相应的插座连接才能正常工作。大多数机箱面板连接线的塑料插头上都标注有相应插接对象,如图 6-22 所示。

图 6-22　多种信号线

连接方法:参照主板说明书,将上述带有标记的插头,分别与在主板上靠近机箱面板前侧的插座上所对应的对象相连,即将插头插入相应插座。

10. 连接 USB 接口信号线、音频信号线等

（1）连接 USB 接口信号线，如图 6-23 所示。

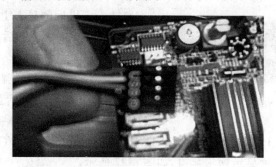

图 6-23　连接 USB 信号线

（2）连接音频信号线，如图 6-24 所示。

图 6-24　连接音频信号线

11. 整理机箱内电源线、数据线和信号线等，并分别捆绑成束

微机内部连线的整理一般要遵循以下几个标准。

（1）不要使线靠近或压在一些运动的部件上，比如 CPU 的风扇上。如果 CPU 风扇被卡住，散热不畅，易造成死机。

（2）各种连线不要压在主板芯片上，会妨碍芯片散热。

（3）软驱线、硬盘线或光驱线都较宽，不要紧贴在某些芯片上，使芯片散热不好，同时高温也对线缆本身造成损坏，因而影响系统正常工作。

（4）各种信号线和电源线不要相互搅在一起，以减少线与线之间的电磁干扰。

（5）信号线不宜过长，恰到好处即可。

12. 盖好机箱侧面板并拧好螺钉

盖好机箱侧面板并拧好螺钉，如图 6-25 所示。

图 6-25　盖好机箱侧面板并拧好螺钉

13. 连接显示器的信号线和电源线,连接键盘、鼠标和音箱

(1) 连接显示器的信号线。先将显示器的 VGA 接口的 D 形 15 针插头按照正确的

方向插入主机后侧显卡上的 15 孔的 D 形插座上,如图 6-26 所示。然后用手将插头上的固定螺钉拧紧。

图 6-26　连接显示器(VGA 接口)

现在,越来越多的显示器上配置了 USB接口,操作更方便。一台显示器可能拥有包括 HDMI(高清晰度多媒体接口,High Definition Multimedia Interface)、DVI(数字视频接口,Digital Visual Interface)、VGA、DP(Display Port)、USB、USB-HUB 等多种显示输出接口,如图 6-27 所示。

图 6-27　显示器输出多种接口

(2) 连接显示器的电源线。将显示器的电源线插入三相插座。

(3) 连接键盘和鼠标。本例采用 PS/2 型口连接,如图 6-28 所示。首先在机箱后面板找到标注键盘标记的 PS/2 接口,注意键盘接口为紫色,鼠标接口为绿色。在插入插头的过程中需要使键盘或鼠标插头的针脚和机箱背面的插座空心位置一一对应起来,否则插不进去,还容易造成接口针脚的弯曲。现在一般使用 USB 接口,操作更方便。

图 6-28　键盘和鼠标接口

(4) 连接音箱。通常有源音箱接在声卡标注的 Speaker 接口或 Line-out 接口上,无源音箱接在 Speaker 接口上。连接有源音箱时,将有源音箱的双声道插头一端插入机箱后侧声卡的线路输出插孔(标注的 Speaker 接口)中,另一端插头插入有源音箱的输入插孔中,如图 6-29 所示。

图 6-29　连接音箱

14. 连接机箱的电源线

先将电源线的一端插到电源插板上,然后将电源线的另一端连接到机箱背面的三相插座上。注意,机器运行时要保证电源电压为 220V。

15. 开机前检查,加电测试

加电测试是指计算机启动时基本输入输出系统(BIOS)执行开机测试(POST 自检),检查显卡、CPU、内存、IDE/SATA 设备和其他重要部件能否正常工作的系统性测试。如果在检测中发现硬件错误或异常情况,自检程序将强制中断计算机的工作;如果一切正常,自检程序便会按照设置启动计算机。

(1)仔细检查确定无误后,可依次打开音箱开关、显示器电源开关和机箱电源开关,进行开机测试。

(2)启动之后,认真观察主机和显示器的反应。当看到电源指示灯亮起、硬盘指示灯闪动时,说明各个配件的电源连接无误;当显示器出现开机画面,并听到"嘀"的一声时,说明硬件的连接已经完成;如果出现冒烟、发出糊味等异常情况应立即关机,防止硬件的进一步损坏。

(3)如果开机之后无反应,就要根据实际情况仔细检查各部位是否连接牢靠,接触是否良好。

(4)如果开机正常自检,则进行系统配置。

6.2 微机系统配置

一个微机系统是硬件和软件相结合的统一整体。用户应当根据自己的需要和应用场合,选择配置微机系统软、硬件的种类和数量。微机系统配置的基本原则是满足用户需求,并兼顾近期发展的扩展需要。

6.2.1 情境导入

微机硬件组装并连接后,用户如何根据自己的需要对系统进行配置? 比如,如何设置机器时间日期、启动方式、机器密码、芯片组、即插即用通道和电源等的参数?

6.2.2 案例分析

系统配置是指对整个微机系统参数的设置过程,通常是由厂家在出厂前配置好。系统参数作为 BIOS 的一部分通常存放在主板的 CMOS 芯片中,每次开机加电时,BIOS 都要自动检测微机的主要部件,并将相应的参数提供给操作系统。

1. BIOS 和 CMOS 的含义

BIOS 是一种程序,在出厂时厂家将这种程序写入一块 ROM 芯片中,通常叫 BIOS 芯片。它保存着微机最重要的基本输入/输出程序、系统设置信息、开机通电自检程序和系统启动自检程序。

CMOS 是互补金属氧化物半导体的简称,是一块可读写的 RAM 芯片,用来保存当前系统的硬件配置和用户对某些参数的设定。CMOS 由机内的专用可充电电池供电,微机工作时,微机的电源给电池充电,以保证在关机时 CMOS 中的参数不丢失。

BIOS 和 CMOS 既有关系但又有不同:BIOS 中的系统设置程序用以完成参数设置;CMOS 则是设置的系统参数存放的场所。由于它们都跟系统设置密切相关,故有 BIOS 设置和 CMOS 设置的说法。

2. 进入 BIOS 设置的方法

在微机启动、自检过程中,屏幕下会有一行提示"Press Del to Enter SETUP",此时按 Del 键即可进入 CMOS 设置程序。并不是所有的微机都可按 Del 键进入 CMOS 设置,不同的厂商规定进入 BIOS 设置程序的方法不一样,首先要看是哪家公司的 BIOS 程序,甚至要看哪家公司的 BIOS 程序的哪一种型号。下面是常见 BIOS 型号进入 BIOS 设置程序的方法。

Award BIOS:按 Del 或 Ctrl+Alt+Esc 组合键,一般屏幕有提示。

AMI BIOS:按 Del 或 Esc 键,一般屏幕有提示。

Phoenix BIOS:按 F2 或 Ctrl+Alt+S 组合键,一般无提示。

一般台式机进入 BIOS,多数情况下开机时按 Del 键,键的选择是由主板决定的。

一些品牌的笔记本进入 BIOS 设置方法如下。

IBM、Toshiba:按 F1 键。

HP、SONY、Dell 和 Acer:按 F2 键。

Compaq:按 F10 键。

3. 系统配置

一旦进入 SETUP 程序,就可以进行系统配置操作。不同主板 BIOS 中的 CMOS SETUP 操作选项和方法不同,出现的界面也不同,当进入设置程序 SETUP 后,通常使用上、下、左、右箭头键,配合 PageUp、PageDown 键来移动光标,更改系统参数。

Award BIOS 是目前兼容机中应用最为广泛的一种 BIOS,下面以 Award BIOS 设置界面为例,叙述 BIOS 设置中的各项功能。

当开机时,提示按 Del 键进入 BIOS 设置,出现 BIOS 设置程序主菜单,如图 6-30 所示,其中中文解释是作者添加的。

下面依次介绍各项设置。

1) Standard CMOS Features(标准 CMOS 功能设定)

在主菜单中用方向键选择 Standard CMOS Features 项,然后按 Enter 键,进入该项设置界面,如图 6-31 所示。

图中窗口下方提示的操作方法如下。

方向键↑、↓、←、→:移动到需要操作的项目上。

Enter 键:选定此选项。

Esc 键:从子菜单回到上一级菜单或者返回退出菜单。

"+"或 Page Up 键:增加数值或改变选择项。

"-"或 Page Down 键:减少数值或改变选择项。

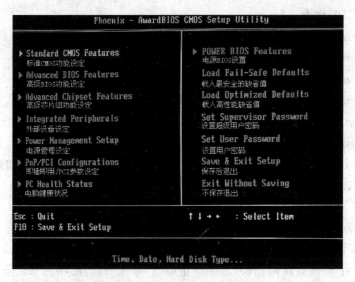

图 6-30 BIOS 设置程序主菜单

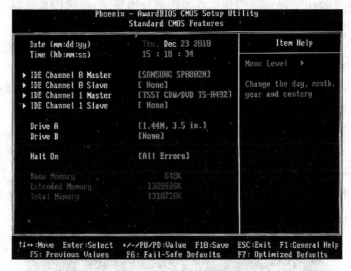

图 6-31 BIOS 中标准 CMOS 功能设定

F1 键：主题帮助，仅在状态显示菜单和选择设定菜单有效。

F5 键：从 CMOS 中恢复前次的 CMOS 设定值，仅在选择设定菜单有效。

F6 键：从故障保护默认值表加载 CMOS 值，仅在选择设定菜单有效。

F7 键：加载优化默认值。

F10 键：保存改变后的 CMOS 设定值并退出。

该项设置中共有 5 个子项。

（1）设置日期和时间。

设定微机中的日期格式为"星期，月/日/年"，时间格式为"时/分/秒"。

（2）设置 IDE 硬盘。

IDE Channel 0 Master：第一并行 IDE 端口主硬盘。

IDE Channel 0 Slave：第一并行 IDE 端口从硬盘。

IDE Channel 1 Master：第二并行 IDE 端口主硬盘。

IDE Channel 1 Slave：第二并行 IDE 端口从硬盘。

（3）设置软驱。

Drive A：设定主软盘驱动器类型为 A。可选项有 None，1.44M3.5in 和 2.88M3.5in 等。如果微机上无软驱可设置为 None。1.44M3.5in 是容量为 1.44MB 的 3.5 英寸软盘（多设置该项）。

Drive B：设定从软盘驱动器类型。很少有人使用两个软驱。

（4）设置系统停止引导的选项。

Halt On：设定系统引导过程中遇到错误时，系统是否停止引导。可选项如下。

All Errors：侦测到任何错误，系统停止运行，等候处理，此项为默认值。

No Errors：侦测到任何错误，系统不会停止运行。

All，But Keyboard：除键盘错误以外侦测到任何错误，系统停止运行。

All，But Diskette：除磁盘错误以外侦测到任何错误，系统停止运行。

All，But Disk/Key：除磁盘和键盘错误以外侦测到任何错误，系统停止运行。

（5）显示内存容量。

Base Memory：基本内存容量。此项是用来显示基本内存容量。微机一般会保留 640KB 容量作为 MS-DOS 操作系统的内存使用容量。

Extended Memory：扩展内存。此项是用来显示扩展内存容量。

Total Memory：总内存。此项是用来显示总内存容量。

2）Advanced BIOS Features（高级 BIOS 功能设定）

在主菜单中用方向键选择 Advanced BIOS Features 项，然后按 Enter 键，进入该项设置界面，如图 6-32 所示。

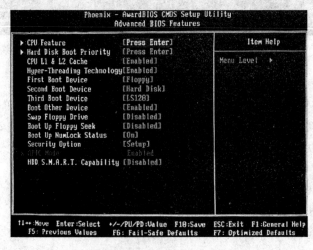

图 6-32　高级 BIOS 设置

该项设置中共有 14 个子项。

(1) CPU Feature(CPU 特性)。按 Enter 键进入子菜单。有两个选项,如图 6-33 所示。

图 6-33 CPU 特性设置

Delay Prior to Thermal(超温优先延迟):当 CPU 的温度到达了工厂预设的温度时,时钟将被适当延迟。温度监控装置开启,由处理器内置传感器控制以保持处理器的温度限制。设定 4Min、8Min、16Min 和 32Min。本机使用默认值 16Min。

Thermal Management(温度管理):设定值有 Thermal Monitor 1 和 Thermal Monitor 2 两个。

(2) Hard Disk Boot Priority(硬盘开机顺序)。该选项用于设定硬盘开机的顺序。当计算机安装了两个或者两个以上系统时,按 Enter 键,进入子选项,屏幕显示出已侦测到可以选择开机顺序的硬盘,用来启动系统。

(3) CPU L1 & L2 Cache(CPU 内置高速缓存)。该选项用于启用或停用 CPU 内置的高速缓存,如果停用会使系统速度减慢,建议保持默认值。可用选项有 Enabled(默认值)和 Disabled。

(4) Hyper-Threading Technology(超线程技术)。可用选项有 Enabled(默认值)和 Disabled。一般选择默认值,启动超线程技术。

(5) 设置系统启动的引导设备。

First Boot Device(设置第一启动盘)。设定 BIOS 第一个搜索载入操作系统的引导设备。默认设为 Floppy(软盘驱动器),安装系统正常使用后建议设为 HDD-0。设定值如下。

Floppy:系统首先尝试从软盘驱动器引导。

LS120:系统首先尝试从 LS120 设备引导。

HDD-0:系统首先尝试从第一硬盘引导。

SCSI:系统首先尝试从 SCSI 设备引导。

CDROM:系统首先尝试从 CD-ROM 驱动器引导。

HDD-1:系统首先尝试从第二硬盘引导。

HDD-2:系统首先尝试从第三硬盘引导。

HDD-3:系统首先尝试从第四硬盘引导。

ZIP:系统首先尝试从 ATAPI ZIP 引导。

LAN:系统首先尝试从网络引导。

Disabled:禁用此次序。

另外还有 Second Boot Device(设置第二启动盘)、Third Boot Device(设置第三启动盘)和 Boot Other Device(其他设备引导)。设定值有 Disabled(禁用)和 Enabled(开启)

两项,建议使用系统默认设置。

(6) Swap Floppy Drive(交换软驱盘符)。默认设置为 Disabled,不可交换 A:和 B:
软驱的盘符。

(7) Boot Up Floppy Seek(开机时检测软驱)。若设置为 Enabled,在系统引导前,
BIOS 会检测软驱,若系统没有安装软驱,在启动顺序菜单中就不会出现软驱的设置。一
般使用默认设定值 Disabled。

(8) Boot Up NumLock Status(初始数字小键盘的锁定状态)。用来设定系统启动
后,键盘右侧的小键盘是数字还是方向状态。当设定为 On 时,系统启动后打开 Num
Lock,小键盘的数字键有效。当设定为 OFF 时,系统启动后 Num Lock 关闭,小键盘方向
键有效。

(9) Security Option(安全选项)。设定 BIOS 密码的保护类型。设置值为 System
时,无论是开机还是进入 CMOS SETUP 都要输入密码,设置值为 Setup 时,只有在进入
CMOS SETUP 时才要求输入密码。

(10) HDD S. M. A. R. T. Capability(硬盘自我监控分析报告技术)。在某些状况
下,此功能能够预知储存装置即将产生故障或中断现象。可用选项有 Disabled (默认值)
和 Enabled。建议设为 Enabled。

3) Advanced Chipset Features(高级芯片组功能设定)项子菜单

在主菜单中用方向键选择 Advanced Chipset Features 项,然后按 Enter 键,进入该项
设置界面,如图 6-34 所示。

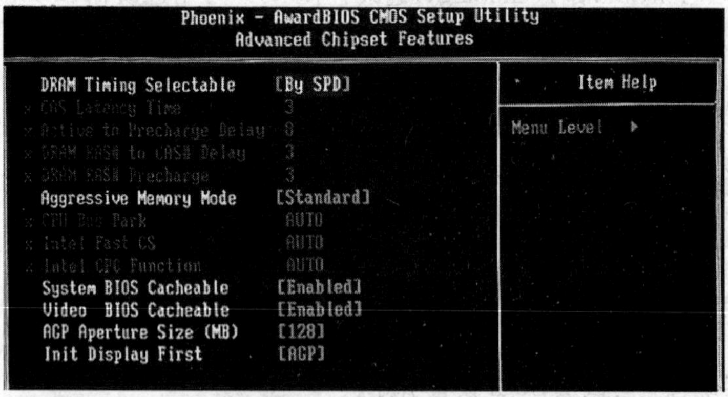

图 6-34 高级芯片组设置

该项设置芯片组功能,内容较为复杂,系统预设值已针对本机主板作了最佳化设置。
一般不建议更改任何设置参数,若更改设置有误,可能导致系统无法开机或死机。主要设
置含义如下。

(1) DRAM Timing Selectable(DRAM 时序选择)。该项用于选择内存频率。
DRAM 速度已由主板制造厂商依据内存情况预先设定,请勿随意变更。本机选项 By
SPD 表示 BIOS 会自动读取内存 SPD 芯片中的预设信息。当选择 Manuel 时,用户可以
自行设置内存的相关信息。

(2) CAS Latency Time(内存 CAS 延迟时间)。设定当 DRAM 系统内存安装在主板

时,其存取周期 CAS 的延迟时间。此项已由主板设计师预先设定,请勿更改。当 DRAM 时序选择设定为 Manual 时,此项目才会被开启。可用选项有 Auto、5、4 和 3。

(3) RAS to CAS Delay(内存 RAS to CAS 延迟时间)。本项用来设置内存送出激活命令和实际读、写命令的周期时间。当 DRAM 时序选择设定为 Manual 时,此项目才会被开启。可用选项有 Auto、2、3、4 和 5。

(4) DRAM RAS Precharge(内存预充电时间)。本项用来设定当内存送出预备充电命令后,多少时钟周期后可再送出下一次命令。可用选项有 Auto、2、3、4 和 5。

(5) Aggressive Memory mode(加速内存模式)。使用系统默认的标准设置 Standard。当设置为 MAX 时,可进一步提升内存带宽,但是系统稳定性取决于系统配置。

(6) System BIOS Cacheable(系统 BIOS 缓存的容量)。选择 Enabled 可开启 F0000H～FFFFFH 的系统 BIOS ROM 的缓存,使得系统效能提升。但若有任何程序写入此内存区域,系统将出错。设定值有 Enabled 和 Disabled。

(7) Video BIOS Cacheable(视频 BIOS 缓存)。选择 Enabled 可开启 C0000h-C7FFFh 的视频缓存,使视频效能提升。但若有任何程序写入此内存区域,系统将出错。设定值有 Enabled 和 Disabled。

(8) AGP Aperture Size(MB)(AGP 占用容量,单位为兆)。选项有 128 和 256 等,通常把这个值设定为内存容量的一半。

(9) Init Display First(开机显示设定)。设定值依主板不同而不同。一般有以下几个选项。

PCI Slot:PCI 插槽的独立显卡。

OnBoard:集成板载卡。

AGP:AGP 插槽独立卡。

PCI-E:PCI-E 插槽独立卡。

如果机器能正常使用,不需更改,建议采用原始默认项。

4) Integrated Peripherals(外部设备设定)

在主菜单中用方向键选择"Integrated Peripherals"项,然后按 Enter 键,进入该项设置界面。设置外部设备的开启或停用,如图 6-35 所示。

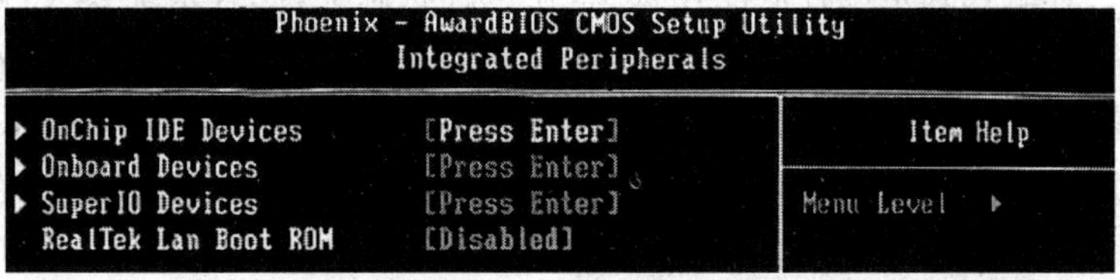

图 6-35 外部设备设置

该项子设置中共有 4 个子项。

(1) OnChip IDE Devices(主板 IDE 参数设置)。将光标移到本项并按 Enter 键,便可以选择子选项,一般使用默认设定。

（2）Onboard Devices（主板板载设备参数设置）。一般使用默认设定。

（3）SuperIO Devices（主板输入输出参数设置）。一般使用默认设定。

（4）RealTek Lan Boot ROM（板载 RealTek 网络控制器引导模块）。该项可以开启或关闭板载 RealTek 网络控制器的引导模块，打开时可实现网络无盘引导，如使用本地设备引导，要关闭此项。可用选项为 Disabled（默认值）和 Enabled。若不是无盘引导，要保留默认值。

5）Power Management Setup（电源管理设定）

在主菜单中用方向键选择 Power Management Setup 项，然后按 Enter 键，进入该项设置界面，如图 6-36 所示。

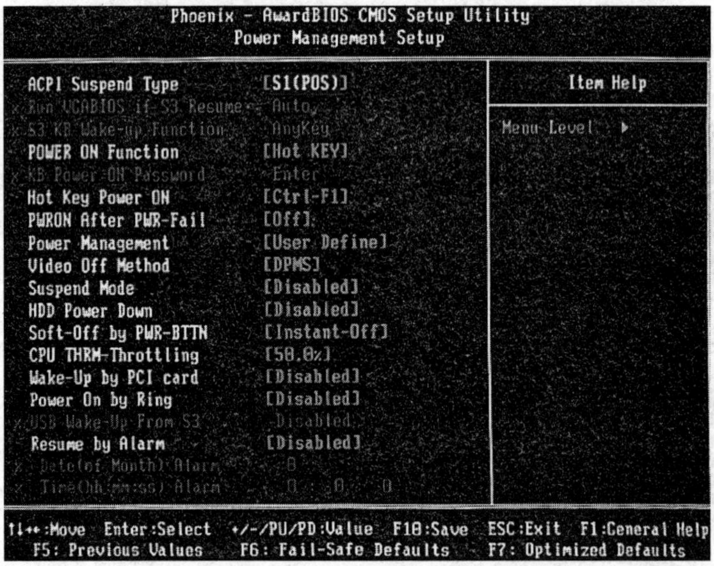

图 6-36　电源管理设置

Power Management Setup 项为电源管理设置，共有 19 个子项，主要的选项含义如下。

（1）ACPI Suspend Type（ACPI 挂起类型）。此选项设定 ACPI 功能的节电模式。可选项 S1（POS）休眠模式是一种低能耗状态，在这种状态下，没有系统丢失，硬件（CPU 或芯片组）维持着所有的系统。"S3（STR）"休眠模式是一种低能耗状态，在这种状态下仅对主要部件供电，比如主内存和可唤醒系统设备，并且系统将被保存在主内存。一旦有"唤醒"事件发生。存储在内存中的这些信息被用来将系统恢复到以前的状态。

（2）Power On Function（键盘开机功能）。默认设置为 Hot KEY（开机热键），还有 Password 等选项。该选项与下面的 KB Power On Password 选项共同实现用密码开机。用户仅需在键盘上输入开机密码，便能启动微机。设置方法为：将 Power On Function 设定为 Enabled，再选中 KB Power On Password 项，然后按 Enter 键，将会出现一个密码输入框，直接输入开机密码，完成后，保存设置并退出。需要开机时，只需在键盘上输入设定好的密码即可。

（3）Hot Key Power ON（开机热键）。设置一个开机的热键，默认值为 Ctrl-F1（Ctrl＋F1 组合键）。

（4）Power After PWR-Fail（电源中断后重新开机），它有三个设置选项 ON（开机）、OFF（关机）和 FORMER-STS（回到断电前的状态）。现在的大多数主板厂商都在自己的主板 BIOS 里加入了一个独特的电源管理设计，可以让用户选择微机在停电后再回到断电前的状态。

（5）Power Management（电源管理方式）。该项用来选择节电的类型，默认值为 User Define（用户自定义），设定值还有如下内容。

Min Saving：停用 1h 进入省电功能模式。

Max Saving：停用 10s 进入省电功能模式。

（6）Video off Method（视频关闭方式）。设置视频关闭的方式，默认值为 DPMS（显示器电源管理），用于 BIOS 支持 DPMS 节电功能的显卡。设定值还有如下内容。

V/HSYNC＋Blank：将屏幕变为空白，并停止垂直和水平扫描。

Blank Screen：将屏幕变为空白。

（7）Suspend Mode（挂起方式）。默认值为 Disabled（禁用），设定 PC 多久没有使用时，便进入挂起省电状态，将 CPU 工作频率降到 0MHz，并通知有关省电设备进入省电状态。

（8）HDD Power Down（硬盘电源关闭模式）。默认值为 Disabled（禁用）。设置硬盘电源关闭模式计时器，当系统停止读或写硬盘时，计时器开始计算，过时后系统将切断硬盘电源。一旦又有读写硬盘命令执行时，系统将重新开始运行。

（9）Soft-off by PWR-BTTN（软关机方式）。默认值为 Instant-Off（立即关闭），用于设置当在系统中单击"关闭计算机"按钮后关闭微机的方式。设定值还有 Delay 4 Sec 延迟 4s 后关机。

以下 3 个选项，默认值均为 Disabled（禁用）。

Wake-Up by PCI card：设置是否采用 PCI 片唤醒。

Power On by Ring：设置是否采用 MODEM 唤醒。

Resune by Alarm：设置是否采用定时开机。

6）PnP/PCI Configurations（即插即用/PCI 参数设定）项子菜单

在主菜单中用方向键选择 PnP/PCI Configurations 项，然后按 Enter 键，进入该项设置界面，如图 6-37 所示。

该项设置中共有 3 个子项。

（1）Resource Controlled By（资源控制）。可以自动 Auto（ESCD）配置所有的引导设备和即插即用兼容设备；也可以设置为 Manual（手动）选择特定资源。设定值有 Auto（ESCD）和 Manual。

（2）IRQ Resources（IRQ 资源）。该项仅在 Resources Controlled By 设置为 Manual 时有效。按 Enter 键，进入子菜单，出现 IRQ 3/4/5/7/9/10/11/12/14/15 选项，让用户根据使用 IRQ 的设备类型来设置 IRQ。设定值有如下内容。

PCI Device：为 PCI 总线结构的 Plug & Play 兼容设备。

Phoenix - AwardBIOS CMOS Setup Utility
PnP/PCI Configurations
Resources Controlled By [Auto(ESCD)]
x IRQ Resources Press Enter
PCI/VGA Palette Snoop [Disabled]
Item Help
Menu Level ▸
BIOS can automatically configure all the boot and Plug and Play compatible devices. If you choose Auto, you cannot select IRQ, DMA and memory base address fields, since BIOS automatically assigns them

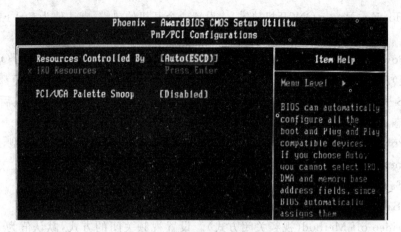

图 6-37 即插即用/PCI 设置

Reserved IRQ：保留为以后的请求。

(3) PCI/VGA Palette Snoop(PCI/VGA 调色板配置)。当设置为 Enabled,工作于不同总线的多种 VGA 设备,可在不同视频设备的不同调色板上处理来自 CPU 的数据。默认使用 Disabled。

7) PC Health Status(计算机健康状态)项子菜单

在主菜单中用方向键选择 PC Health Status 项,然后按 Enter 键,进入该项设置界面,如图 6-38 所示。

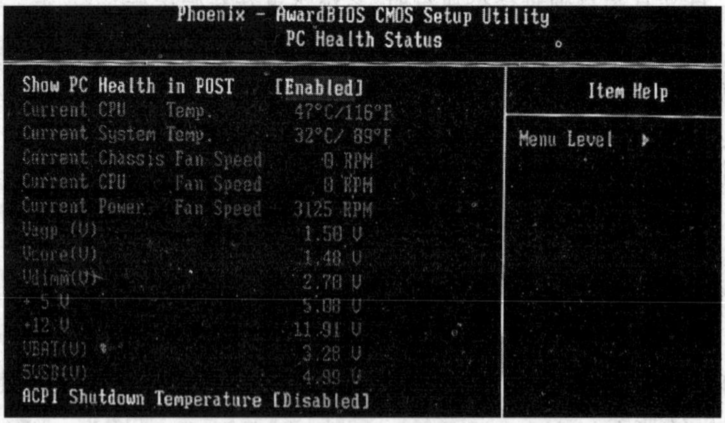

Phoenix - AwardBIOS CMOS Setup Utility
PC Health Status
Show PC Health in POST [Enabled]
Current CPU Temp. 47°C/116°F
Current System Temp. 32°C/ 89°F
Current Chassis Fan Speed 0 RPM
Current CPU Fan Speed 0 RPM
Current Power Fan Speed 3125 RPM
Vagp (V) 1.50 V
Vcore(V) 1.48 V
Vdimm(V) 2.70 V
+ 5 V 5.08 V
+12 V 11.91 V
VBAT(V) 3.28 V
5VSB(V) 4.99 V
ACPI Shutdown Temperature [Disabled]
Item Help
Menu Level ▸

图 6-38 计算机健康状况设置及当前状态显示

该项主要显示系统自动检测的电压、温度及风扇转速等相关参数。

(1) Show PC Health in POST (在 POST 自检时显示 PC 的健康状况)。

(2) ACPI Shutdown Temperature(设置关机温度)。设置 CPU 超过一定温度时将会自动关机,并给出不同温度选项,默认值为 Disabled。

8) POWER BIOS Features(电源 BIOS 性能)

在主菜单中用方向键选择 POWER BIOS Features 项,然后按 Enter 键,进入该项设置界面,如图 6-39 所示。

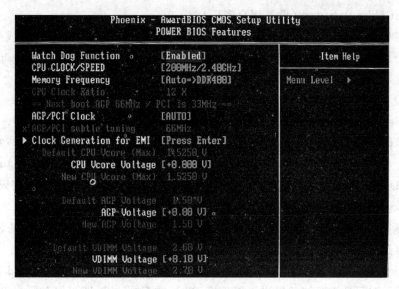

图 6-39 电源 BIOS 性能设置

通过该项参数的设置来获得性能的提升。但是不当的设定将会导致系统的不稳定与硬件损毁的危险。建议使用默认值。

（1）Watch Dog Function。默认为 Enabled，在超频失败时，会自动重置返回默认设置。

（2）CPU CLOCK/SPEED。显示 CPU 的时钟频率或速度。

（3）Memory Frequency。该项设置 DDR 内存的频率，使内存运行在相应的频率上。一般使用默认值。

其他参数建议使用默认值。

9）Load Fail-Safe Defaults（载入最安全的默认值）

选择此项，出现"Load Fail-Safe Defaults(Y/N)？"的提示，询问是否载入默认值，按 Y 或 Enter 键，即可载入 BIOS 最安全的默认值。

10）Load Optimized Defaults（装入最优化的默认值）

选择此项，出现"Load Optimized Defaults(Y/N)？"的提示，询问是否载入出厂时的默认值，按 Y 或 Enter 键，即可载入出厂时的默认值。

11）Set Supervisor Password（设置超级用户密码）

超级用户密码设置是针对系统启动及进入 CMOS Setup 时做的密码保护，密码最多包含 8 个数字或符号，且有大小写之分。设置该项必须先在 Advanced BIOS Features 选项的 Security Option 设置为"Setup"。

密码设置步骤如下。

选择 Set Supervisor Password 选项，按 Enter 键，在出现的对话框中输入密码。密码输入完毕按 Enter 键，会要求再输入一次以确定刚才输入的密码，若两次密码一致，便将它记录下来。如果你想取消密码，只须在输入新密码时，直接按 Enter 键，这时会显示 Password Disabled，即关闭密码功能，在下次开机时就不会再被要求输入密码了。

12）Set User Password（设置用户密码）

用户密码设置是针对系统启动时做的密码保护，密码最多包含 8 个数字或符号，且有大小写之分。设置该项必须先将 Advanced BIOS Features 选项的 Security Option 设置为 System。

密码设置方法如下。

选择 Set User Password 选项，按 Enter 键，在出现的对话框中输入密码。密码输入完毕按下 Enter 键，会要求再输入一次以确定刚才输入的密码，若两次密码一致，便将它记录下来。如果想取消密码，只需在输入新密码时，直接按 Enter 键，这时会显示 Password Disabled，也就关闭密码功能了，下次开机时就不会再被要求输入密码了。

13）Save & Exit Setup（存储并退出设置程序）

存储所有设置结果，并离开设置程序，此时 BIOS 在重新开机时使用新的设置值，按 F10 键也可运行本选项。

选择 Save & Exit Setup 选项，按 Enter 键，会出现"Save to CMOS and EXIT（Y/N）?"的提示，询问是否存储并退出设置程序，按 Y 或 Enter 键，即可储存所有设置结果到 CMOS 并退出 CMOS Setup 功能。如果不想退出，则按 N 或 Esc 键均可返回到主菜单中。

14）Exit Without Saving（不存储并退出设置程序）

不存储修改结果，保持原来设置并重新开机，按 Esc 键也可运行原来选项。

选择 Exit Without Saving 选项，按 Enter 键，出现"Quit Without Saving（Y/N）?"的提示，询问是否不存储并退出设置程序，按 Y 或 Enter 键，即可不储存所有修改设置结果并退出 CMOS Setup 功能。如果按 N 或 Esc 键则可回到主菜单中。

6.2.3　要点提示

（1）开启微机或重新启动微机后，按 Del（或其他键）键进入 BIOS 的设置界面时，如果按得太晚，微机将会启动系统，这时只有重新启动微机了。用户可在开机后立刻按 Del 键直到进入 BIOS。

（2）一般使用默认设置，不需用户设置，如果有特殊要求，建议对照说明书进行设置，或者到网上查找相应型号的 BIOS 的设置方法。

6.2.4　边学边做：系统配置故障分析

1. 微机系统时间不准或设置不能保存

一台使用了较长时间的台式机，每次启动后系统的时间都是从 1998 年 1 月 1 日开始计时。主要原因可能是主板电池损坏，需更换电池排除故障。也可能是主板 CMOS 跳线问题，有时错误地把主板上的 CMOS 跳线设为清除选项，或者设置成外接电池，使得 CMOS 数据被清除或无法保存。

2. CMOS 掉电引起硬盘启动故障

开机后屏幕上出现"Device error"的提示。主要是由于 COMS 掉电造成信息丢失。

首先打开机箱,观察电池是否松动。如果是,将其固定再开机;如果不是,则可能电池有故障,换块好的电池,重新设置 COMS 参数,硬盘就可以正常启动了。若还不能正常启动,应该是由于数据线接反引起的。

3. 计算机不能从硬盘启动

首先查看 BIOS 中的设置是否正确、硬盘驱动和操作系统是否有问题,如果都没问题,还要检查主板和硬盘连线是否正确或松动。

本章小结

本章详细介绍了微机硬件组装和系统设置的方法和步骤,通过本章的学习,读者可以自行组装和配置微机系统。并进一步了解 CMOS Setup 中各项参数的含义及定义方法。

习题

一、单项选择题

1. CMOS 是主板上一块特殊的(　　　)芯片,用来保存当前系统的硬件配置和用户对某些参数的设定。

    A. ROM　　　　　　　B. RAM　　　　　　　C. BIOS　　　　　　　D. CMOS

2. 对 CMOS 放电的主要作用是(　　　)。

    A. 查杀计算机病毒

    B. 恢复 CMOS 中的默认值

    C. 恢复 BIOS 中的默认值

    D. 释放主板静电,以免主板芯片组被击穿

3. 屏幕上显示"CMOS battery state low"错误信息,含义是(　　　)。

    A. CMOS 电池电能不足　　　　　　　　B. CMOS 内容校验有错误

    C. COMS 系统选项未设置　　　　　　　D. COMS 系统选项不稳

4. 在 BIOS Setup 主菜单中,设置系统时间日期、硬盘和软驱类型的项目是(　　　)。

    A. Advanced CMOS Setup　　　　　　B. Standard CMOS Setup

    C. BIOS Features Setup　　　　　　　D. Supervisor Password

5. 为了用光盘直接启动进行系统安装,应在 BIOS Setup 中将 Boot Sequence 项设为(　　　)。

    A. C,A,CDROM　　　　　　　　　　B. CDROM,C,A

    C. C Only　　　　　　　　　　　　　D. A,C

二、多项选择题

1. BIOS 的主要功能是(　　　)。

    A. 中断服务　　　　　　　　　　　　B. 系统设置

    C. 上电自检　　　　　　　　　　　　D. 系统启动

2. 有关 BIOS 与 CMOS 叙述正确的是(　　)。

A. BIOS 是软件程序,CMOS 是硬件

B. BIOS 是 CMOS 设置的手段

C. CMOS 是 BIOS 设置参数存放的场所

D. BIOS 是 RAM,CMOS 是 ROM

3. 在系统启动好之前 BIOS 自检时会显示(　　)部件的信息。

A. CPU　　　　　　B. 硬盘　　　　　　C. 显示器　　　　　　D. 内存

三、填空题

1. BIOS 是计算机中最基础的而又最重要的程序,其中文名称是_____。

2. BIOS 发展到今天,虽然经历了很多的变化,但是目前市面上流行的 BIOS 主要有_____、_____和_____。

3. 开机后首先运行的系统硬件检测程序叫_____,如果检测到某个硬件不正常,则会发出故障声音或提示文字。

4. 一般 Intel 主板的计算机,开机后系统开始硬件自检测时,按照屏幕下沿提示迅速按_____键,可以执行系统配制程序_____,进行键盘、软驱、日期时间等参数的设置。

四、简答题

1. 简述 CMOS 和 BIOS 之间的区别和关系。

2. 简述微机硬件组装完成后的软件安装步骤。

第 7 章
软件的安装

微机的软件系统包括系统软件和应用软件两类，而系统软件是整个微机系统的基础。安装操作系统是微机系统与维护过程中必要的环节。本章将以安装 Windows XP 和 Windows 10 操作系统为例，介绍安装操作系统的相关知识。

学习目标

(1) 了解分区和文件系统的两种格式；

(2) 了解操作系统的类型和功能；

(3) 熟悉 Windows XP 操作系统的安装步骤；

(4) 熟悉 Windows 10 操作系统的安装步骤；

(5) 熟悉应用软件的安装方法和主要事项。

7.1 系统软件安装步骤

7.1.1 情境导入

小许的微机由于经常安装各种软件，最近速度越来越慢。同事向他建议，重新装操作系统，并借给他一张系统安装盘。可是他从来没有安装过 Windows 操作系统，不知道如何下手。

7.1.2 案例分析

微机系统软件的安装是微机系统与维护中一个重要的环节，主要包括磁盘分区、操作系统安装、驱动程序安装、系统备份等。微机硬件的性能能否完全发挥与系统的安装有着十分密切的关系。小许首先要了解以下系统软件安装的 4 个步骤。

1. 硬盘的分区与格式化

任何一块未经使用的硬盘都必须经过低级格式化、分区和高级格式化(简称格式化) 3 个处理步骤以后，微机才能利用它们存储数据。其中硬盘的低级格式化由生产厂家完成，其目的是划定磁盘可供使用的扇区和磁道；用户则需要使用磁盘工具对硬盘进行"分区"和"格式化"处理。

(1) 分区：每块硬盘(即硬盘实物)称为物理盘，将"磁盘 C:""磁盘 D:"等各类"磁盘驱动器"称为逻辑盘。逻辑盘是系统为控制和管理物理硬盘而建立的操作对象,一块物理盘可以划分为一个或多个逻辑盘。对硬盘进行的分区操作就是将一块物理盘划分为多块逻辑盘的过程。

硬盘分区主要包括创建主分区、创建扩展分区和逻辑驱动器、设置活动分区以及删除磁盘分区等步骤。本书8.3节将详细介绍硬盘分区软件的主要功能和步骤。

(2) 格式化:根据文件系统的要求,在目标磁盘分区创建文件分配表(FAT)并划分数据区域,便于操作系统存储数据。目前,Windows操作系统主要使用以下两种文件系统。

① FAT32(File Allocation Table 32)。如果用户的微机要配置双重启动功能,则需要采用这种格式,即用户可在同一台微机上安装老版本的操作系统(如DOS)和高版本的Windows系统(如XP),则需要使用FAT32分区作为其硬盘上的主(或启动)分区。

② NTFS(New Technology File System)。NTFS是一种最适合处理大磁盘的文件系统,支持高版本的Windows操作系统。其管理功能比FAT32更好,可以对任何数据加密,限制其他用户使用空间。而且NTFS分区有良好的稳定性,也能够自动维持较好的优化,适合巨型文件的存储。另外,NTFS分区还允许压缩分区来节约硬盘空间。

两种文件系统格式的转换方法和步骤将在8.3节进行详细的介绍。

2. 操作系统安装

详见7.2节。

3. 驱动程序

安装驱动程序是操作系统安装完成之后、应用软件安装之前的必经步骤,用户只有正确安装各种硬件的驱动程序,微机才能发挥出其真正的性能。驱动程序的安装与卸载详见8.7节。

4. 微机系统的备份和恢复

用户安装完成操作系统以及微机内的各种硬件驱动程序后,必须对系统进行备份,以便在微机系统崩溃时,能够及时对其进行恢复操作,避免再一次安装系统的麻烦。操作系统备份和恢复详见8.4节。

7.2 Windows 操作系统的安装

小许首先了解了自己微机的硬盘分区情况,把操作系统所在的C盘中有用的数据文件转移到其他数据盘上,比如D盘、E盘等,准备在C盘上安装操作系统。

7.2.1 安装前的准备

1. 操作系统的功能

操作系统是最基本的系统软件,它和系统工具软件构成了系统软件。

操作系统由一系列具有管理和控制功能的模块组成,是用户与微机硬件之间的接口。为用户和应用软件提供了访问和控制微机硬件的桥梁。可以认为操作系统是对微机硬件系统的第一级扩充,用户通过操作系统来使用微机系统。操作系统直接运行在裸机上,是软件中最基础的部分,它支持其他软件的开发和运行。

从资源管理的观点来看操作系统,它具有以下几方面的功能:进程与处理机管理、作业管理、存储管理、设备管理、文件管理以及网络与通信管理等。当多个程序同时运行时,操作系统负责规划,以优化每个程序的处理时间。

1)处理器管理

根据一定的策略,操作系统将处理器交替地分配给系统内等待运行的程序,也就是当多个程序同时运行时,解决处理器时间的分配问题。操作系统主要完成两项工作:一是处理中断事件,二是处理器调度。

2)设备管理

操作系统负责分配和回收外部设备,以及控制外部设备按用户程序的要求进行操作。设备管理的主要任务是管理各类外围设备,完成用户的 I/O 请求,加快 I/O 信息的传送速度,发挥 I/O 设备的并行性,提高 I/O 设备的利用率,以及提供每种设备的设备驱动程序和中断处理程序,为用户隐蔽硬件细节,提供方便、简单的设备使用方法。

设备管理具有以下功能。

① 提供外围设备的控制与处理。

② 提供缓冲区的管理。

③ 提供设备独立性。

④ 外围设备的分配。

⑤ 实现共享型外围设备的驱动调度。

⑥ 实现虚拟设备。

3)文件管理

操作系统负责文件系统的运行,为用户操作文件提供接口,也就是向用户提供创建文件、删除文件、读写文件、打开和关闭文件等功能。

文件管理要完成以下任务。

① 提供文件逻辑组织方法。

② 提供文件物理组织方法。

③ 提供文件存取方法。

④ 提供文件使用方法。

⑤ 实现文件的目录管理。

⑥ 实现文件的共享和存取控制。

⑦ 实现文件的存储空间管理。

4)内存管理

内存管理功能主要实现内存的分配与回收,存储保护以及内存扩充。

5)作业管理

作业管理功能为用户提供一个使用系统的良好环境,使用户能有效地组织自己的工作流程,并使整个系统高效地运行。

6)网络与通信管理

随着微机网络的发展,新的操作系统应该具有网络与通信管理的能力。网络操作系统应具有以下管理功能。

① 网上资源管理功能。

② 数据通信管理功能。

③ 网络管理功能。

2. 安装注意事项

对于 Windows 操作系统的安装过程都大同小异,一般都分为 3 个过程:运行安装程序、运行安装向导和完成安装。

系统启动后,会自动运行安装程序,这期间用户需要根据向导提示输入一些必要的信息,如用户名、单位和序列号等,其他就按照屏幕提示进行即可。

安装操作系统的方法很多,由于现在使用的操作系统以 Windows XP 和 Windows 10 居多,而 Windows XP 和 Windows 10 中内置硬盘分区和格式化的应用程序,所以,现在一般选择直接从光盘启动安装,且安装前不需要另外进行硬盘分区和格式化,这些步骤是在安装中进行的。

7.2.2　边学边做 1:安装 Windows XP 的步骤

Windows XP 的安装方式有多种,例如,可以用光盘启动直接进入安装程序,也可以在 DOS 模式下,进入安装光盘的 i387 文件夹,再运行 Winnt32.exe 进行安装,还可以在已有的操作 Windows 操作系统中进行全新安装或升级安装。

安装 Windows XP 虽然有不同的方式,但安装过程大同小异,既可以先用其他软件进行分区和格式化,再安装操作系统;也可以直接启动 Windows XP 安装程序,在安装过程中进行分区和格式化。

安装步骤如下。

(1) 在 BIOS 程序中设置光盘优先启动,病毒警告无效,保存并退出 BIOS,并再次启动微机。

(2) 将 XP 安装光盘放入光驱,重新启动微机,当出现"Press any key to boot from CD.."提示时按任意键开始安装。

(3) 进入 Windows XP 安装程序的自检,出现如图 7-1 所示的界面。

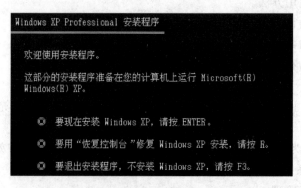

图 7-1　Windows XP 的欢迎画面

（4）按 Enter 键，系统询问是否同意许可协议，按 F8 键表示同意，如图 7-2 所示。

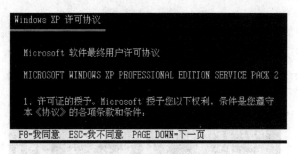

图 7-2 同意 Windows XP 许可协议

（5）选择要安装操作系统的磁盘分区，如图 7-3 所示。

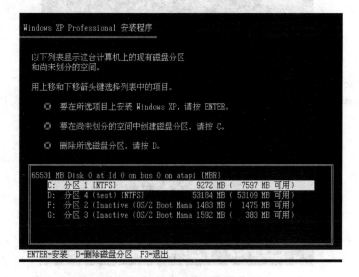

图 7-3 选择新系统的安装位置

（6）安装程序提示所选分区已经存在一个操作系统，直接按 C 键，XP 系统安装步骤中继续使用 C 分区安装新系统，如图 7-4 所示。

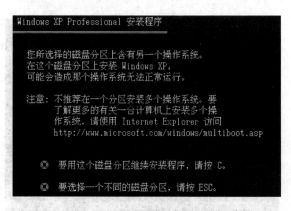

图 7-4 确认把新系统安装在原系统所在分区

（7）选择分区后，按 Enter 键，选择文件格式，如图 7-5 所示。

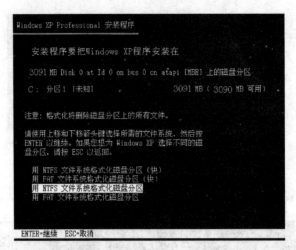

图 7-5   选择文件系统格式

（8）此时安装系统提示"格式化这个驱动器将删除上面的所有文件"。按 F 键，确认执行格式化操作，如图 7-6 所示。

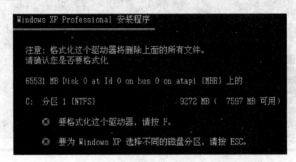

图 7-6   确认执行格式化分区的操作

（9）分区与格式化完成后，安装程序开始复制安装文件（复制文件所需的时间较长），如图 7-7 所示。

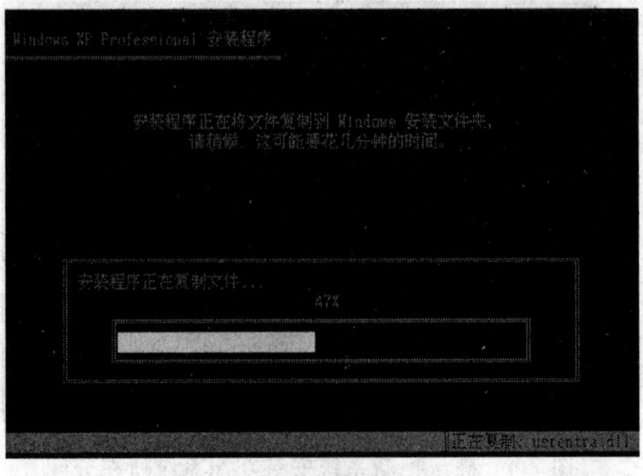

图 7-7   复制安装文件

（10）重新启动微机，如图 7-8 所示。

图 7-8　重新启动微机

（11）重新启动后（这时用硬盘引导），安装程序开始初始化 Windows 配置，如图 7-9
所示。

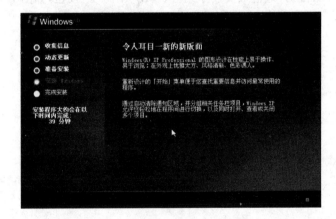

图 7-9　初始化 Windows 配置

（12）区域和语言设置选用默认值，直接单击"下一步"按钮，如图 7-10 所示。

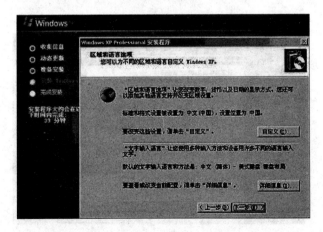

图 7-10　区域和语言设置

（13）输入姓名和单位，姓名是以后注册的用户名，单击"下一步"按钮，如图 7-11 所示。

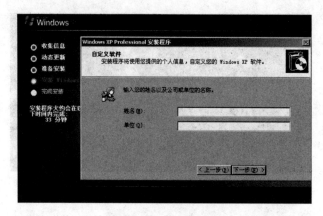

图 7-11　输入姓名和单位

（14）填写产品密钥，即输入安装序列号，单击"下一步"按钮，如图 7-12 所示。

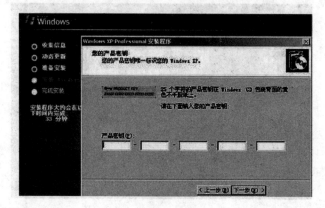

图 7-12　填写产品密钥

（15）设置系统管理员密码，平时登录系统不需要这个账户。单击"下一步"按钮，如图 7-13 所示。

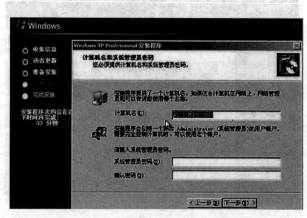

图 7-13　设置系统管理员密码

（16）日期和时间设置，选北京时间，单击"下一步"按钮，如图 7-14 所示。

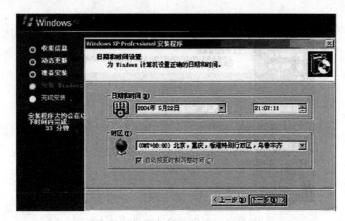

图 7-14　日期和时间设置

（17）继续复制系统文件、安装网络系统，很快出现如图 7-15 所示的界面。

图 7-15　复制系统文件和安装网络系统

（18）选择网络安装所用的方式，选择"典型设置"选项，单击"下一步"按钮，如图 7-16 所示。

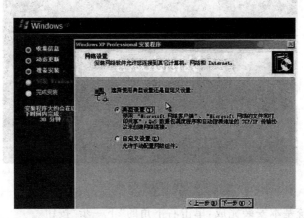

图 7-16　网络安装所用的方式

(19) 单击"下一步"按钮,出现如图 7-17 所示的界面。

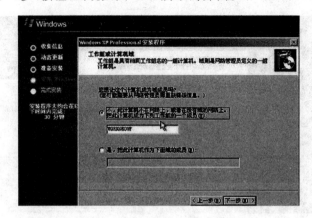

图 7-17　工作组或计算机域的选择

(20) 继续安装,安装程序会自动完成全过程。安装完成后自动重新启动,如图 7-18 所示。

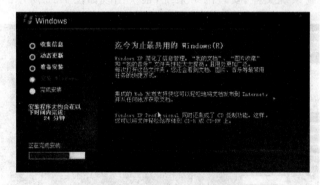

图 7-18　安装程序自动安装

(21) 第一次启动需要较长时间,界面如图 7-19 所示请耐心等候,接下来是欢迎使用界面,如图 7-20 所示。

图 7-19　重新启动系统

(22) 操作系统基本安装完成,单击右下角的"下一步"按钮。

(23) 输入登录计算机的用户名,单击"下一步"按钮,如图 7-21 所示。

图 7-20　Windows XP 欢迎界面

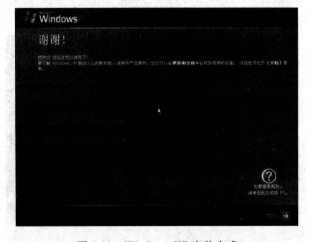

图 7-21　用户账户设置

（24）单击"完成"按钮,结束安装,如图 7-22 所示。

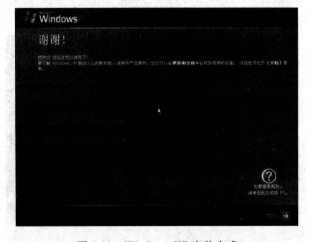

图 7-22　Windows XP 安装完成

　　(25)安装完成后,系统将注销并重新以新用户身份登录。登录桌面,如图7-23所示。

图7-23　进入 Windows XP 的桌面

7.2.3　边学边做 2：安装 Windows 10 的步骤

　　Windows 10 是 Windows 中一个比较新的操作系统,于 2015 年 7 月正式发布,是微软公司开发的新一代跨平台及设备应用的操作系统。Windows 10 分为家庭版、专业版、企业版、教育版、移动版、企业移动版和物联网版 7 个版本。

　　有 4 种安装 Windows 10 的方法,一是用光盘引导启动安装,二是从现有操作系统全新安装,三是由 U 盘启动安装,四是符合资质的正版 Windows 7、Windows 8/8.1 用户免费升级安装系统。这里只介绍用光盘引导安装操作步骤。

　　Windows 10 系统安装步骤如下。

　　(1)进入 BIOS 设置光驱优先启动。使用 Windows 10 系统安装光盘启动安装程序并加载安装文件。

　　(2)选择语言种类,如图7-24所示,用户根据需要选择语言种类、时间和货币格式、键盘和输入方法等。

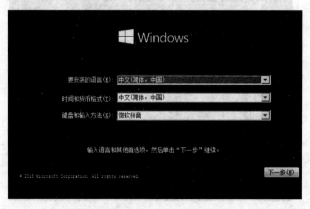

图7-24　语言种类选择

（3）接着，出现开始安装的选项。需要注意的是，在这个页面中有"修复计算机"的选项，即当 Windows 10 在使用中出现问题时，可在此修改。单击"现在安装"按钮，如图 7-25 所示。

图 7-25　单击"现在安装"按钮

（4）在输入产品密钥以激活 Windows 页面中，跳过序列号输入，单击"跳过"按钮，如图 7-26 所示。

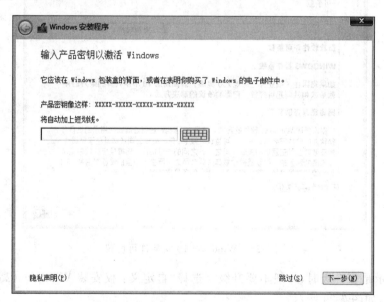

图 7-26　产品密钥界面

（5）在列表框里选择要安装的操作系统版本，然后单击"下一步"按钮，如图 7-27 所示。

（6）弹出"许可条款"对话框，选中"我接受许可条款"复选框，然后单击"下一步"按钮，如图 7-28 所示。

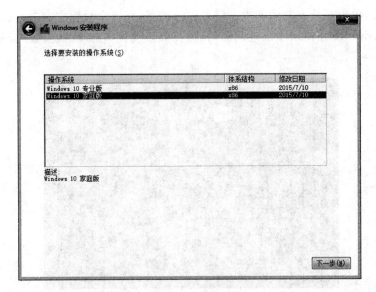

图 7-27 版本的选择

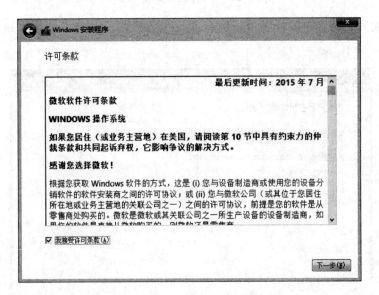

图 7-28 Windows 10 安装许可协议

（7）提示是否升级时，一般不要升级。选择"自定义：仅安装 Windows(高级)"，需要给磁盘分区，如图 7-29 所示。

（8）选择安装分区。可以对硬盘新建分区、删除分区或者进行格式化处理，完成后单击"应用"按钮，进入下一步，如图 7-30 所示。安装 Windows 10 需要一个干净的大容量分区，否则安装之后系统会运行得很慢。需要特别注意的是，Windows 10 只能被安装在 NTFS 格式分区下，并且分区剩余空间必须大于 16GB。

（9）至此，安装过程中所需的信息已经全部收集完毕，开始进入 Windows 10 安装，复制文件和准备文件将需要较长时间的等待，如图 7-31 所示。

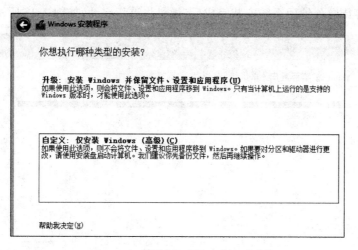

图 7-29　选择升级或是自定义安装

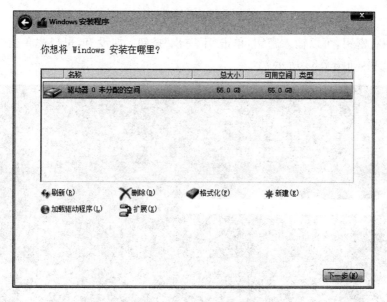

图 7-30　对硬盘进行分区操作

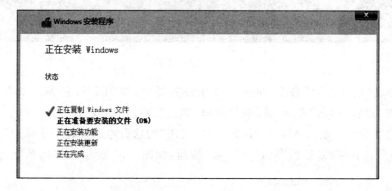

图 7-31　正在安装 Windows

（10）在等待数分钟后系统安装完成后，微机将重新启动，如图 7-32 所示。

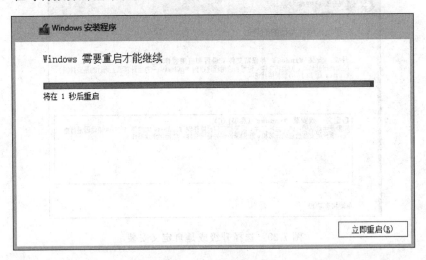

图 7-32　系统重启

（11）如有密钥，可以输入密钥，单击"下一步"按钮；如没有，可以先单击"以后再说"命令，跳过此项，如图 7-33 所示。

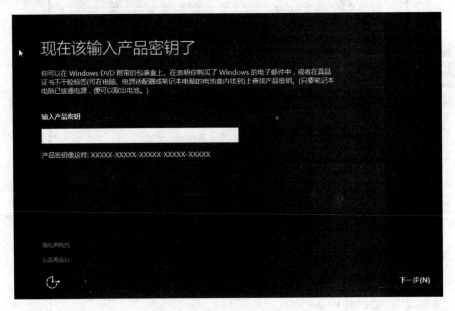

图 7-33　输入密钥

（12）单击"快速设置"命令，进入个性化设置界面，如图 7-34 所示。如有 Microsoft 账户，可以输入然后单击"登录"按钮，如没有，单击"跳过此步骤"命令。

（13）建立账户。输入 Microsoft 账户后，出现"为这台电脑创建一个账户"界面，根据提示输入用户名和密码，然后单击"下一步"按钮，如图 7-35 所示。然后系统会花数分钟设置应用。

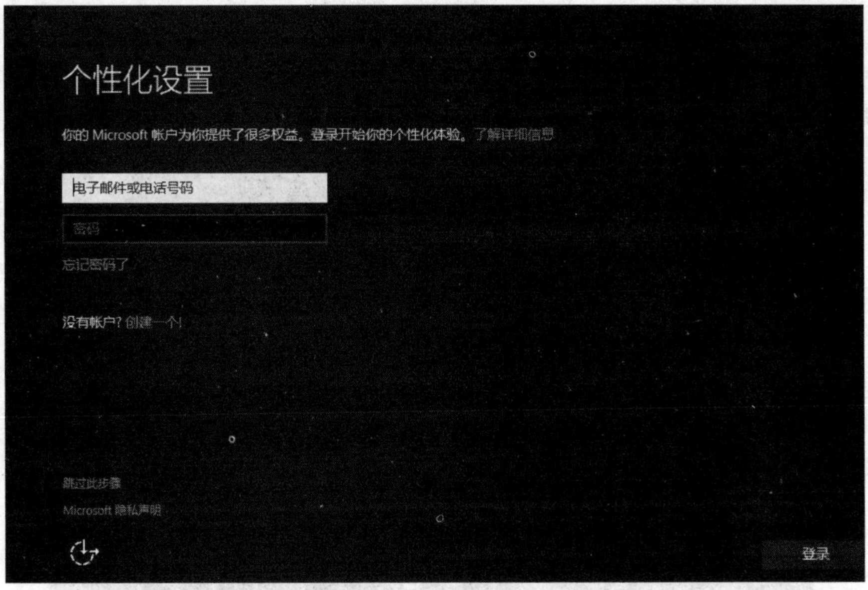

图 7-34　个性化设置

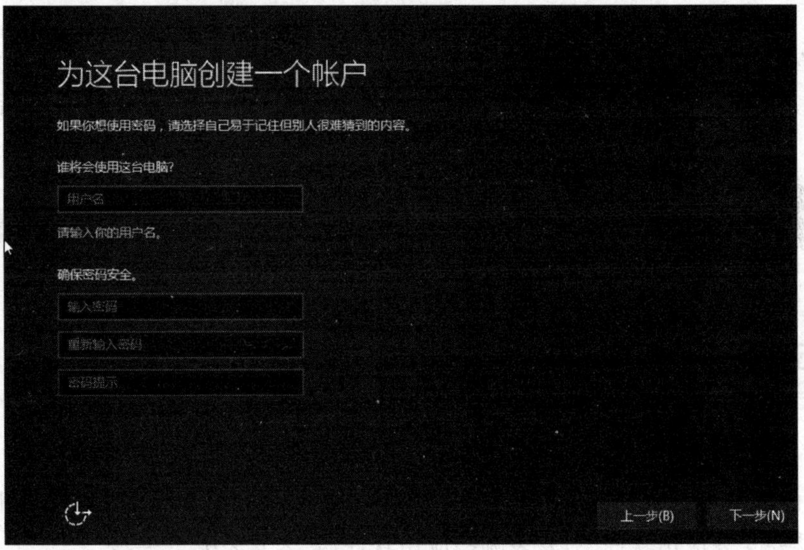

图 7-35　建立账户

（14）数分钟后，系统进入 Windows 10 界面，如图 7-36 所示。

7.2.4　要点提示

（1）安装完操作系统后，首先要检查微机的硬件驱动是否全部安装或是否正确安装，可以在"设备管理器"中查看微机的各项硬件是否全部安装到位，如果设备有问题，该设备前会有一个黄色的问号或惊叹号，这时要找到机器硬件购买时带的安装盘重新安装，或者

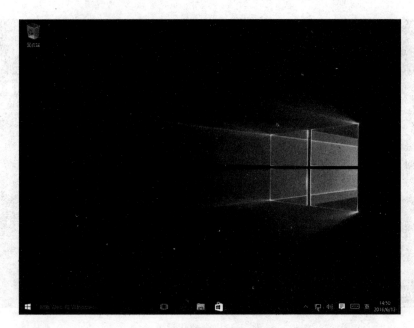

图 7-36　Windows 10 桌面

使用 8.7 节介绍的鲁大师中的"驱动检测"|"360 驱动大师"进行安装或升级。

（2）安装完成系统和硬件驱动后，不要立即连接到网络，安装系统时最好关掉网线，因为有些光纤网不需要拨号，软件就自动连接到网络中，这样有可能使新装的系统感染病毒。所以，在重新安装操作系统后先安装防火墙及杀毒软件，再连接到网络，一旦微机能上网就立刻升级防火墙及杀毒软件，以便及时保护新安装的操作系统。

（3）安装常用软件，当全部软件安装无误后，做一个 C 盘的系统备份并保存于最后一个硬盘分区中。系统备份与还原的方法和步骤在 8.4 节进行详细的介绍。

7.3　应用软件的安装

7.3.1　情境导入

小许的微机上重新安装了操作系统，也相应安装了主板、显卡、网卡等硬件的驱动程序，随后就要安装应用软件了，要装哪些应用软件、怎么安装呢？

7.3.2　案例分析

1）应用软件的选择

根据需要选择，例如，办公软件 Office、杀毒和防火墙软件、影音播放软件、图像编辑软件、系统优化检测软件、聊天软件、游戏软件及系统备份和还原软件等。

2）应用软件的安装步骤

（1）找到应用软件安装程序，文件名称一般是 Setup.exe 或 Install.exe。

（2）双击安装文件，进入安装向导。

（3）软件安装时会选择是否接受协议，一般应选择同意。

（4）依次执行下一步操作，执行过程中注意选择安装路径、安装方式和附带的安装文件，直到安装完成。

3）应用软件的安装注意事项。

（1）安装路径的选择有两种，分别是默认安装路径和改变安装路径。

系统默认的安装路径是 C:\Program Files\文件夹。采用默认安装时，会随着应用软件的增多，系统 C 盘的可用空间会缩小，导致 Windows 系统启动速度变慢。而且，一旦要重装系统，装在 C 盘上的应用软件也需要重新安装。

改变安装路径，需要用户自定义安装位置，一般选择一个分区盘用于安装应用软件，便于应用软件的统一管理。

（2）有些应用软件在安装过程中会附带其他不需要的、甚至恶意的软件或插件的安装，一定要慎重选择。

（3）相同或相似功能的应用软件只安装一款，避免软件冲突或占用存储器空间，如压缩软件、杀毒软件等。

（4）如果是绿色版应用软件，不需要安装，直接双击 EXE 可执行文件。绿色版软件占用存储空间少，但是有时功能简单。

（5）许多应用软件的版本不断升级更新，用户可以根据操作系统的类型和版本以及功能需求，更新软件版本。

本章小结

本章首先介绍了系统软件安装步骤、操作系统安装以及它的功能特点，然后详细介绍了 Windows XP 和 Windows 10 操作系统的安装过程，最后，简要概述了应用软件的安装方法和注意事项。

习题

简答题

1. 简述操作系统的功能。
2. 简述 Windows 10 的安装过程。
3. 简述应用软件安装的注意事项。

第 **8** 章
常用工具软件

微机系统软件安装完成后,还要根据用户的需求安装不同的应用软件,如杀毒软件、办公软件、压缩软件、音视频播放器等。

本章从微机系统优化、系统信息检测、磁盘分区、系统备份/还原、文件数据的恢复、驱动程序的管理等方面介绍几款常用的工具软件,以使读者更好地维护微机系统,保证微机更安全、更高效地运行。

学习目标

(1) 掌握优化大师优化和清理的方法;

(2) 了解常用系统检测软件的使用方法和特点;

(3) 掌握一种系统备份和还原的方法;

(4) 了解常见数据恢复软件的方法和特点;

(5) 掌握驱动程序的安装、升级和卸载。

8.1 系统优化软件

一般来说,微机使用一段时间后,会明显感觉速度变慢,人们往往首先想到的是重装操作系统,这样做效果很好,但费时费力。如果微机中存有重要资料,还要想方设法去备份,所以平日里养成良好的使用习惯,如及时优化、清理系统,才是最有效的解决方法。

8.1.1 情境导入

微机及笔记本电脑价格越来越低,逐渐成为个人或家庭生活的必需品,在购买时商家所做的介绍又十分粗略,甚至不乏欺骗行为,给用户选择微机或笔记本带来了一定的困难。如果有一种软件能够列出微机硬件配置的具体信息,显示所选购微机的性能,将会给用户带来很多方便。

随着 Windows 系统的更新、软件的不断安装或卸载,微机系统变得越来越臃肿、垃圾越来越多,甚至出现死机等现象,其原因是硬件配置低还是系统感染了病毒? 还是其他什么原因呢?

8.1.2 案例分析：Windows 优化大师

以上现象除了系统的配置、感染病毒等原因外，还有一个不可忽视的因素，就是微机系统没有优化，系统臃肿、垃圾太多，微机软、硬件的性能没有充分发挥出来。

Windows 优化大师是一款功能强大的系统辅助软件，它提供了全面有效且简便安全的系统检测、系统优化、系统清理、系统维护四大功能模块及数个附加的工具软件。使用 Windows 优化大师，能够有效地帮助用户了解自己的微机软硬件信息，简化操作系统设置步骤，提升微机运行效率，清理系统运行时产生的垃圾，修复系统故障及安全漏洞等，使微机系统正常、高效地运转。

Windows 优化大师还具有检测及评测功能，可以让用户更直观地了解微机在处理器、内存、硬盘、显示器等的功能、性能及整机性能，给购机者供了一个可靠参考。

下面介绍优化大师的主要功能。

软件功能包括开始、系统检测、系统优化、系统清理和系统维护五大功能模块。工作区显示当前系统功能的具体参数，按钮区提供各种功能模块的具体操作，如图 8-1 所示。

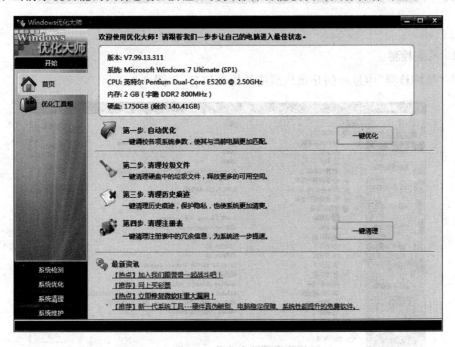

图 8-1　优化大师界面

1. 开始

在"开始"选项中，包括两项：首页和优化工具箱。首页显示的是微机的基本信息和最常用的优化功能，如图 8-1 所示。优化工具箱中包含了优化大师自带的几个功能：优化大师、进程管理、文件加密/解密、内存整理和文件粉碎，以及 Windows 优化大师推荐的几个实用软件：鲁大师、鲁大师 Android 版、360 安全卫士、360 浏览器和 360 杀毒，如图 8-2 所示。

图 8-2　优化工具箱

2. 系统检测

在"系统检测"中显示的是微机当前的检测信息,如图 8-3 所示。

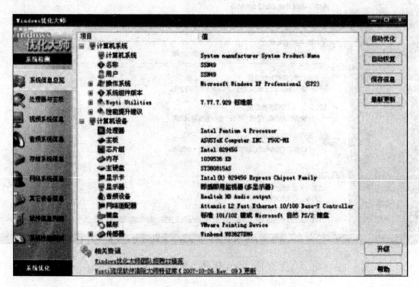

图 8-3　系统检测信息

其中列出了当前微机系统信息的大体情况,如处理器的型号、频率,内存大小和操作系统类型等。

在"系统检测"窗口还有"自动优化"和"自动恢复"等操作,可以优化当前信息。如果想取消优化并恢复到优化前微机的状态,可以使用"自动恢复"操作。

3. 系统优化

除了在"系统检测"中对系统"自动优化"外,优化大师还给出了各个子系统的具体优化方案,如图 8-4 所示。包括磁盘缓存优化、桌面菜单优化、文件系统优化、网络系统优化、开机速度优化、系统安全优化、系统个性设置、后台服务优化和自定义设置等。

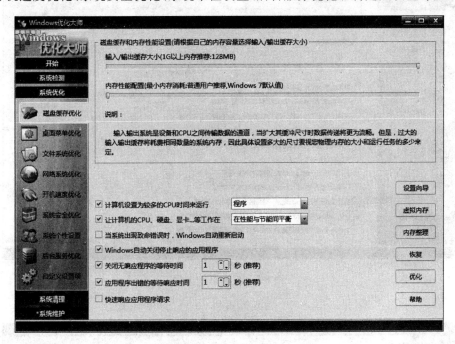

图 8-4　系统优化方案

每项优化设定好参数后,单击"优化"按钮,优化当前系统;单击"恢复"按钮,恢复清除时备份的信息。完成优化、清理后,要重启机器实现优化。

(1) 磁盘缓存优化:根据推荐值,设置磁盘缓存和内存性能。对于个人计算机(而非网络服务器)需要勾选"计算机设置为较多的 CPU 时间来运行程序"等如图 8-5 所示的选项。设置好各项参数后,单击"优化"按钮。

(2) 桌面菜单优化:参考图 8-5 所示进行设置,此项功能可以加快各菜单的显示速度。设置好各项参数后,单击"优化"按钮。

(3) 文件系统优化:此项功能可以使文件系统更加优化,如图 8-6 所示。单击"自动匹配"按钮,Windows 优化大师会自动检测用户 CPU 的二级缓存大小,并自动调整该项。根据需要勾选适当选项,然后单击"优化"按钮。

(4) 开机速度优化:通过减少引导信息的停留时间和取消不必要的开机运行程序,提高系统启动速度,如图 8-7 所示。

其他优化选项,用户可根据需要适当设置。

4. 系统清理

随着微机的使用,系统内文件增多,系统越来越臃肿,运行速度缓慢,要及时对系统进行清理。那么,哪些是需要清除的? 哪些是需要保留的? Windows 优化大师的系统清理

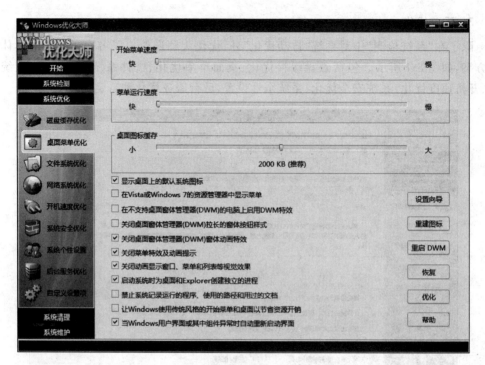

图 8-5 桌面菜单优化

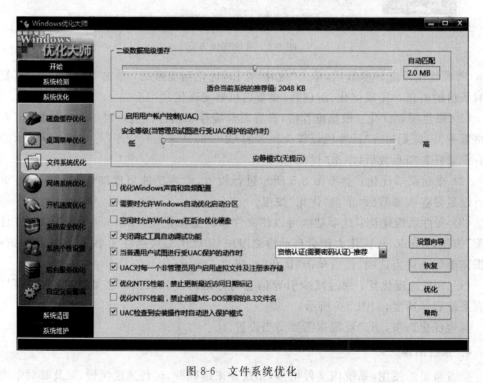

图 8-6 文件系统优化

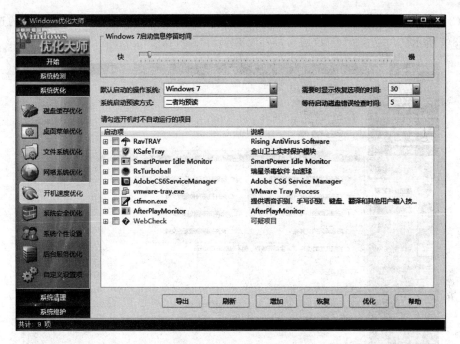

图 8-7 开机速度优化

能实现对系统注册信息、磁盘文件管理、软件智能卸载和历史痕迹的清理,而且安全有效。

(1)注册信息清理。勾选要扫描的选项,也可以单击"默认"按钮,然后单击"扫描"按钮,系统快速扫描并显示扫描结果,如图 8-8 所示。最后,"删除"或"全部删除"所显示的注册表信息。

图 8-8 注册信息清理

（2）磁盘文件管理：首先勾选要扫描的磁盘，然后设置"扫描选项"选项卡中的选项，如图 8-9 所示。

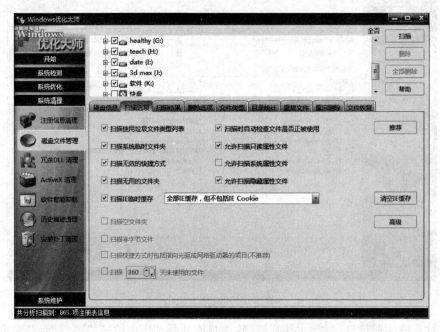

图 8-9　磁盘文件清理

适当设置"删除选项"选项卡中的文件删除的方法，如图 8-10 所示。然后单击"扫描"按钮，开始寻找垃圾文件。最后"删除"勾选的垃圾文件或"全部删除"垃圾文件。

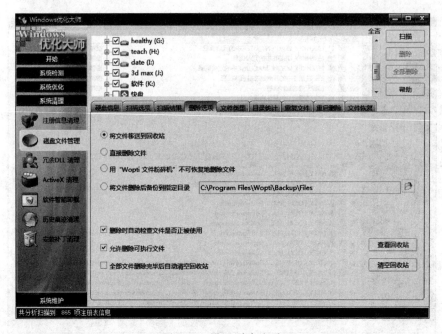

图 8-10　设置删除选项

其他"冗余 DLL 清理""ActiveX 清理""软件智能卸载""历史痕迹清理"和"安装补丁清理"方法同上。

5. 系统维护

对于微机软件,平时的精心维护和保养非常重要,Windows 优化大师给用户提供了系统磁盘医生、磁盘碎片整理、驱动智能备份和其他设置选项等维护方法,可以使系统保持最佳运行状态,同时 Windows 优化大师还给用户推荐了 360 杀毒软件。

8.1.3 要点提示

(1) 在进行系统性能测试或系统维护相关操作时,尽可能关闭一些不必要的正在运行的程序,以保证测试和维护的准确性、有效性。

(2) Windows 优化大师在清除自启动项或扫描项时,可以进行备份,当用户发现修改失误后,可以单击"恢复"按钮,随时进行恢复,保证系统正常运行。

(3) 修复硬盘坏道的方法:进入 Windows 优化大师的"系统维护"|"系统磁盘医生"界面,选择要检查的分区,单击"检查"按钮,如图 8-11 所示。再单击"确定"按钮,开始检查。检查完成后,硬盘坏区就被隔离,操作系统就不分配文件到坏区上。

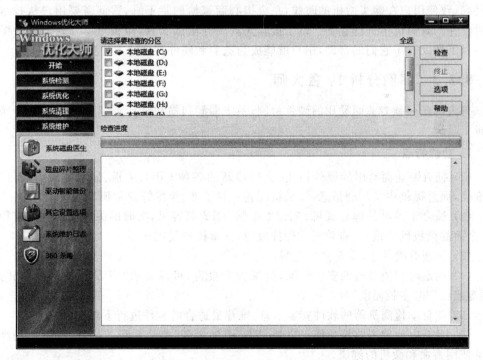

图 8-11 选择要检查的分区

(4) 在使用微机联网的情况下,单击 Windows 优化大师界面中的 ![按钮] 按钮,根据需要选择进入 Wopti 网站或论坛,如图 8-12 所示。或者单击界面左上角的 ![按钮] 按钮迅速打开优化大师官方网站,方便用户查找相关信息。

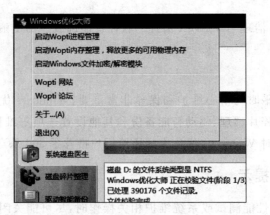

图 8-12　优化大师网站

8.2　系统检测软件

8.2.1　情境导入

现在微机市场上有一些硬件采取"瞒天过海"的招数,表面与正品没有区别,实质上大相径庭,致使用户在购买微机的时候,总会担心商家给的货不真,这就需要用户从技术层面对硬件的真假优劣进行鉴别。以下推荐几款硬件测试工具,微机里里外外的硬件配置就一目了然。有了它们的帮助,用户就能成为选购和硬件测试的大师!

8.2.2　案例分析 1:鲁大师

鲁大师是一款专业而易用的硬件检测、系统漏洞扫描和修复、常用软件安装和升级的装机工具。

1. 功能特点

(1) 拥有专业而易用的硬件检测,支持最新的各种 CPU、主板、显卡等硬件,不仅非常准确,而且提供中文厂商信息,让微机配置一目了然,拒绝奸商蒙蔽。

(2) 适合于各种品牌台式机、笔记本电脑、DIY 兼容机,实时的关键性部件的监控预警,全面的微机硬件信息,有效预防硬件故障,让微机免受困扰。

(3) 快速升级补丁,安全修复漏洞。

(4) 能定时扫描微机的安全情况,提供安全报告,可以显示"CPU 温度""风扇转速""硬盘温度"和"主板温度"等。

(5) 能自动检测机器的软件安装信息,推荐最适合的软件进行下载安装。

(6) 具有电池健康监控功能。电池状态、电池损耗、电池质量的检测,有效地提高电池的使用寿命和微机的健康。

(7) 清理功能可以让微机运行得更清爽、更快捷、更安全。驱动功能为用户提供驱动备份、还原和更新等功能。优化功能提供全智能的一键优化和一键恢复功能,包括对系统响应速度、用户界面速度、文件系统和网络等优化。

2. 操作方法

鲁大师安装完成后,双击桌面快捷图标即可启动该软件。启动完毕单击"硬件体检"

按钮会自动对当前系统信息进行检测,如图 8-13 所示。

图 8-13　鲁大师主界面

鲁大师提供了包括硬件检测、温度管理、性能测试、驱动检测、清理优化、装机必备和游戏库等功能。

(1) 硬件检测。单击"硬件检测"选项,进行硬件测试并显示当前微机的所有硬件信息,包括了主板、内存、硬盘、显卡、显示器和其他硬件信息的型号、配置、制造日期和使用时间等,硬件检测结果一目了然,让人们能安心买台好的计算机。

"电脑概览"显示硬件详细的品牌标识,如图 8-14 所示。

图 8-14　硬件概览

"硬件健康"显示硬件的制造和使用情况,如图 8-15 所示。

图 8-15　硬件健康情况

利用"功耗估算"功能可以查看计算机主板、处理器、显卡、硬盘、内存等的耗电情况,
如图 8-16 所示。

图 8-16　硬件耗能估算

（2）温度管理。单击"温度管理"选项,如图 8-17 所示,鲁大师以图表形式显示 CPU
温度、CPU 核心、显卡温度、硬盘温度、主板温度和风扇的转速,以监控计算机温度是否正
常,并显示 CPU 使用率和内存使用率。

利用"温度管理"中的"节能降温"功能,不仅能节省电能,而且当硬件温度过高时还能

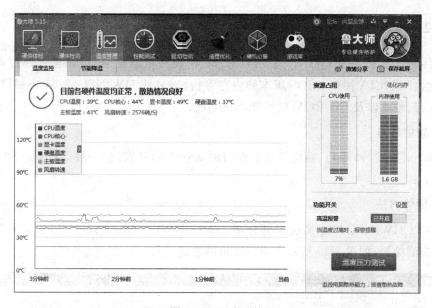

图 8-17　温度监控

给计算机降温。

（3）性能测试。性能测试包括 CPU 速度、显示器测试等，用于评估当前计算机是否能高效地完成应用要求，并给出性能提升建议。

（4）清理优化。清理优化功能可以很方便地对系统中存在的垃圾和无用文件进行清理，无须特别设置，如图 8-18 所示。通过优化与清理，保持计算机的安全与快速，使之工作在最佳状态。

图 8-18　清理优化

8.2.3 案例分析2：HWINFO32/64

硬件测试专家——HWINFO32/64(32/64位硬件信息检测)可以显示处理器、主板及芯片组、PCMCIA接口、BIOS版本和内存等信息，另外HWINFO32/64还提供了对处理器、内存、硬盘以及CD-ROM的性能测试功能。

1. 功能特点

HWINFO32/64小巧、功能强大的专门测试硬件的专家，是一般微机用户和DIY者的必备工具。

2. 操作方法

(1) 以HWINFO32中文版为例介绍。运行HWINFO32.exe文件，进行系统检测，并显示检测结果，如图8-19所示为当前微机的系统概要。

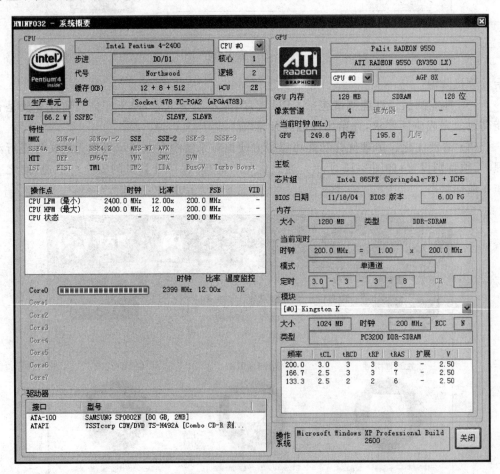

图 8-19 系统概要

(2) 软件主界面如图8-20所示。单击左窗格中的某项，在右窗格中会显示其详细信息。

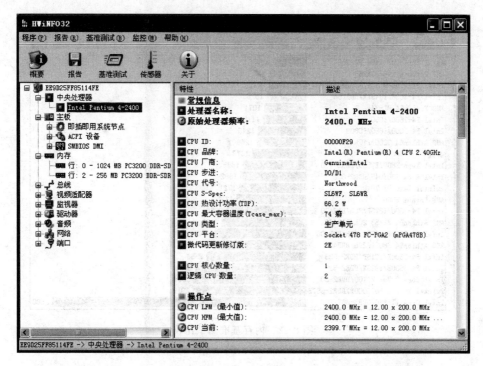

图 8-20 主界面

（3）单击主界面菜单栏中的"基准测试"命令，打开如图 8-21 所示的对话框。按要求关闭所有应用程序，单击"开始"按钮进行测试。

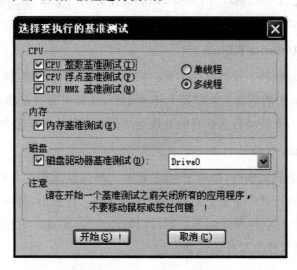

图 8-21 基准测试选项

（4）测试完成后，显示当前微机的 CPU、内存和磁盘的性能参数，并显示与同类硬件相比的数值和条形图，给用户一个所用硬件性能的直观认识。图 8-22 所示为本机内存性能参数及与其他机型的比较结果。

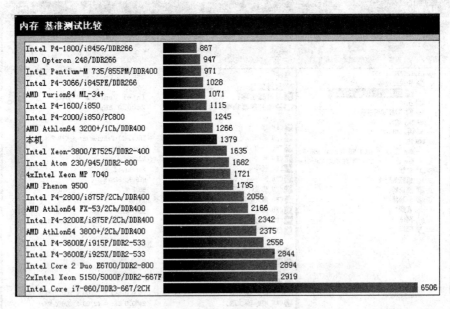

内存 基准测试比较

Intel P4-1800/i845G/DDR266	867
AMD Opteron 248/DDR266	947
Intel Pentium-M 735/855PM/DDR400	971
Intel P4-3066/i845PE/DDR266	1028
AMD Turion64 ML-34+	1071
Intel P4-1600/i850	1115
Intel P4-2000/i850/PC800	1245
AMD Athlon64 3200+/1Ch/DDR400	1266
本机	1379
Intel Xeon-3800/E7525/DDR2-400	1635
Intel Atom 230/945/DDR2-800	1682
4xIntel Xeon MP 7040	1721
AMD Phenom 9500	1795
Intel P4-2800/i875P/2Ch/DDR400	2056
AMD Athlon64 FX-53/2Ch/DDR400	2166
Intel P4-3200E/i875P/2Ch/DDR400	2342
AMD Athlon64 3800+/2Ch/DDR400	2375
Intel P4-3600E/i915P/DDR2-533	2556
Intel P4-3600E/i925X/DDR2-533	2844
Intel Core 2 Duo E6700/DDR2-800	2894
2xIntel Xeon 5150/5000P/DDR2-667F	2919
Intel Core i7-860/DDR3-667/2CH	6506

图 8-22　内存基准测试比较

8.2.4　案例分析 3：其他测试工具

1．CPU-Z

CPU-Z 是一款 CPU 检测软件，支持的 CPU 种类相当全面，软件的启动速度及检测速度都很快。另外，它还能检测主板和内存的相关信息。

2．EVEREST Ultimate Edition

它是一款测试软硬件系统信息的工具。32 位的底层硬件扫描，使它可以详细的显示出 PC 硬件每一个方面的信息。它支持上千种主板，支持上百种显卡，支持对并口、串口和 USB 设备的检测，支持对各式各样的处理器的侦测。新的版本完全支持 Windows 10。

3．Nokia Monitor Test

一款专业显示器测试软件，功能很全面，包括了测试显示器的亮度、对比度、色纯、聚焦、水波纹、抖动和可读性等重要显示效果和技术参数。容量小，可以在购买显示器时使用 U 盘即可携带，经过它检测过的显示器可以放心购买，也可以用它来更好地调节用户的显示器，让显示器发挥出最好的性能。

8.2.5　要点提示

（1）测试工具品种繁多，是选择专业型还是全能型，要看测试对象。

（2）一般选择小巧、功能强大的测试工具。

（3）一般在测试过程中要关闭其他应用程序，保证测试的准确性。

8.3 硬盘分区软件

8.3.1 情境导入

在微机使用中,经常会有新的需要或要安装新的操作系统,因此会出现某个分区容量不够用的情况,特别是 C 盘,常常因剩余空间不足而导致死机,这时分区软件就可以大显身手了。分区软件还可以实现不同文件系统之间的格式转换。

8.3.2 案例分析:傲梅磁盘分区助手(DiskTool)

傲梅磁盘分区助手(DiskTool)是一个优秀硬盘分区管理工具,不仅支持 Windows XP/Vista/7/8,还完美支持 Windows 10。该工具可以在不损失硬盘中已有数据的前提下对硬盘进行重新分区、格式化分区、复制分区、移动分区、隐藏/重现分区、从任意分区引导系统和分区格式转换(如 FAT32 与 NTFS 之间)等操作。

与 Fdisk 相比,它侧重于对现有分区进行修改而不是将一块新硬盘进行分区。

1. 傲梅磁盘分区助手(DiskTool)界面简介

傲梅磁盘分区助手专业版主界面比较简单,左侧为任务栏,右侧为硬盘分区的信息,如图 8-23 所示。

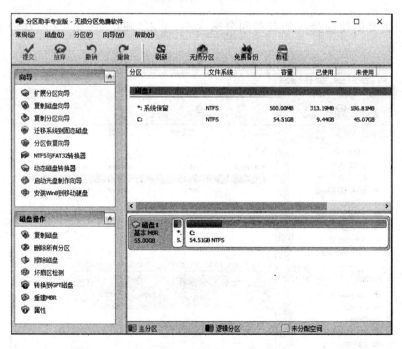

图 8-23 分区助手专业版主界面

2. 创建新分区

(1)选择一个硬盘,选择主界面左侧的"分区操作"选项,然后选择"创建分区"选项,打开"创建分区"对话框,如图 8-24 所示。

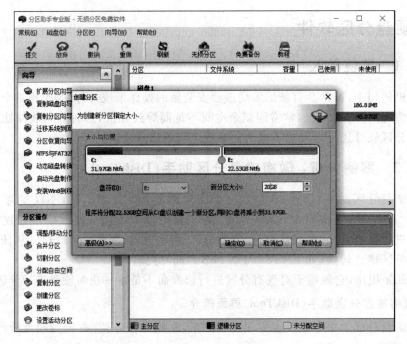

图 8-24　创建分区

（2）设置要创建的分区的盘符和分区大小，单击"确定"按钮，返回软件主界面，如图 8-25 所示。

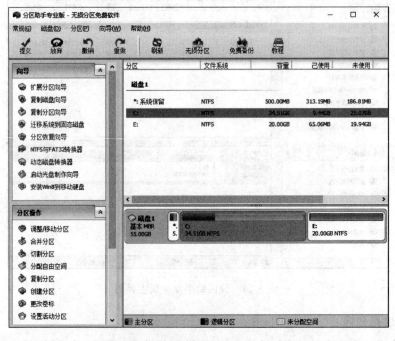

图 8-25　选定的磁盘

（3）单击"提交"按钮，弹出"等待执行的操作"对话框，如图 8-26 所示。单击"执行"按钮，再单击"是"按钮，计算机将会重新启动完成任务。

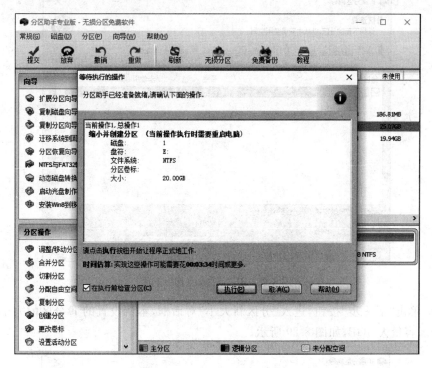

图 8-26　等待执行的操作对话框

3. 扩展分区

（1）在主窗口左侧选择"扩展分区向导"选项，打开"扩展分区向导"对话框，修改分区大小，如图 8-27 所示。根据需要选择所要扩展的分区，本例以扩大 E 分区为例选中"选择您想扩展的分区从下面的磁盘中"选项，单击"下一步"按钮。

图 8-27　修改分区大小

（2）单击"下一步"按钮，进入"分区选择"对话框，本例选择 F 分区，如图 8-28 所示。

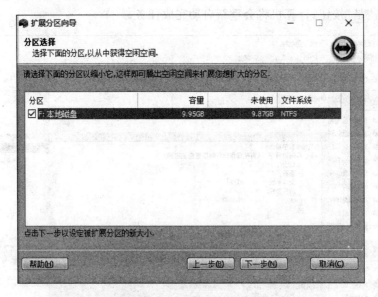

图 8-28　从下分区中获得空间

（3）单击"下一步"按钮，进入"分区新大小"对话框，本例设置的 E 分区的大小比原来的 E 分区容量大 5GB，如图 8-29 所示。

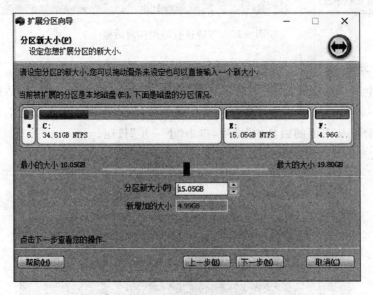

图 8-29　指定分区大小

（4）单击"下一步"按钮，然后单击"执行"按钮，弹出信息提示，单击"是"按钮，如图 8-30 所示。

（5）软件运行数分钟后，弹出"信息"对话框，单击"确定"按钮完成操作，如图 8-31 所示。

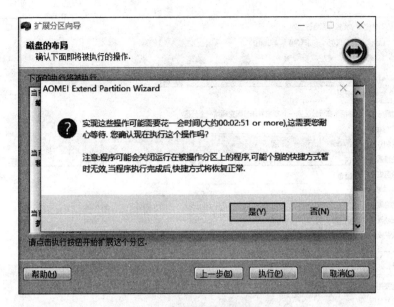

图 8-30　扩展分区时的提示信息

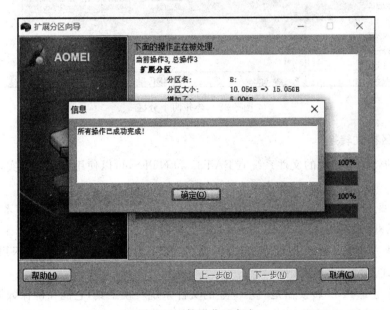

图 8-31　扩展分区完成

4. 合并分区

如果要合并分区,首先要备份相应分区上的数据。如要把 E 盘和 F 盘合并为 E 盘,则要备份两个盘中的数据,合并完成后不会影响原盘中的数据。

在主窗口左侧选择"分区操作"|"合并分区"选项,按照向导选择要合并的两个或 3 个分区,单击"确定"按钮,如图 8-32 所示。单击"提交"按钮后,F 分区的内容放在 E 分区的 f-drive 文件夹中。

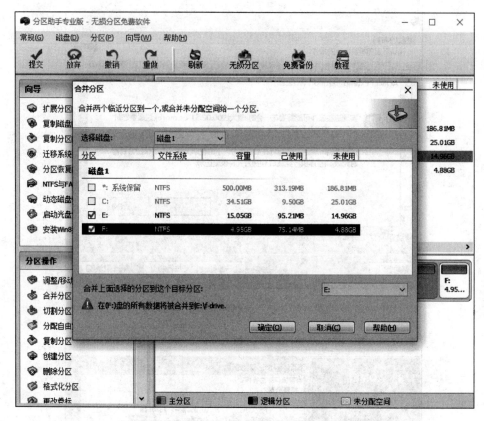

图 8-32　合并两个分区

5. 分区格式转换

常用的硬盘分区后的文件系统有 FAT32 和 NTFS,可以使用分区助手实现分区格式的转换。

现在,使用 FAT32 格式的人还很多,需要在微机上存储的大文件也越来越多,尤其是一些大游戏,最高可达到 9GB,而 FAT32 的硬盘格式并不能支持 4GB 以上的文件,为了能够容纳大文件,就要把硬盘格式转换为 NTFS,或者根据需要把 NTFS 转换为 FAT32 格式。

NTFS 与 FAT32 转换器是一个专业的文件系统转换工具,它能在确保数据在安全的情况下转换 NTFS 分区到 FAT32,最大支持转换 2TB 的 NTFS 分区到 FAT32,也能无损数据的转换 FAT 或 FAT32 分区到 NTFS。在主窗口左侧选择"更改分区类型"选项,弹出如图 8-33 所示的窗口,用户可根据需要选择操作。

6. 删除分区

删除分区将导致该分区所有数据完全丢失,所以,建议一般不要删除分区,如果需要自由空间,可以通过更改分区空间来获得。如果一定要删除,则应该先使用"复制分区"功能备份该分区的数据。

删除分区的操作很简单,选择需要删除的分区之后,在"分区操作"中选择"删除分区"

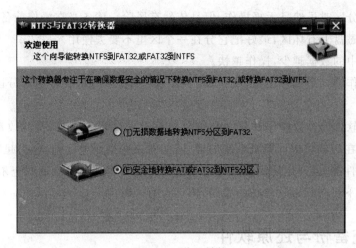

图 8-33　分区转换

选项,弹出"删除分区"对话框,如图 8-34 所示。选择一项操作后单击"确定"按钮,最后单击主界面上面的"提交"按钮,并重新启动微机,设置将会生效。

图 8-34　删除分区

8.3.3　要点提示

使用傲梅磁盘分区助手时要注意以下事项。

（1）合并分区时虽然是无损操作，但是依然有风险。请务必在操作前备份重要数据。

（2）如果磁盘上有坏区，最好把它分在一个区里不要去使用。

（3）分区中的数据越少，操作越快。

（4）在操作中如果意外断电、死机，就会出现灾难性后果，所以进行分区操作时要保证电源稳定。

（5）分区软件的多数操作都要涉及硬盘数据及分区表的改动，这些改动往往被防病毒软件视为潜在病毒攻击计算机系统的信号，并对这些操作加以制止，引起应用软件间的冲突。使用软件前，最好用防病毒软件将硬盘及可能要用到的软盘彻底查杀一遍，确信没有病毒的情况下将防病毒软件功能关闭，再运行分区软件。

8.4　系统备份与还原软件

8.4.1　情境导入

微机在使用中经常需要安装或卸载软件，可能会残留或误删一些文件，导致系统紊乱、运行缓慢，有时中了比较难杀除的病毒致使系统崩溃，不得不重新安装系统，而经常重装系统又太麻烦，就有必要装个能恢复系统的软件。

Ghost 可以为用户快速地备份已安装的操作系统或者恢复其原始的操作系统。它能将一个分区内所有文件（通常是系统盘 C 盘）制作成一个"压缩文件"存放在计算机其他安全的分区内，当系统出现异常时再启动 Ghost，还原此备份文件到系统盘 C 盘，以保证系统安全运行。

常见的备份/还原软件有 3 种：DOS 版本的 Ghost、一键 GHOST 和一键还原精灵。Ghost 和一键 GHOST 用得最多，其本质区别如下。

Ghost 是完整的备份恢复程序，用户可以手动选择要恢复的备份文件进行恢复，这要求用户会使用一些 DOS 命令。一键 GHOST 采用的内核依然是 Ghost，界面简单、直观易懂，操作起来非常方便。

对初学者来说，独立安装操作系统以及设备驱动有困难，建议使用"一键"操作的软件；如果用户操作微机比较熟练，用 DOS 版本的 Ghost 会更方便和快捷。

8.4.2　案例分析 1：Ghost 操作

1. 用 Ghost 11 备份 C 盘系统

Ghost 11 支持 Windows 10 系统，支持 NTFS，不仅能够识别 NTFS 分区，而且还能读写 NTFS 分区中的 GHO 文件。

下面以备份本机的 C 盘为例介绍 Ghost 11.0 的操作方法。

（1）将软驱设为第一启动盘，插入 DOS 启动软盘，重启计算机进入 DOS 环境。

（2）取出 DOS 启动盘，再插入含有 ghost.exe 的软盘。在提示符"A:\>_"下输入 ghost 后按 Enter 键，即可启动 Ghost 程序，如图 8-35 所示。

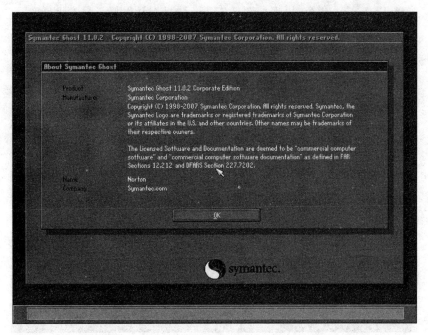

图 8-35 运行 Ghost 11

（3）单击 OK 按钮，显示主程序界面。主程序有 4 个可用选项：Quit（退出）、Help（帮助）、Options（选项）和 Local（本地）。选择 Local 选项，在右面弹出的子菜单中有 3 个选项，其中，Disk 表示备份整个硬盘，Partition 表示备份硬盘的单个分区，Check 表示检查硬盘或备份的文件，查看是否可能因分区、硬盘被破坏等造成备份或还原失败。本例要对本地磁盘进行操作，应依次选择 Local|Partition|To Image 命令（可以使用鼠标或键盘上的方向键操作），如图 8-36 所示。

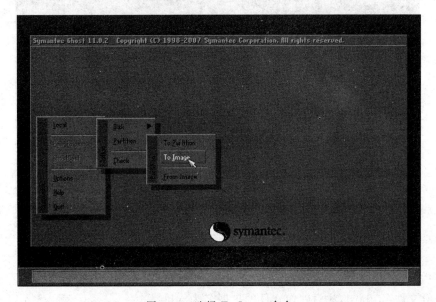

图 8-36 选择 To Image 命令

（4）选择 To Image 命令，出现如图 8-37 所示的界面，选择 1 号本地硬盘。

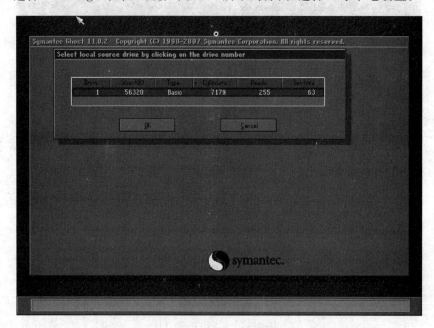

图 8-37　选择本地硬盘

（5）单击 OK 按钮，出现如图 8-38 所示的界面，选择 C 分区。

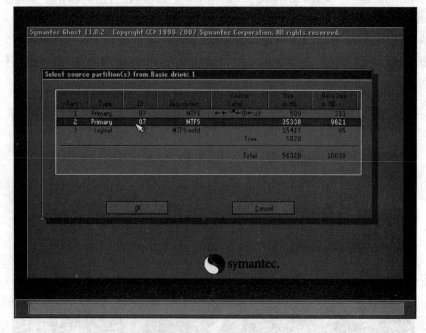

图 8-38　选择 C 分区

（6）按 Enter 键确认，出现如图 8-39 所示的界面。选择备份文件存放的分区、路径并输入备份文件名 ghost，注意映像文件的扩展名为.gho。

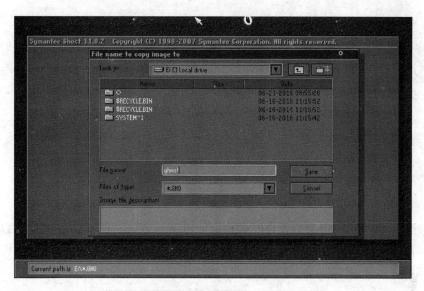

图 8-39 输入备份文件名

（7）单击 Save 按钮开始备份，出现如图 8-40 所示的对话框，询问是否压缩备份数据，并给出 3 个选择：No 表示不压缩；Fast 表示压缩比例小而执行备份速度较快（推荐）；High 表示压缩比例高，但执行备份速度相当慢。如果不需要经常执行备份与恢复操作，可选择 High。本例选择 High 进行备份。

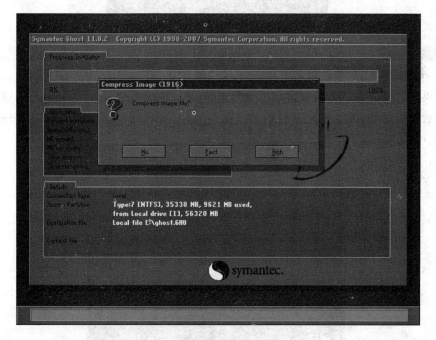

图 8-40 选择备份文件压缩方式

（8）备份过程一般需要十几分钟（时间长短与 C 盘数据多少、硬件速度等因素有关），完成后出现如图 8-41 所示的对话框，提示操作已经完成。

图 8-41　备份完成

（9）按 Enter 键后，退出到程序主画面。如图 8-42 所示，选择 Quit 命令，退出 Ghost 程序。取出软盘后按 Ctrl＋Alt＋Del 组合键重新启动计算机，进入 Windows 10 系统，查看生成的映像文件。

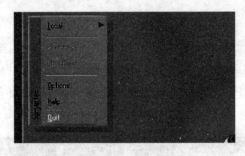

图 8-42　准备退出

2. 用 Ghost 11 恢复备份的分区

如果硬盘中已经备份的分区数据受到损坏，用一般数据修复方法不能修复，或者系统被破坏后不能启动，都可以用备份的数据进行完全的复原而无须重新安装程序或系统。当然，也可以将备份还原到另一个硬盘上。

（1）进入 DOS 环境，运行 ghost.exe，进入主程序界面。选择 Local|Partition|From Image 命令，如图 8-43 所示。

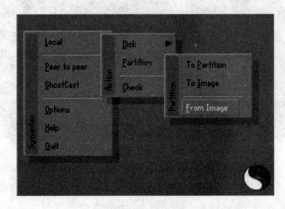

图 8-43　选择从映像文件恢复系统

（2）选择将映像文件恢复到的分区，这一步要特别小心。例如，将映像文件恢复到 C 盘（即第一个分区），按 Enter 键后，会提示即将恢复，但会覆盖选中的分区，破坏现有数据。单击 Yes 按钮开始恢复。完成后重新启动微机，微机就又恢复了干净、高速的系统。

8.4.3 案例分析 2：一键 GHOST

一键 GHOST 有 4 种版本：硬盘版、光盘版、优盘版和软盘版，可以适应各种用户的需要。其主要功能包括：一键备份系统、一键恢复系统、中文向导、Ghost 和 DOS 工具箱。只须按一个键，就能实现全自动无人值守操作。

1. 功能特点

（1）安装快速，卸载方便：安装时无须修改 BIOS 和硬盘绝对扇区，无须划分隐含分区；卸载彻底，不留垃圾文件。

（2）运行稳定，不易死机：以优化的 DOS 为内核，通过选择多种内存管理模式、精巧的内存驻留程序等方式，减少内存冲突等情况的发生。

（3）功能强大，扩展性好：集成 Ghost 和 DOS 工具箱等。

（4）界面友好，运行简单：中文平台，菜单选择，无须进入 DOS 状态，无须英语和计算机专业知识，安装向导方便等。

（5）使用安全，服务周到：多重密码保护，危险操作前的警告提示，网站论坛支持等。

2. 一键 GHOST 硬盘版使用方法

1）安装

（1）双击下载的"一键 GHOST 硬盘版.exe"文件（可以从网上下载），即可运行安装程序，如图 8-44 所示。

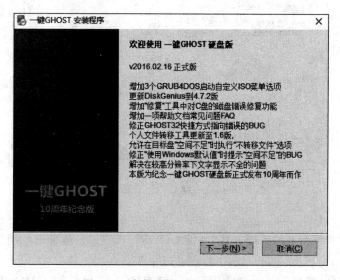

图 8-44 安装一键 GHOST 硬盘版

（2）单击"下一步"按钮，选择"我同意该许可协议的条款"选项，再单击"下一步"按钮，根据需要选择安装速度模式，如图 8-45 所示。单击"下一步"按钮，使用默认安装路径，再单击"下一步"按钮开始安装。

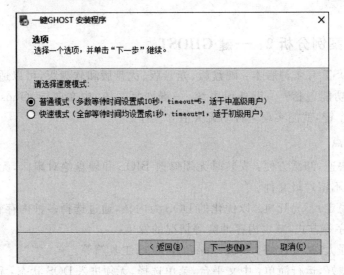

图 8-45　选择速度模式

（3）等待数分钟，直到最后单击"完成"按钮，如图 8-46 所示，完成安装。

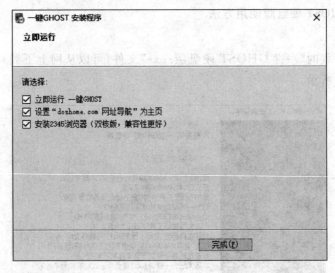

图 8-46　一键 GHOST 安装完成

2）运行

方法 1：双击桌面上的快捷方式"一键 GHOST"，运行"一键备份系统"，打开如图 8-47 所示的窗口。

方法 2：选择"开始"|"所有应用"|"一键 GHOST"|"一键 GHOST"命令，打开如图 8-48 窗口。

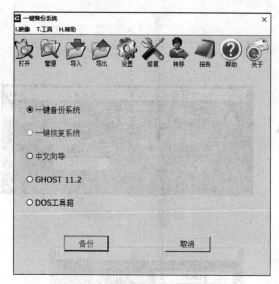

图 8-47　一键 GHOST 运行界面

图 8-48　启动一键 GHOST

方法 3：重启计算机，选择开机引导菜单中的"一键 GHOST"选项，如图 8-49 所示。

图 8-49　开机引导菜单

3）使用方法

（1）利用方法 3 运行一键 GHOST 后，打开"一键 GHOST 主菜单"，如图 8-50 所示。如果要备份系统，移动光条到"一键备份系统"并按 Enter 键或按数字 1 键，弹出如图 8-51 所示的对话框，单击"备份"按钮或按 B 键开始备份。

（2）如果要还原已备份的系统，则移动光条到"一键恢复系统"并按 Enter 键，恢复系统。

（3）单击"中文向导"选项，打开如图 8-52 所示的窗口，可以实现 GHOST 的多种功能。

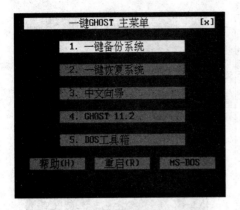

图 8-50 一键 GHOST 主菜单

图 8-51 一键备份系统

图 8-52 GHOST 中文向导

图 8-53 DOS 工具箱

（4）单击 GHOST 11.2 选项，进入手动操作界面，方法同 8.4.2 节。

（5）单击"DOS 工具箱"选项，打开如图 8-53 所示的窗口，可以执行多种 DOS 命令。

当 Windows 和 DOS 下都无法运行"一键 GHOST 硬盘版"时，可以使用光盘版、优盘版或软盘版，操作基本相同。

8.4.4 要点提示

（1）基本概念。

系统备份和还原时，常用概念如下。

源盘：即将要备份的磁盘，在一般的情况下泛指操作系统盘，如 C 盘。

映像盘：存放备份映像的磁盘，在一般的情况下泛指 D、E、F 和 G 盘等数据盘。

映像文件：此处泛指 Ghost 软件制作成的压缩文件，以 . gho 为扩展名。

备份：制作映像文件，通常是将 C 盘经压缩后存放在其他盘的过程。

还原：还原映像文件，将存放在其他盘里面的映像文件还原到系统盘内。

（2）在备份系统前进行磁盘碎片整理，整理源盘和映像盘，以加快备份速度。在备份系统时，如果选择的是 FAT32 的分区格式，单个的备份文件最好不要超过 2GB。在恢复系统时，最好先检查一下要恢复的目标盘是否有重要的文件还未转移。

（3）品牌机如果自带"一键还原"功能，就不要再安装第三方的"一键还原"软件，因为此类软件均要在硬盘上划分隐藏分区，分区的改变会使先存在的"一键还原"功能失效。

（4）由于 Ghost 的备份/还原是按扇区进行复制的，所以在操作时一定要小心，不要把目标盘弄错了，否则目标盘的数据就全部丢失了，一定要认真、细心。

8.5 文件恢复软件

8.5.1 情境导入

当微机内的文件被有意无意地删除，或遭到病毒破坏、分区被格式化后，若想恢复这些已丢失的文件，均可使用软件进行恢复。

实际上，操作系统在删除文件时，只是将被删除文件打上了"删除标记"，并将文件数据占用的磁盘空间标记为"空闲"。文件数据并没有被清除，还存在磁盘上。

只要删除文件后没有建立新的文件，操作系统没有写入新的数据，这些被删除的文件数据就不会被破坏，就有机会通过一定的技术手段将它们"抢救"出来。

8.5.2 案例分析 1：EasyRecovery

EasyRecovery 是一个威力非常强大的硬盘数据恢复工具。能够恢复丢失的数据以及重建文件系统。可以从被病毒破坏或是已经格式化的硬盘中恢复数据。该软件可以恢复大于 8.4GB 的硬盘，支持长文件名，被破坏的硬盘中像丢失的引导记录、BIOS 参数数据块、分区表、FAT 表和引导区都可以由它来进行恢复。

Professioanl(专业)版还具有磁盘诊断、数据恢复、文件修复和 E-mail 修复等各种数据文件修复和磁盘诊断功能。

下面以 EasyRecoveryPro-v6.21H 专业汉化版为例介绍其使用方法。

软件主界面如图 8-54 所示，其主要功能是数据恢复，另外还有磁盘诊断、文件修复和邮件修复。

1）磁盘诊断

图 8-55 所示是用于检查磁盘健康状况，防止数据意外丢失。

2）数据恢复

软件能够恢复意外丢失的数据，文件类型有图片(.bmp、.gif 等)、应用程序(.exe)、Office 文档文件(.doc、.xls、.ppt 等)、网页文件(.htm、.asp 等)、开发文档(.c、.cpp、.h 等)和

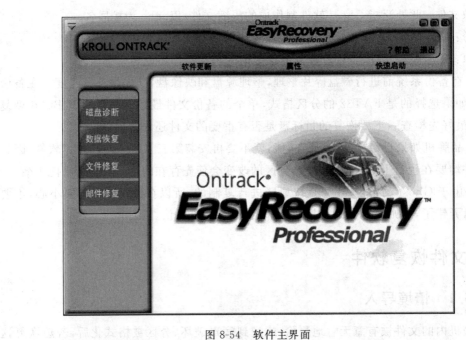

图 8-54　软件主界面

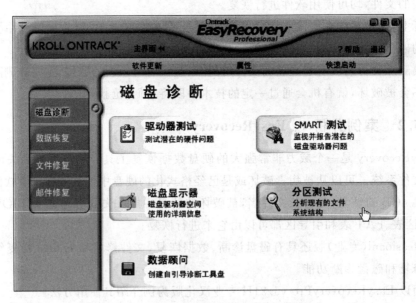

图 8-55　磁盘诊断选项

数据备份文档(.bak、.dat 等)。显示界面如图 8-56 所示,包含高级恢复、删除恢复和格式化恢复等,以下介绍这 3 种恢复操作。

(1) 高级恢复。用户可以自定义恢复选项,比如设定恢复的起始和结束扇区等。操作步骤如下。

① 单击"高级恢复"选项,打开如图 8-57 所示的界面,要求确认恢复数据的分区,本例选择"D"分区,对话框右侧显示该分区的情况。

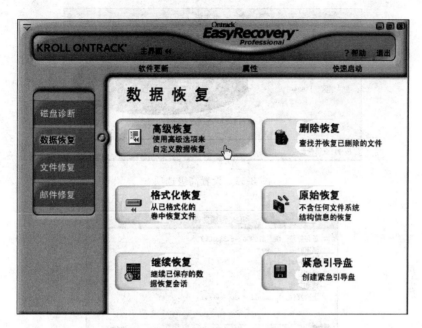

图 8-56 数据恢复选项

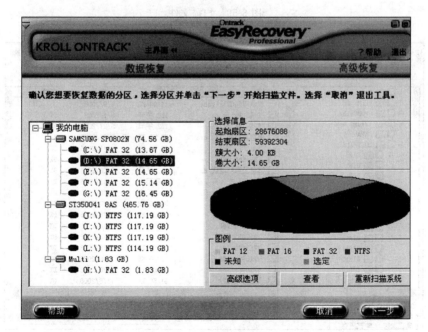

图 8-57 选择数据恢复的分区

② 单击"高级选项"按钮,打开"高级选项"对话框,如图 8-58 所示。用户可以对分区信息、恢复选项进行设置。

③ 单击"下一步"按钮,打开如图 8-59 所示"正在扫描文件"对话框。

④ 显示扫描结果,如图 8-60 所示。

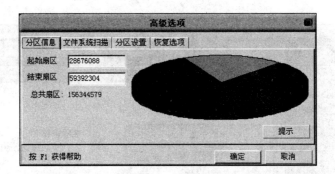

图 8-58　设置高级选项

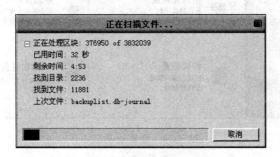

图 8-59　扫描文件

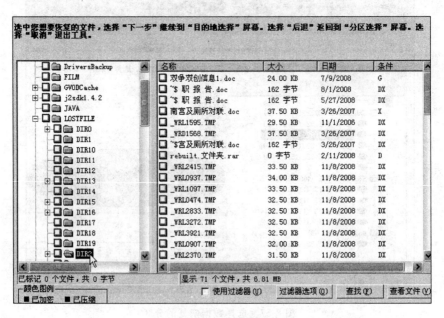

图 8-60　显示扫描结果

　　⑤ 单击"过滤器选项"按钮,设置显示的文件类型,如图 8-61 所示,本例只显示 Office
文档。需要注意的是,在每一个已删除文件的后面都有一个"状况"标识,用字母表示不同
的含义,G 表示文件良好、完整无缺;D 表示文件已经删除;B 表示文件日期已损坏;S 表
示文件大小不符。总之,如果状况标记为 G、D、B、N,则表明该文件被恢复的可能性比较

大,如果标记为 X、S,则表明文件恢复成功的可能性会比较小。

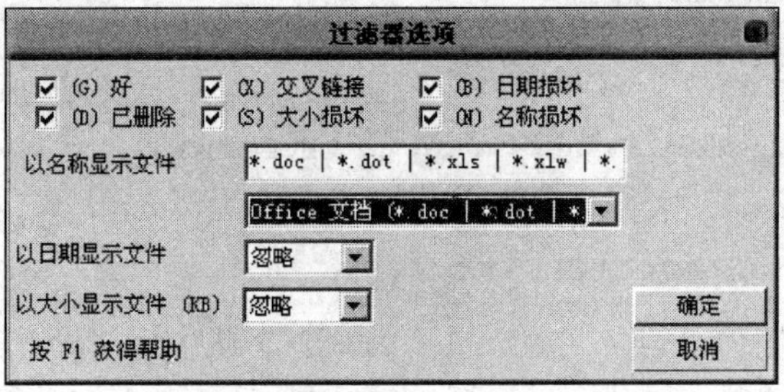

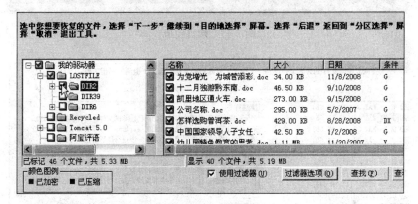

图 8-61 设置过滤器选项

⑥ 过滤后的显示结果如图 8-62 所示。勾选要恢复的文件夹和文件。

图 8-62 显示过滤结果

⑦ 确定恢复数据的目的地,如图 8-63 所示。

图 8-63 确定恢复数据的目的地

⑧ 单击"下一步"按钮开始恢复。完成后的界面如图 8-64 所示,单击"完成"按钮,返回主界面。

(2)删除恢复。在 EasyRecovery 主界面中单击"数据恢复"选项,然后选择"删除恢复"进入恢复删除文件向导。首先选择被删除文件所在的分区(如 D 盘),并设置文件类型(如 Office 文档)等,如图 8-65 所示。

按照向导依次单击"下一步"按钮(方法同"高级恢复"的操作),软件会对该分区进行扫描,完成后会在窗口左边窗格中显示该分区的所有文件夹(包括已删除的文件夹,

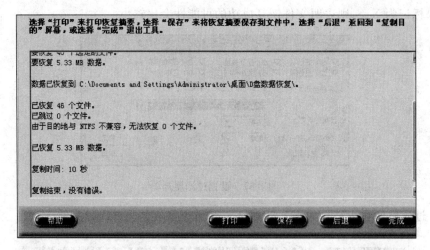

图 8-64　恢复完成

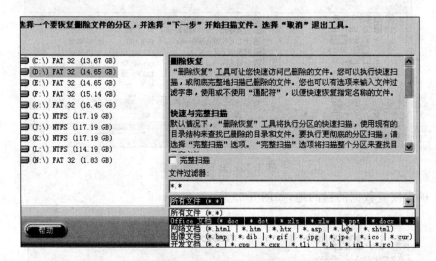

图 8-65　确定删除恢复的分区

如 LOSTFILE),右边窗格显示相应文件夹中的文件。选定要恢复的文件,并指定恢复文件所保存的位置,开始恢复文件,最后显示文件恢复的相关信息,单击"完成"按钮。

文件夹的恢复也和文件恢复类似,用户只须选定已被删除的文件夹,其中的文件也会被一并选定,其后的步骤与文件恢复完全相同。

(3) 格式化恢复。从已格式化的分区中恢复文件,本例从被格式化的 U 盘中恢复文件。

① 在主界面的"数据恢复"中单击"格式化恢复"选项,打开如图 8-66 所示的窗口,选择已格式化的 N 盘(U 盘)分区。

② 单击"下一步"按钮扫描分区。扫描完成后,可看到扫描出来的文件夹都以 DIR *(*是数字)命名的,如图 8-67 所示。单击窗口左侧的 DIR11,在右窗格显示该文件夹中

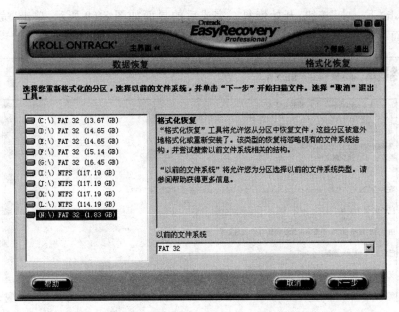

图 8-66　选择被格式化的分区

的文件，名称没有发生改变，文件名也都是完整的。勾选 DIR11 和 DIR12 文件夹，恢复其中的文件。

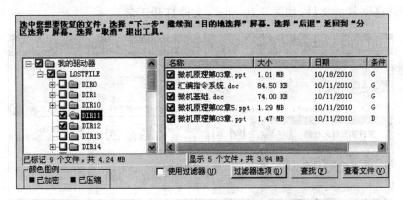

图 8-67　显示 U 盘可恢复的文件

③ 指定恢复后的文件所保存的位置，如图 8-68 所示。

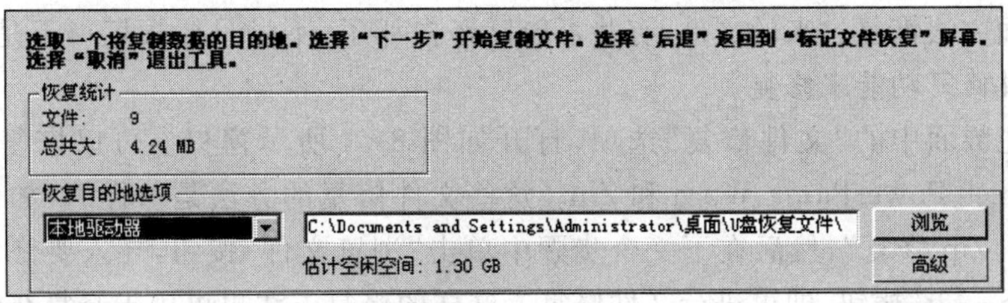

图 8-68　指定恢复后文件的保存位置

④ 单击"下一步"按钮,开始恢复。完成后的界面如图 8-69 所示,单击"完成"按钮,返回主界面。

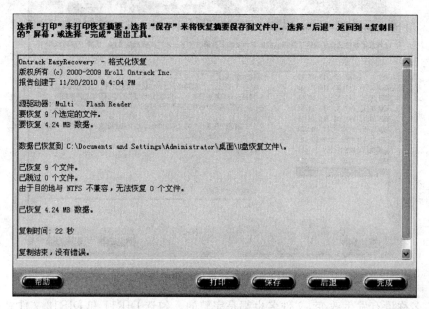

图 8-69　显示恢复信息

⑤ 查看已恢复的文件,如图 8-70 所示,文件打开正常。

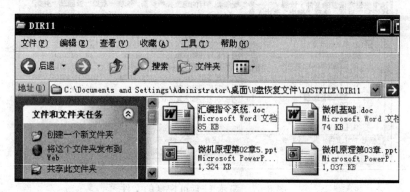

图 8-70　显示恢复后的文件

3)文件修复

用前面方法恢复过来的文件,有些可能已经损坏了,不过只要损坏得不是太严重,就可以用文件修复功能来修复。

选择主界面中的"文件修复"选项,打开如图 8-71 所示窗口。可以恢复五种文件:Access、Excel、PowerPiont、Word 和 Zip。这些文件修复的方法是一样的,如修复 Zip 文件,可选择"Zip 修复",然后在下一个步骤中单击"浏览文件"按钮,导入要修复的 Zip 文件,单击"下一步"按钮,即可进行文件修复。这样的修复方法也可用于修复在传输和存储过程中损坏的文件。

图 8-71　文件修复选项

4）邮件修复

修复损坏的邮件，如图 8-72 所示。

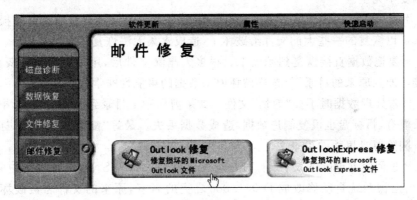

图 8-72　邮件修复选项

总结：EasyRecovery 扫描速度比较慢，但是效果不错，而且能够修复已经损坏的 Office 和 Zip 等文件。

8.5.3　案例分析 2：其他数据恢复软件

1. Smart Data Recovery

Smart Data Recovery 能将已经被删除的文件挽救回来，而且就算是已经清空"回收站"，文件还是可以恢复的。例如，Microsoft Office 文档文件、图片、MP3 音乐和压缩文档，都能利用 Smart Data Recovery 将文件恢复。

2. FinalRecovery

FinalRecovery 是一款强劲的反删除软件。它能以极快的速度扫描用户的硬盘、软盘或可移动磁盘，并迅速找出已被删除的文件和文件夹。

如果用户同时删除了多层目录及其中的文件，还可以用深度扫描模式尽可能挖掘出目录中每一个可能被恢复的文件和文件夹。当然也可以通过查找功能,搜索特定的文件或文件夹。FinalRecovery 可以对已格式化盘进行恢复,速度非常快,扫描结果以目录方式显示,支持原始目录结构恢复。它会把所有目录都显示出来,即下级目录和上级目录都平行显示,如果恢复所有目录,只要选择最顶层的结果即可,它会完全恢复原始目录结构。

3. Power Undelete Wizard

它是一款 Windows 下非常容易使用的数据恢复软件,支持 NTFS 和 FAT32 磁盘格式。它能够恢复从磁盘上彻底删除或者经过格式化后的文件。它能够扫描磁盘并找到因误删除、病毒感染等原因丢失的文件。

8.5.4　要点提示

(1) 如果其中一款软件不能很好地恢复数据,可尝试用其他软件,因为不同恢复软件对不同类型文件的恢复和修复各有特长。

(2) 如果发现不小心误删除文件或误格式化硬盘后,记住千万不要再对要修复的分区或硬盘进行新的写操作,因为这样数据就很有可能被覆盖了,导致数据恢复难度增加或者数据恢复不完全。

(3) 不要再次格式化分区。第二次格式化会对原来的分区类型造成严重损坏,很可能把本来可以恢复的一些大的文件给破坏了,造成永久无法恢复。

(4) 不要把数据直接恢复到源盘上。很多人删除文件后,用一般的软件恢复出来的文件直接还原到原来的目录下,这样破坏原来数据的可能性非常大。

(5) 日常处理数据时不要"剪切"文件。如果剪切一个目录到另一个盘上,中间出错,源盘目录没有,目标盘也没复制进数据,造成数据丢失。最好"复制"数据到目标盘,没有问题后再删除源盘里面的目录文件。

(6) 经过回收站删除的文件,有时候会无法找到。NTFS 下,从回收站中删除的文件,文件名会被系统自动修改成 De001.doc 之类的名字,原来的文件名被破坏。所以,当用户的数据丢失后,不能直接找到原文件名,要注意被系统改过名的文件。直接按 Shift+Del 组合键删除的文件,则不会破坏文件名。

(7) 定期备份数据,确保数据安全,最好是刻盘备份,比存在硬盘里面更安全。

8.6　U 盘启动

8.6.1　情境导入

小李在使用计算机过程中,系统突然崩溃,重新开机还是不能正常进入系统,如果重装系统,桌面上的重要文件就会丢失。这个时候就需要找一个带 U 盘启动功能的 U 盘,来拯救桌面文件。

现在很多计算机安装的时候都没有配光驱,如果遇到系统崩溃,而且又没有备份系统,只能借助 U 盘启动系统来解决问题。

目前网上制作 U 盘启动的软件有很多,如老毛桃、深度、大白菜和 U 启动等。

8.6.2 案例分析

本例介绍使用 U 启动软件制作启动盘的方法。

打开 U 启动,它的主界面很简单,而且很好操作,如图 8-73 所示。

图 8-73 U 启动的主界面

(1) 插入 U 盘后,软件会自动选择插入的 U 盘,如有多个 U 盘插在计算机上,须选择一个 U 盘。

(2) 选择写入模式:HDD-FAT32 模式适合新型计算机使用,通常新型主板或笔记本电脑的 BIOS 都支持 HDD 模式。ZIP-FAT32 模式更兼容于老计算机,简单说老式的计算机 BIOS 中支持 ZIP 模式的比较多。

(3) 其他选项保持默认值即可,在"ISO 模式"下选择要制作 U 盘启动所需的 ISO 文件,单击"开始制作"按钮,弹出如图 8-74 所示的对话框。如果 U 盘上没有文件需要保存,单击"确定"按钮,继续下一步。如果还有文件需要保存,要先把所需要的文件保存到别的地方,再继续操作。

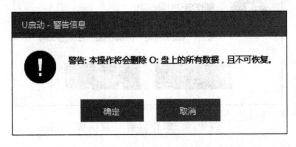

图 8-74 警告信息

　　(4) 单击"确定"按钮开始制作。弹出"写入硬盘映像"对话框,如图 8-75 所示,首先单击"格式化"按钮,把 U 盘格式化,再单击"写入"按钮,会再次弹出"提示"对话框,单击"是"按钮继续操作。

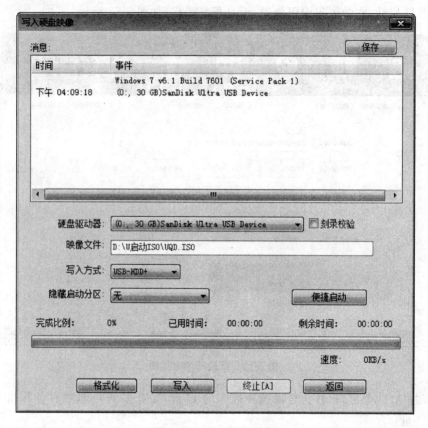

图 8-75　写入硬盘映像

　　(5) 完成操作后弹出提示信息对话框,如图 8-76 所示。单击"是"按钮,可以查看 U 盘启动时的信息,如图 8-77 所示。如需要使用 U 盘作为启动盘,可以根据需要来选择这些操作。

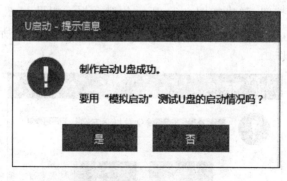

图 8-76　制作启动 U 盘成功

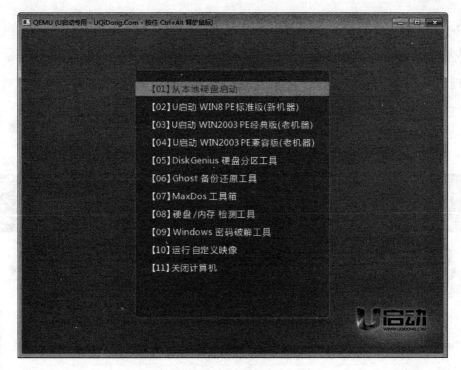

图 8-77 U 盘启动界面

8.7 驱动程序的安装、升级与卸载

8.7.1 情境导入

小张组装了一台计算机,安装完操作系统后,无法上网,无法播放声音和正常显示。他想通过 QQ 视频聊天,首先从网上下载并安装了 QQ 软件,然后把摄像头插在计算机上,启用 QQ 的视频会话功能,但是摄像头没有反应,看不到图像。

8.7.2 案例分析

安装完操作系统后网卡、声卡、显卡等硬件必须安装驱动程序,不然这些硬件就无法正常工作。摄像头属于外部硬件设备,需要安装硬件设备的驱动程序。

驱动程序(Device Driver)全称为"设备驱动程序",是一种可以使微机和设备通信的特殊程序,它的作用是辅助操作系统使用并管理硬件设备,可以说相当于硬件的接口,操作系统只能通过这个接口,才能控制硬件设备的工作,如果某设备的驱动程序未能正确安装,便不能正常工作。

现在网上有很多软件可以对驱动程序进行安装、备份、更新和卸载的软件,如驱动精灵、万能驱动助理、鲁大师等。

8.7.3　边学边做：驱动程序的安装、备份、还原和卸载

在安装完成系统后,需要安装主板驱动、DirectX 驱动以及声卡、显卡、网卡等板卡类驱动程序,此外,还要安装打印机、扫描仪、手写板等外部设备的驱动程序。这些驱动程序的安装都可以使用鲁大师中的"驱动检测"来完成。

（1）单击鲁大师中的"驱动检测"选项,弹出"360 驱动大师"窗口,如图 8-78 所示。

图 8-78　360 驱动大师

（2）驱动安装。360 驱动大师会自动扫描计算机中所需安装或升级的驱动,根据需要安装、升级驱动。

（3）驱动备份。选择"360 驱动大师"中的"驱动备份"选项卡,如图 8-79 所示,对需要备份的驱动进行备份。

（4）驱动还原。当完成驱动备份之后,以后出现问题需要还原驱动的时候,就可以单击驱动管理中的"驱动还原"选项卡,对需要的驱动进行还原,如图 8-80 所示。

（5）驱动卸载。对不需要的驱动,可以选择驱动管理下的"驱动卸载"选项卡,如图 8-81 所示。

（6）驱动门诊。360 驱动大师还提供了驱动门诊,如图 8-82 所示,当计算机驱动出现问题的时候,驱动安装不能解决问题,可以选择 360 驱动大师的专家诊断服务。

图 8-79 驱动备份

图 8-80 驱动还原

图 8-81　驱动卸载

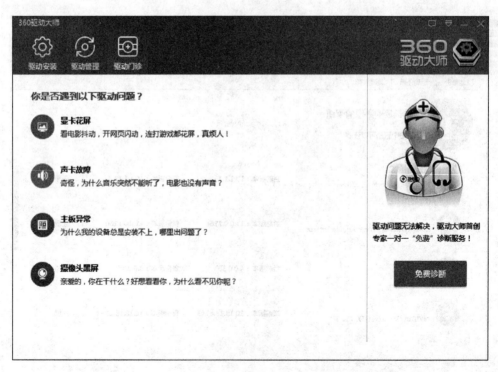

图 8-82　驱动门诊

8.7.4　要点提示

当操作系统安装完成后,首要安装硬件设备的驱动程序。不过,大多数情况下,用户并不需要安装所有硬件设备的驱动程序,如硬盘、显示器、光驱、键盘、鼠标等,而主板、显卡、声卡、扫描仪和摄像头等就需要安装驱动程序。

在安装时,要注意是否和硬件的型号、品牌对应,是否与相应的操作系统对应,同样的操作系统也要区分是 32 位或 64 位,可以使用上面提供的驱动软件自动找到对应的驱动并安装或升级。

本章小结

本章详细介绍了系统优化、检测、磁盘分区、备份/恢复和文件恢复、U 盘启动制作、驱动管理等常用工具软件,可使读者更好地选购和维护微机,保证微机的正常运行。

习题

Windows 优化大师部分

一、单项选择题

1. Windows 优化大师的界面分为( )个区域。
   A. 1　　　　　　　B. 2　　　　　　　C. 3　　　　　　　D. 4
2. Windows 优化大师有( )大功能。
   A. 4　　　　　　　B. 2　　　　　　　C. 3　　　　　　　D. 5
3. ( )不是 Windows 优化大师的功能。
   A. 系统检测　　　B. 系统备份　　　C. 系统优化　　　D. 系统清理
4. PC 需要将"计算机设置为较多的 CPU 时间来运行"设置为( )。
   A. 软件　　　　　B. 硬件　　　　　C. 服务　　　　　D. 程序
5. ( )不是 Windows 优化大师的功能。
   A. 为系统提供全面、有效、简便的优化手段,使微机系统保持最佳状态。
   B. 维护计算机系统软、硬件,使其保持最佳状态。
   C. 全面有效清理系统垃圾文件。
   D. 全面保护计算机系统,有效预防病毒的侵入。
6. 磁盘碎片整理属于( )功能。
   A. 系统检测　　　B. 系统维护　　　C. 系统优化　　　D. 系统清理
7. 利用 Windows 优化大师可以备份的选项不包括( )。
   A. 驱动程序　　　　　　　　　　　B. 系统文件
   C. 本地磁盘上所有文件　　　　　　D. 收藏夹
8. Windows 优化大师的( )功能可以让用户能更直观地了解计算机硬件配置信息以及计算机在处理器、内存、硬盘和显示等方面的性能及整体性能。

  A. 系统检测   B. 系统维护   C. 系统优化   D. 系统清理

9.( )不属于优化大师的性能测试项目。

  A. CPU   B. 内存   C. 打印机   D. 硬盘

10. Windows优化大师提供了( )功能,可以解决由于找不到网卡而担心无法安装网络设备的问题。

  A. 软件智能卸载   B. 3721上网助手

  C. 系统磁盘医生   D. 驱动智能备份

二、填空题

1. 在Windows优化大师中的网络系统优化中,域名解析是将经常访问的网址和_____地址一一对应起来,以提高上网速度。

2. 在Windows操作系统中,_____是系统的核心部分,它记录了计算机的软硬件信息和软件安装信息。

3. Windows优化大师提供的彻底删除文件的系统维护模块是_____。

4. 系统清理包括:_____、磁盘文件管理、软件智能卸载、历史痕迹清理。

5. 开机自启动项中,输入法的名称是_____。

三、上机操作题

1. 查看你所使用的微机信息。

(1)微机内存总容量是多少?一共有几个内存条?这些内存条的型号是什么?它们的容量各有多大?

(2)硬盘的分区及各分区的容量是多少?各自采用什么文件系统?硬盘的转速是多少?采用的接口类型是什么?

2. 优化你的微机。

(1)系统清理:先做磁盘文件、历史痕迹清理,再清理注册表信息。

(2)系统优化:优化计算机的磁盘缓存、文件系统和开机速度,进行系统的个性化设置。

(3)退出优化大师,重启计算机。

傲梅磁盘分区助手(DiskTool)部分

一、填空题

1. 傲梅磁盘分区助手(DiskTool)软件是一款非常强大的_____工具,与Fdisk相比,它侧重于对现有分区进行修改而不是将一块新硬盘进行分区。

2. DiskTool可在不删除原有文件的情况下调整分区_____。

3. 通过DiskTool可以在不损失硬盘中已有数据的前提下对硬盘进行_____分区、_____分区、_____分区、_____分区、_____分区以及_____分区格式等操作。

4. 如果要把两个分区合并成为一个分区,参加合并的其中一个分区的全部内容会被存放到另一个分区的指定的_____下面。

5. 计算机使用一段时间后,很多用户发现当初建立的硬盘分区已经不能适应现在应用程序的要求了,最常见的情况是_____分区容量太小,其他分区却有太多闲置空间。

6. DiskTool 备份分区不对数据进行_____,需要的硬盘空间太大,所以这项功能并不实用,不如用 Ghost 来备份硬盘数据方便。

7. 分区的文件系统有多种多样的类型,如常见的 FAT16、FAT32、_____等,可以使用 DiskTool 来实现分区格式的转换。

8. 可以使用 DiskTool 将两个较小的分区合并成_____的分区。

二、简答题

使用 DiskTool 的注意事项是什么?

三、上机操作题

1. 在你的微机最后一个盘符之后创建一个新分区,要求:从临近分区中减少空间(大小自定),驱动器盘符定为 G,卷标为"数据"。

2. 在 C 盘和 D 盘磁盘之间创建一个备份分区。要求从最后一个盘符中减少部分空间,驱动器盘符为 H,卷标为"备份"。

3. 将某盘的文件系统由 FAT32 转化成 NTFS 格式。

4. 将 G 盘空间作为一个文件夹(名称自定)合并到其他盘中。

5. 将 G 盘删掉。

备份/还原(Ghost)部分

一、单项选择题

1. 要还原映像文件,可以在 DOS 版的 Ghost 界面下选择( )。
   A. To Disk   B. From Partition
   C. To Image   D. From Image

2. 要备份映像文件,可以在 DOS 版的 Ghost 界面下选择( )。
   A. To Disk   B. From Partition
   C. To Image   D. From Image

二、填空题

1. Ghost 是一个_____程序,在运行之前,必须进入 DOS 模式。

2. Disk 表示对整个硬盘备份,Partition 表示单个_____备份以及硬盘检查。

3. Ghost 备份文件的扩展名为_____。

4. 通常创建的主分区符为_____,创建的第一个逻辑分区盘符为_____,第二个逻辑分区为_____,并以此类推向后排列。

5. Ghost 可以把整个硬盘内容制作成一个_____文件。

6. 在恢复系统时一定要先检查一下_____盘是否有重要的文件。

三、上机操作题

1. 使用 Ghost 软件还原硬盘映像区。

2. 使用 Ghost 软件还原整个磁盘。

第 9 章
笔记本电脑

近年来,笔记本电脑价格已经被大多数人所接受,笔记本电脑也不再是身份地位的象征,成为人们办公和处理各类事务以及游戏娱乐的便捷工具。

如今的笔记本电脑不仅外形越来越优美,而且速度流畅,功能越来越强大,几乎可以和一些中等配置的台式机相媲美。

学习目标

（1）了解笔记本电脑的结构和特点；
（2）掌握笔记本电脑的维护常识；
（3）了解笔记本电脑的选购方法。

9.1 笔记本电脑主板结构与功能

笔记本电脑也是计算机,主要构成部件与台式机一样的,都是由主板、CPU、内存、显卡、硬盘和光驱等部件组成。但笔记本电脑体积的限制,内部结构与台式机差别较大。主要区别如下。

（1）笔记本电脑的主板都是单独设计的,基本不可通用,而台式机的主板可以通用各种标准机箱。

（2）笔记本电脑的散热系统与台式机不一样。

9.1.1 情境导入

（1）目前主流笔记本电脑主板结构有什么特点？
（2）是否所有主板都划分南北桥呢？

9.1.2 案例分析

1）笔记本电脑主板结构的特点

当前笔记本虽然品牌众多,外观、功能各异,外形与台式机差别很大,但其基本的架构和原理是一样的,都采用 PC/AT 架构的,这种架构的基本构成有北桥(North Bridge)、南桥(South Bridge)、显示卡、嵌入式控制器(Embedded Controller)和 BIOS 等,这些部分一般都是集成在主板上,配合 CPU、内存就可以开机运行。

南北桥结构是历史悠久而且相当流行的主板芯片组架构,如图 9-1 所示。

(1) 北桥芯片的主要功能。北桥芯片是主板芯片组中起主导作用的部分,也称为主桥(Host Bridge),北桥是连接 CPU、内存(新型 Intel Core i7 系列和 AMD 平台的 CPU 集成了内存控制器,北桥不控制内存)和南桥芯片的中枢,如果是包含独立显卡的微机系统,还会提供与显卡芯片连接的 AGP 或 PCI Express 总线接口。它主要负责对一些高速、大容量的图形、存储数据进行运算和传输。

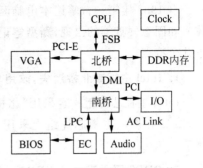

图 9-1　笔记本主板典型结构

一般来说,芯片组的名称就是以北桥芯片的名称来命名的。不同的北桥决定了主板性能的差异。

(2) 南桥芯片的主要功能。南桥芯片主要用来连接一些外部设备,如使用 PCI 总线传输数据网卡、USB 和 IDE 接口设备等。南桥芯片还提供 LPC 总线与 EC 芯片进行通信、系统的电源管理等功能。相对来讲,南桥芯片控制接口处理的数据量及速度较北桥芯片要低,但其内部功能模块较北桥芯片多。

如果说北桥发展的侧重点是在性能方面,那么南桥的发展则主要侧重在功能方面。

① EC 芯片的主要功能。EC 芯片除了控制整个系统电源电压的产生与分配,如系统开机信号、CPU 散热风扇的运转及电池的充放电等,还控制系统中的部分低速端口设备,如内置键盘、触控板等。系统 BIOS 芯片通常是直接挂在 EC 芯片上的。

② BIOS 的主要功能。BIOS 是基于物理 Flash ROM 芯片存储的、人为事先编好的、不同功能模块底层控制程序的结合体。它实现了“底层硬件”和“上层操作系统”之间沟通的桥梁。如果没有它,当用力按下电源开机按钮时,微机系统根本不知道做了什么动作,就更不用说能够正常开机加电、显示了。BIOS 芯片通常还包含显卡、网卡等功能模块的 BIOS 程序。

(3) FSB。前端总线(Front Side Bus,FSB)是 CPU 和北桥芯片组通信的通道。CPU 的前端总线的数据通道的宽度越宽,一次性处理的数据就越多。随着 Intel 微架构处理器的发布,新型的快速通道互连总线(如 Core i7-900 系列)、DMI 总线(如 Core i 系列)出现,为新一代的处理器提供更快、更高效的数据带宽,FSB 的系统瓶颈问题也随之得以解决。

(4) DMI。是 Intel 公司开发用于连接主板南北桥的总线,取代了以前的 Hub-Link 总线。该总线基于 PCI-Express 总线,因此具有 PCI-E 总线的优势。

2) 是否所有主板都划分南北桥

主板上不一定都是南北桥结构,有的主板将南桥和北桥的功能整合在一起,称为“单芯片架构”,这种设计方案有着独到之处,对于节省成本,提高产品竞争力有一定的意义。

目前,不论是 Intel 还是 AMD APU 系列,都是把北桥的数据总线直接交给了处理器完成,其余的全部北桥功能和南桥功能合并为新的单桥(PCH),它将内存控制器集成,实现了主板芯片组的单芯片功能,主要负责 PCI-E、I/O 设备的管理等工作。

9.1.3　要点提示：新型笔记本电脑的特点

自 1985 年第一台笔记本电脑诞生以来,随着低功耗 CPU、新型内存、液晶显示器、3D 技术和固态硬盘等的出现,新型笔记本电脑的性能、大小和待机时间不断提升,体现在以下几个特点。

1. Intel 主板南北桥消失,改用单芯片

Intel 主板芯片组一直采用"北桥芯片＋南桥芯片"的组合,随着自身 CPU 架构的改变,Intel 在新品主板芯片组上采用了单芯片设计,不管是功耗还是发热,该主板都更具优势。

2. DDR3 双通道代替 DDR2,DDR4 成为新一代内存

随着 DDR3 内存价格和 DDR2 内存差距越来越小,整个行业的 DDR3 趋势非常明显,当然也不仅仅是 DIY 行业看好 DDR3,游戏机、品牌机也全面加入 DDR3 的阵营,尤其是游戏机行业。DDR4 内存采用了全新的点对点总线技术,可以尽可能多地使用内存位宽资源,并且能够支持更高的内存频率、更大的内存容量、更低的电压功耗,目前新一代主板多采用 DDR4。

3. 无限制无线上网

第四代移动通信(4G)技术与无线网络技术(Wi-Fi)相结合,使笔记本电脑的高速网络通信能力极大提高。

4. 外置摄像头

如今的笔记本电脑都设有摄像头,只是,内置摄像头还是有很多不便。

5. 与手机互联互通

手机作为网络新终端的地位已经越来越明显,同样作为网络终端的笔记本电脑可以与手机实现全面的互联互通,在数据传输和信息共享方面非常方便。

6. 处理速度更快

未来,笔记本电脑的计算速度必将越来越快。

9.2　笔记本电脑的维护常识

9.2.1　情境导入

笔记本电脑的应用越来越普遍,最近听到朋友抱怨:笔记本电脑太娇气了,无论是国产的,还是欧美乃至日韩产的,一不小心,某个部件甚至整机就废了,太心疼了。

笔记本电脑是一件异常精密的设备,其内部构造非常复杂,液晶屏幕也极易损坏,一些平常用户不太注意到的问题都会让它瞬间报废。那么使用笔记本电脑时需要注意什么? 如何延长笔记本电脑的使用寿命呢?

还有,笔记本电脑与投影仪连接时,要将笔记本的信号输入投影仪上,怎样做到正确、迅速连接呢？

9.2.2 案例分析

1. 延长笔记本电脑使用寿命

为了延长笔记本电脑的使用寿命,使用笔记本电脑时需要注意以下几个问题。

1) 外壳不要划损

笔记本电脑的外壳通常相当光滑,一些采用铝合金属外壳设计的更容易维护,通常只要一块棉布就可以使外壳一尘不染。需要注意的是,在移动的过程中,一定要使用独立的皮包或是布包将笔记本电脑装好,免得在途中划损外壳,在工作的时候,亦不要将笔记本电脑放到粗糙的桌面上,以保护外壳的光亮常新,建议可以使用湿纸巾来进行外壳的擦拭。

2) LCD 显示屏的保养

在笔记本电脑中,最容易受到损坏的是 LCD,一些超薄便携型的 LCD 如果受到挤压就很容易受到损坏,所以不要把任何物件放在笔记本电脑上。

注意日常的清洁,清洁液晶显示屏最好用蘸了清水(或纯净水)的不会掉绒的软布轻轻擦拭。注意避免液晶屏受到划伤、弯曲或击打。

切忌用手、笔尖等物体指点屏幕,容易造成坏点。

笔记本上盖与主机之间有挂钩,可以让笔记本的上盖不会轻易松开,开启或闭合上盖要从挂钩处操作,操作不当易引起上盖变形,会对液晶屏造成伤害。

移动笔记本电脑时,不要只握住液晶屏,一定要握住主机下方的区域。

3) 键盘注意事项

键盘是使用最多的输入设备,按键时要注意力量的控制,不要用力过猛。在清洁键盘时,应先用真空吸尘器加上带最小最软刷子的吸嘴,将各键缝隙间的灰尘吸净,再用稍稍蘸湿的软布擦拭键帽,擦完一个以后马上用一块干布擦干。

根据厂家的测试,洒向键盘的水滴是笔记本电脑最危险的杀手,它所造成的损失将是难以挽回的。如果笔记本电脑在使用中进入了液体,应立刻按住电源开关 3s 以上,强行关机,或者直接拔电源插头,然后把电池和光驱等可以拆卸的部件取下,只要以最快的速度强行关机,一般都可以挽救回来。切记不要再开机查看,直到完全干或者让专业维修人员清除水渍、污渍后再开机。

4) 光驱注意事项

现在很多笔记本电脑都配备了 DVD 光驱,需要定期清洗光头。还要注意,在携带笔记本电脑出门之前,应将光驱中的光盘取出来,否则在发生坠地或碰撞时,盘片与磁头或激光头碰撞,会损坏盘中的数据或者光驱。

光驱容易损坏,尽量不要拿光驱看影碟,因为它不像 VCD、DVD 一样带智能纠错功能,不宜使用质量差的光盘。

5) 硬盘注意防震与备份

震动对于笔记本电脑的硬件危险相当大,应尽量在平稳的地方工作。当然,像台式机一样进行数据整理与备份也是必要的。

6) 电源注意稳定性

笔记本电脑可以使用市内的交流电工作,这时需要注意电压是否稳定,有条件的话可以配合稳压器。使用交流电时不要把电池拿掉,以免突然断电,没有了电池的保护也可能会烧坏主板。

如果在用电高峰或是停电后电力刚恢复、打雷时,最好用电池供电。

7) 正确充电

平时使用的时候,电池放电到10%左右就可以进行充电,切勿每次放电到0%的时候才充电。一个月内进行一次深度放电,就是放电到5%左右时关闭机器重新充电。平时使用笔记本不需要特意取下电池,如果很长时间不使用笔记本,应把电池充电到50%存放。

8) 注意散热

散热问题是笔记本电脑设计中的难题之一。笔记本的散热途径主要靠底部风扇及底部的散热孔,所以使用笔记本时不要堵住了散热孔,造成死机。

9) 其他注意事项

(1) 暂时不使用笔记本电脑时,使笔记本电脑系统进入休眠状态(简便的方法就是直接关闭显示屏)。

(2) 在没有必要的情况下不要启用电池,直接插交流电源工作。

(3) 降低屏幕亮度。

(4) 关闭无线网卡。

(5) 插拔外接部件时,用力适度,否则插口易出现问题影响主板。

(6) 磁化是笔记本电脑最大的杀手,不要把磁化杯、磁卡、磁暖炉等强磁的东西放在笔记本周围。

2. 笔记本电脑与投影仪连接的方法

(1) 用笔记本电脑与投影仪搭配使用时有3种显示模式。

① 笔记本屏幕有显示、投影仪不显示。

② 笔记本屏幕、投影仪均有显示。

③ 投影仪有显示、笔记本屏幕无显示。

3种切换方法为:按Fn键加笔记本电脑键盘上有显示器图标的键(不同品牌的计算机,功能键有所不同)。例如,某品牌的笔记本电脑键盘上有显示器图标的键是F5,不断地按Fn+F5键,笔记本的显示模式就会在"只在笔记本上显示""只在投影机上显示"与"笔记本与投影机同步显示"这3种模式下轮流切换。

(2) 连接笔记本电脑时,计算机和投影仪无故障,还经常遇到以下几个问题。

① 投影画面图像质量较差,屏幕图片显示不完全。

解决办法:如果要获得较优的图像质量,要调整笔记本显示设置中的屏幕分辨率以匹配投影机分辨率,例如调整笔记本屏幕分辨率为800×600或者更低,不要使用宽屏分辨率,刷新频率为60~75Hz,也可参考投影仪说明书。

② 笔记本电脑播放视频文件时,计算机上正常显示,但投影出来的视频框中没有图像,一片黑。

解决办法:这是由于显示属性与投影仪性能不匹配造成的,可以通过修改显示属性,把硬件加速调低。

9.2.3 边学边做：笔记本电脑故障分析

1. 不加电（电源指示灯不亮）

（1）检查外接适配器是否与笔记本正确连接，外接适配器是否工作正常。

（2）如果只用电池为电源，检查电池型号是否为原配电池；电池是否充满电；电池安装的是否正确。

（3）检查电源板是否正常。

2. 电源指示灯亮，但系统不运行，LCD也无显示

（1）按住电源开关并持续3s以上关闭电源，再重新启动检查是否启动正常。

（2）外接其他显示器，看是否正常显示。

（3）检查内存是否插接牢靠。

（4）清除CMOS信息。

（5）尝试更换内存、CPU或充电板。

3. 显示的图像不清晰

（1）调节显示亮度后是否正常。

（2）检查显示驱动安装是否正确，分辨率是否适合当前的LCD尺寸和型号。

（3）检查LCD连线与主板连接是否正确。

（4）检查背光控制板工作是否正常。

（5）检查主板上的北桥芯片是否存在冷焊和虚焊现象。

4. 触控板不工作

（1）检查是否有外置鼠标接入，并用鼠标测试程序检测是否正常。

（2）检查触控板连线是否连接正确。

（3）检查键盘控制芯片是否存在冷焊和虚焊现象。

5. USB口不工作

（1）重新插拔USB设备，检查连接是否正常。

（2）在BIOS设置中检查USB口是否设置为Enabled。

（3）检查USB端口驱动和USB设备的驱动程序安装是否正确。

（4）更换USB设备。

6. 播放器无声音

（1）检查音量调节是否正确。

（2）检查声音文件是否正常。

（3）检查喇叭及话筒连线是否正常。

（4）检查声卡驱动是否安装。

（5）用声卡检测程序检测是否正常。

（6）更换声卡。

7.　笔记本电脑花屏

（1）显示卡的主控芯片散热效果不良。

（2）显存速度太低，更换更高速的显存，或降低主机的速度。

（3）显存损坏，更换显存芯片。注意有些显存集成在显卡芯片里，这样必须更换显卡芯片。

（4）病毒原因，用杀毒软件杀毒即可消除。

以上这些问题在解决的时候，可能最根本原因在主板，最后要检查或更换主板。

9.3　笔记本电脑的选购

9.3.1　情境导入

笔记本电脑行业竞争非常激烈，各种笔记本电脑品牌型号极多，选择的时候要看笔记本电脑的哪些方面呢？

9.3.2　案例分析：选购方法

1.　购买前的准备

（1）根据自己的预算，决定适合的品牌，千万别因贪图便宜而选择品质、售后服务都较差的小品牌或杂牌。

（2）摸清这款机器的配置情况，以及预装系统和基本售后服务。

（3）访问相关品牌的网站，了解机型近期的市场行情，价格走势，甚至是否有促销活动，这样不仅能掌握到最新最准确的价格信息，还可以避免商家克扣用户的赠品。

2.　验机过程

在选好机型，并与商家谈好价钱后，就该进入烦琐但又必须仔细的验机过程。验机过程主要包括验机箱、验外观和验配置。

1）验机箱和验外观

（1）观察机箱的外观，如果发现包装箱发黄、发暗就要小心了，这种机箱很可能被商家积压很久，当消费者购买相关产品后，商家再将展示的样机装在里面，重新封口。而机箱崭新，但外面稍有小的损伤不用太在意，这往往是运输过程中的问题，有时是无法避免的。

（2）从机箱内取出计算机后不要忙于检测，应先核对装箱清单上的机器型号及随机附带的所有配件（如说明书、保修卡、系统恢复光盘、电源适配器、转接线及附送的其他软件光盘等）是否与实际情况一致。

（3）任何一台笔记本电脑机身上都有一个序列号（一般贴在机器底部），把这个序列号抄下来，然后进入 BIOS，查看 BIOS 里的序列号是否与机器背面的序列号一致。如果发现两者不一致，说明这台机器已被动过手脚（笔记本电脑的主板已被换过或此机属于返修机），应果断地放弃购买。

（4）如果买到品牌的样机，很可能由于该机出厂时间过长而失去应得的售后服务，所以，先仔细检查机器的顶盖，通过不同角度与光线的组合，查找是否有划痕。

(5) 检查机器的 I/O 端口、电源插头以及电池接口，全新的机器一定不会出现尘土、脏物及使用过的痕迹。

2) 验配置

经过上面的包装箱、机器外观检验，就进入实质性的硬件配置检测环节。其实通过查看 Windows 的系统属性也能简单了解相关的硬件情况，但是为了更加严谨、准确，还是推荐使用一些优秀的检测程序。例如 HWINFO32 测试软件，一切的硬件信息就一目了然了。

以下给出笔记本电脑主要部件的配置和选购方法。

(1) 看 CPU。除了看是否为专用 CPU 外，还要看 CPU 的散热方式。CPU 的温度越高，系统越不稳定。目前有两种散热方式，一种是风扇散热，一种是采用"导热技术"，前者耗电量大，有噪音；后者工作时无噪音，省电，但价格也稍高一点。

可以借助 Intel Processor Frequency ID Utility 软件来检查 CPU 主频、系统前端总线频率和实际报告频率等众多参数。

Core i7(酷睿 i7)是针对高端发烧友以及游戏玩家而推出的产品，面向高端市场。目前，它是一款集英特尔所有最新最好的技术，为用户带来终极智能化性能的最高端处理器。当然价格也最高。

Core i5 是针对主流市场而推出的高性能产品，它的睿频智能加速技术，可以在各种应用中提升处理器的性能。尤其适合大型的图形图像处理，主流游戏以及视频处理任务。

Core i3 由 CPU+GPU 两个核心封装而成，属于中低端级别，主要面向入门级的市场，低功耗，低温度，价位也比较低。

另一个著名品牌的 CPU 是 AMD，以多核心取胜，双核方面，还是 Intel 的占优势。

(2) 看主板。笔记本电脑采用单一主板结构，全机只有一块主板，板上安装了从中央处理器 CPU、存储器、显示控制器、硬盘控制器、输入/输出控制器到网络控制等绝大部分集成电路芯片。主板采用六层以上的多层印制板，为减少发热，集成电路芯片一般都采用低功耗的 CMOS 芯片。

(3) 看内存。目前，比较新的内存规格为 DDR3 和 DDR4，而市面上很多笔记本依然只是配备了老的 DDR2 规格内存。根据相关的综合性能测试，DDR3 的整体性能要比 DDR2 好上 $10\% \sim 15\%$。所以，如果可以，建议买 DDR3 内存的笔记本或更高的 DDR4。

(4) 看 LCD。仔细检查 LCD 屏幕，不要买到带有 LCD 坏点的笔记本，检测坏点的最好方法是使用专业的显示器测试软件，如 Display Test 能够查看显示效果和多项技术参数。所以在准备购机的时候，一定要准备好检测软件、U 盘，并记着携带。

(5) 看键盘。选购键盘时，应该亲自去体会键盘按键手感。检测按键手感时，应当以适当力量敲击按键，感受其响应时间、按键弹性和声音大小。另外，查看键帽的表面是否整齐、光滑，并仔细观察上面的字迹是否清晰、耐磨。

(6) 看显卡。集成显卡是靠 CPU 来计算数据的，而独立显卡本身就带有处理器，能独立进行计算。

如果用户对于显卡的参数不太懂,要重点看"显存位宽"这项参数:64 位的属于低端显卡,128 位的属于中端显卡,256 位的属于高端显卡。

(7) 看前端总线。前端总线是 CPU 和外界交换数据的最主要通道,因此前端总线频率越大,代表着 CPU 与内存之间的数据传输量越大,更能充分发挥出 CPU 的功能。如果没足够快的前端总线,再强的 CPU 也不能明显提高微机的整体速度。

(8) 看电池。检查电池和主机上电池插槽的金属触片,如果发现有明显的插拔痕迹,说明电池已被使用过。一些厂商的电池可以通过系统里所带的软件显示出已充电次数、容量等参数,一般新机的电池使用次数应为 0~1 次。不能显示电池信息的笔记本电脑,可以借助软件如 BatteryMon 来测试电池的实际满充容量。

(9) 看光驱。观察光驱外表有无拆过的划痕,用自带的光盘测试光驱的读盘是否快速,然后用 Nero InfoTool 软件测试一下,光驱的读写速度、缓存、支持的盘片种类等参数就可一目了然。

(10) 看硬盘。从"系统属性"里可以查看出硬盘的具体型号、容量和转速。新硬盘一般不会有什么问题,可以在硬盘读盘时聆听其工作噪音是否正常,如遇到有较大的运转噪音或一些无规律的工作噪音,应该让商家换机。

总之,在选购笔记本电脑时,一般应从价格、性能、质量和服务 4 个方面综合考虑,要从配置、品牌、速度、容量、升级潜力和售后服务等方法综合考虑。

付款后,索要发票和填写保修卡也是不可忽视的重要环节。

按照这些方法,用户就一定能够选择一台满意的笔记本电脑。

本章小结

本章全面而详细地介绍了笔记本电脑的主要结构、维护常识、常见故障及选购方法,可使读者对笔记本电脑有更清楚的认识。在日常使用时要注意其保养方法,提高笔记本电脑的使用寿命。

习题

一、单项选择题

1. 大部分品牌笔记本电脑进入 BIOS 的方法是按(   )键。

   A. F1   B. F2   C. F3   D. F10

2. 可以制作笔记本电脑的系统恢复盘的软件是(   )。

   A. DM   B. QM   C. fdisk. exe   D. Ghost

3. 笔记本电脑最早采用的是(   )电池。

   A. 锂   B. 镍氢

   C. 镍镉   D. 以上同时出现

4. 笔记本电脑的内存长度只有台式机内存的(   )。

   A. 1/2   B. 1/3   C. 1/4   D. 1/5

5. 下列关于笔记本液晶屏的说法正确的应该是(   )。

    A. 液晶屏很结实,即使不小心摔一下也不会有大碍

    B. 液晶屏很脆弱,很容易烧坏,所以尽量减少使用次数。

    C. 液晶屏很结实,擦拭时用湿的蘸水棉布

    D. 液晶屏电磁辐射小

二、多项选择题

1. 笔记本电脑的几大关键部件是(   )。

    A. CPU   B. 主板   C. 显示屏   D. 电源

2. 激活电池的基本原则是(   )。

    A. 充放电时电流一定不要过小   B. 没有任何要求

    C. 低电压,低电流   D. 尽量要充满,放完全

3. 对笔记本电池说法正确的是(   )。

    A. 笔记本电池永远坏不了   B. 笔记本电池报废了可以免费换

    C. 笔记本电池有一定的使用年限   D. 随着年限其性能会逐渐降低

4. 笔记本电脑的 LCD 的故障包括(   )。

    A. 显示器出现大量坏点   B. 显示器偏色

    C. 显示器面板破碎   D. 显示器没有图像

5. 下列关于笔记本硬件故障和软件故障说法正确的是(   )。

    A. 硬盘或主板坏是硬件故障,液晶屏坏了也是硬件故障

    B. 上网时将文件下载到硬盘上但打不开文件,是硬件故障

    C. 系统感染病毒,计算机运行速度缓慢,是软件故障

    D. 操作系统桌面老弹出错误对话框,是软件故障

三、判断题

1. 为防止电源适配器长时间充电降低电池寿命,机内设有检测电路和充电状态指示,并可用电池充满后自动切断充电回路。   (   )

2. 笔记本电脑通常有两块电池。   (   )

3. 笔记本电脑应该将原电池彻底使用完后再用其他电池。   (   )

4. 过度充电对笔记本电脑电池没有损坏。   (   )

5. 避免在高温环境中长时间使用笔记本电脑。   (   )

6. 在过于柔软的平台上使用笔记本电脑比较好,因为这样比较舒适。   (   )

7. 笔记本电脑不能使用台式机 CPU。   (   )

8. 锂离子电池充电开始时为恒速方式,电压达到一定值后以恒压方式慢流充电。   (   )

9. 电池充电时可以执行其他操作,对笔记本电脑没有任何影响。   (   )

10. 通常两条内存的机器比一条内存的机器热一些。   (   )

11. 笔记本电脑的 BIOS 中可以设置一些硬盘的参数。   (   )

12. 较高的湿度会导致笔记本内部的触控板装置短路。   (   )

13. 触控板能够感应到指尖的任何移动。　　　　　　　　　　　　（　　）
14. 笔记本电脑内部没有 CMOS 电池。　　　　　　　　　　　　（　　）
15. 笔记本电脑非标配的光驱不能引导计算机。　　　　　　　　　（　　）
16. 笔记本电池标识的 mAh 决定电池容量。　　　　　　　　　　（　　）
17. 笔记本电脑各部件进行维护保养没有很好的方法。　　　　　　（　　）
18. 所有笔记本电脑的 RAM 内存插槽可以使用相同内存。　　　　（　　）
19. 不同品牌笔记本电脑的适配器完全可以通用。　　　　　　　　（　　）
20. 笔记本电脑的吸盘式光驱接口完全相同,可以通用。　　　　　（　　）

四、简答题

笔记本电脑有哪些电源管理模式？应如何灵活使用笔记本电脑的电源管理功能？

第10章
网络组建和使用常识

计算机网络技术实现了资源共享,人们可以在办公室、家里或其他任何地方,访问和查询网上的任何资源,极大地提高了工作效率,促进了办公自动化、工厂自动化、家庭自动化的发展。

学习目标

(1) 了解组网常用设备的功能;
(2) 了解网络地址结构;
(3) 掌握 IP 地址配置和网络维护常识;
(4) 掌握局域网组建的方法;
(5) 掌握台式机和笔记本电脑无线上网的方法。

10.1 常用设备

10.1.1 情境导入

网络设备及部件是连接到网络中的物理实体。网络设备的种类繁多,且与日俱增。基本的网络设备除计算机(服务器或工作站)外还有网卡、集线器、交换机、网桥、中继器、路由器和网关等,这些设备有什么功能? 如何选购? 组建一个家庭或办公室中的局域网需要什么设备? 局域网接入广域网需要什么设备?

10.1.2 案例分析1:局域网所需设备

以组建小型局域网为例,分析常用组网设备。

1. 网卡

网卡(网络适配器)是局域网最基本的组件之一,是微机接入网络时必需配置的硬件设备。网卡是连接微机和局域网的桥梁,网卡和微机之间的通信是通过微机主板上的 I/O 总线完成,网卡和局域网之间的通信则是通过电缆(如双绞线)连接。

1)类型

(1) 独立网卡和集成网卡。集成网卡比独立网卡差的地方就是要占用一部分系统资源,但是占用较少,不影响机器运行。现在都是主板集成网卡,一般都是 100Mb/s 到

1000Mb/s 自适应网卡,国内的网络通常为 100Mb/s 带宽,集成的网卡足够用了,没有特殊需要不用单独购置独立的网卡。

(2) 有线网卡和无线网卡。有线网卡是通过宽带、电话线等有线接入方式与 Internet 连接上网;无线网卡是利用无线上网的一个装置,但是需要一个可以连接的无线网络,比如无线路由器或者无线接入点,就可以通过无线网卡以无线的方式连接上网。台式计算机最好用有线网卡上网,速度快又稳定,无线网卡的上网速度慢且不稳定。

2) 选购

在组网时是否能正确选用、连接和设置网卡,往往是能否正确连通网络的前提和必要条件。一般来说,在选购网卡时要考虑以下因素。

(1) 网络类型。选择时应根据网络的类型来确定相对应的网卡。

(2) 网卡的接口类型。目前常见的接口主要是以太网的 RJ-45 接口。RJ-45 接口的网卡应用在以双绞线为传输介质的以太网中,是最为常见、也是应用最广的一种接口类型网卡。

(3) 传输速率。根据服务器或工作站的带宽需求,并结合物理传输介质所能提供的最大传输速率选择网卡。以以太网为例,可选择的速率有 100Mb/s 和 1000Mb/s,不是速率越高就越合适,例如,为连接在只具备 100Mb/s 传输速度的双绞线上的微机配置 1000Mb/s 的网卡就是浪费。

(4) 总线类型。目前微机中常见的总线插槽类型是 PCI 和外接 USB 口,应选购 PCI 网卡或 USB 网卡。

(5) 价格与品牌。不同速率、不同品牌的网卡价格差别较大。

推荐用 100Mb/s 的 RJ-45 接口的 PCI/PCI-E 网卡或者 100Mb/s/1000Mb/s 自适应网卡,价格不贵传输的数据量又比较大,适应多种类型的用户。

2. 双绞线

双绞线具有抗干扰能力强、传输距离远、布线容易和价格低廉等优点,在局域网中应用广泛。它是由两根绝缘铜导线相互缠绕而成的线对,两端都必须安装 RJ-45 连接器(俗称水晶头),如图 10-1 所示,才能完成线路连接任务。

图 10-1　双绞线与水晶头

1) 类型

计算机局域网中的双绞线可分为非屏蔽双绞线和屏蔽双绞线两大类。屏蔽双绞线外面由一层金属材料包裹,以减小辐射,防止信息被窃听,同时具有较高的数据传输速率,但价格较高,安装也比较复杂;非屏蔽双绞线只有一层绝缘胶皮包裹,价格相对便宜,组网灵活。一般情况下采用非屏蔽双绞线。

现在使用的非屏蔽双绞线有五类、超五类、六类和超六类等。五类因价廉、质优而成为快速以太网（100Mb/s）的首选；超五类的用武之地是千兆位以太网（1000Mb/s）；六类线适用于传输速率高于1Gb/s的网络，应用于新一代全双工的高速网络；超六类线在串扰、衰减和信噪比等方面较六类线有较大改善。

2）选购

双绞线质量的优劣是决定局域网带宽的关键因素之一，只有标准的超五类或六类双绞线才可能达到100～1000Mb/s的传输速率；而品质低劣的双绞线是无法满足高速率的传输需求的。选购时注意以下内容。

（1）包装好。包装纸箱从质地到印刷都很精美，有的还贴有防伪标志。

（2）有标识。例如外面塑料包皮上印有诸如"CAT5"之类的字样，表明是五类线。

（3）颜色清。剥开双绞线的外层胶皮后，里面有颜色不同的4对8根细线，依次为橙、橙白、绿、绿白、蓝、蓝白、棕、棕白，没有颜色或颜色不清的网线不要购买。

（4）韧性好。用手捏线缆，手感应当饱满。线缆还应当可以随意弯曲，以方便布线。

由于不同品牌双绞线的价格有差别，在选购双绞线时，可以根据自己的实际需要和经济承受能力进行选择。一定要购买超五类双绞线，甚至是六类双绞线，为以后网络升级奠定基础。

3. 集线器和交换机

集线器又称Hub，主要用来连接少量网络终端的微机或其他设备，价格便宜是它最大的优势。但集线器会共享局域网的带宽，比如一根带宽为100Mb/s的网线，通过Hub连接另外两台终端，那么这两台终端的带宽分别为50Mb/s；如果连接四台终端，每个终端仅为25Mb/s。如果使用交换机连接四台终端到100Mb/s的网络上，这四个终端的带宽都是100Mb/s。所以在一些要求不高的网络中，选择简单、廉价的集线器，而在中、大型网络中要用交换机。随着网络交换技术的发展，集线器正逐步被交换机取代。

如今，各网络产品公司纷纷推出不同功能、种类的交换机产品，而且市场上交换机的价格也越来越低，选择什么样的交换机才能提高网络性能呢？

如果要组建中小型网络，一般100Mb/s的交换机是最明智的选择。因为现在100Mb/s自适应网卡会自己根据网络的具体情况选择速率，所以，为其配置100Mb/s带宽的交换机就可以发挥网卡的最大性能。若要配置更高的1000Mb/s交换机，还要配备六类线，并按要求施工，制作水晶头，保证每台设备都是1000Mb/s的网卡。

10.1.3 案例分析2：网络互联设备

常见网络有局域网（LAN）和广域网（WAN）两种类型。网络互连可分为LAN-LAN、LAN-WAN、LAN-WAN-LAN和WAN-WAN四种类型。

1. LAN-LAN

局域网互联时常用的互联设备有中继器或网桥，如图10-2所示。

1）中继器

中继器是局域网互联的最简单设备,用于连接同一个网络的两个或多个网段,可以连接不同类型的介质。中继器没有隔离和过滤功能,一个分支出现故障可能影响到网络中其他的分支。

中继器是扩展网络的最廉价的方法。当扩展网络的目的是要突破距离和节点的限制时,并且连接的网络分支都不会产生太多的数据流量而成本又不能太高时,就可以考虑选择中继器。

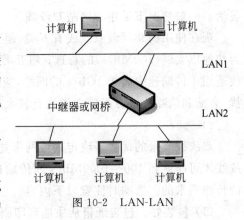

图 10-2　LAN-LAN

2）网桥

网桥将两个相似的网络连接起来,由于网络的分段,各网段之间相对独立,一个网段的故障不会影响到另一个网段的运行。网桥包含了中继器的功能和特性,不仅可以连接多种介质,还能连接不同的物理分支,网桥的典型应用是将局域网分段成子网,从而降低数据传输的瓶颈。

中继器和网桥对相连局域网的要求不同。中继器要求相连两网的介质控制协议与局域网适配器相同,与它们使用的电缆类型无关;网桥可以连接完全不同的局域网适配器和介质访问控制协议的局域网段,只要它们使用相同的通信协议就可以,网桥是中继器的功能改进。

2. LAN-WAN

局域网和广域网互联时,用来连接的设备是路由器或网关,如图 10-3 所示。

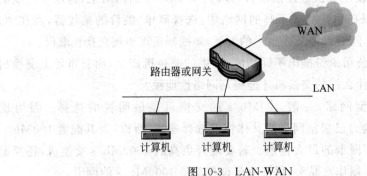

图 10-3　LAN-WAN

1）路由器

路由器比网桥慢,主要用于广域网或广域网与局域网的互联。

比起网桥,路由器不但能过滤和分隔网络信息流、连接网络分支,还能访问数据包中更多的信息,并且用来提高数据包的传输效率。

Internet 由各种各样的网络构成,路由器是一种非常重要的组成部分,整个 Internet 上的路由器不计其数,并且路由器的配置也比较复杂。

2）网关

网关又叫协议转换器，可以支持不同协议之间的转换，实现不同协议网络之间的互联。主要用于不同体系结构的网络或者局域网与主机系统的连接，如果要连接差别非常大的三种网络（如以太网、IBM 令牌环网和 ARCNET 网），则选用网关。

网关一般是一种软件产品。目前，网关已成为网络上每个用户都能访问大型主机的通用工具。

3. LAN-WAN-LAN

将两个分布在不同地理位置的 LAN 通过 WAN 实现互联，连接设备主要有路由器或网关，如图 10-4 所示。

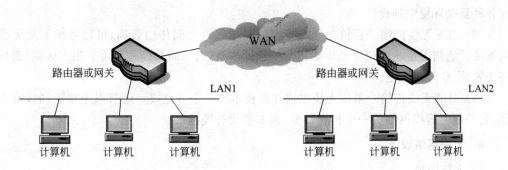

图 10-4 LAN-WAN-LAN

4. WAN-WAN

通过路由器或网关将两个或多个广域网互联起来，使分别连入各个广域网的主机实现资源共享，如图 10-5 所示。

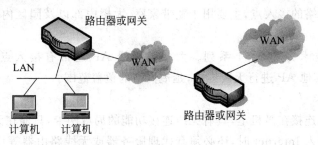

图 10-5 WAN-WAN

总之，网络规模较小时可以用中继器或网桥将两个局域网互联，中继器主要是简单放大信号，网桥则具有智能转发功能。要将局域网和广域网连接起来必须用网关或路由器，若使用网桥，会出现网桥堵塞问题。

5. 网络传输介质

1）类型

网络传输介质分为有线介质和无线介质。有线介质包括同轴电缆（粗缆和细缆）、双绞线和光纤，无线介质包括卫星无线传输和微波无线传输。

2）应用

在局域网中应用最多的传输介质是双绞线和光缆,有的使用电话线,细缆和粗缆逐渐被淘汰。

（1）粗缆。主要用于各局域网段距离较近,能够使用网桥、路由器延伸网线,但是如果间隔几千米以上的距离,粗缆就不适用了。除粗缆外,可用于连接局域网间的介质还有电话线、光缆、卫星网络和微波无线传输。

（2）光缆。近年来,随着千兆以太网的应用以及万兆以太网的逐步到来,光缆在局域网中的应用也越来越多。近几年,局域网、城域网、校园网或园区网的网络布线几乎都铺设光缆。虽然信号在同轴电缆上传输的速度与光信号在光缆上传输的速度差不多,但光信号可以传得更远。光缆的另一特点是抗电气干扰能力强和不活泼化学特性,因而可以在各种复杂环境中铺设。

（3）卫星无线传输。若想在分布很广的局域网段之间传输数据,可以考虑卫星无线电系统。通信卫星一般位于地球赤道上空的同步轨道,因而其信号可覆盖很大区域,而且易于安装、信号较稳定。

（4）微波无线传输。采用无线电或红外技术将一个节点或一组节点连接到局域网主体,它一般是有缆网络的一个扩充部分,而非替代有缆网络。

6. 无线网络设备

1）无线网络

利用无线电波作为信息传输媒介,构成无线网络。组建无线网络所使用的设备称为无线网络设备,与普通有线网络所用的设备有一定的差异。

2）无线 AP(无线接入点)

无线 AP 是无线网络的无线交换机,也是无线网络的核心。无线 AP 是移动计算机用户进入有线网络的接入点,主要用于宽带家庭、大楼内部以及园区内部,典型距离覆盖几十米至上百米。

目前主要技术为 802.11 系列。大多数无线 AP 还带有接入点客户端模式（AP client）,可以和其他 AP 进行无线连接,延展网络的覆盖范围。

3）无线网卡

无线网卡是连接在微机上,具有无线连接功能的局域网卡,只能在无线局域网的范围内使用。当它接入 Internet 时,还必须有代理服务器或无线路由器等设备。无线网卡有不同的传输速率和不同接口,购买时要注意选择。如图 10-6 为 TP-Link 生产的 PCMCIA 接口和 USB 接口的无线网卡。

图 10-6   PCMCIA 接口和 USB 接口的无线网卡

4）无线上网卡

无线上网卡即无线广域网卡，连接到无线广域网，如中国移动的 TD-SCDMA、中国电信的 CDMA2000、CDMA 1X 以及中国联通的 WCDMA 网络等。无线上网卡的作用相当于有线的调制解调器，它可以在拥有无线电话信号覆盖的任何地方，利用 USIM 或 SIM 卡连接到互联网上，不用有线。常见的接口主要有 PCMCIA 接口和 USB 接口，如 3G 上网卡、4G 上网卡等。

5）无线路由器

无线路由器本质上是个路由器，平时用的宽带路由器是用网线连接微机进行通信的，而无线路由器则是使用无线电波传输数据，有无线网卡的微机不需要用网线连接，只需搜索到无线信号就可以上网了。但是无线路由器还要通过网线连接 Internet 并配置相应参数。

10.1.4　要点提示

1. 服务器是什么

服务器是一种高性能计算机，作为网络的节点，存储、处理网络上 80％的数据、信息，因此也被称为网络的灵魂。网络终端设备如家庭、企业中的微机上网，获取资讯，与外界沟通、娱乐等，必须经过服务器，因此，可以说服务器是"组织"和"领导"网络终端设备的。

2. ADSL 是什么

ADSL 是一种利用电话线路完成高速 Internet 连接的技术。ADSL Modem 则是连接计算机与电话线路的中间设备，是用户能够使用 ADSL 技术接入互联网的重要设备。

10.2　网络地址结构

10.2.1　情境导入

在 Internet 上有成千上万台主机，如何实现这么多的主机既要共享网络资源还不发生冲突？常说的网址是什么？域名和 IP 地址是什么，它们有什么关系呢？域名和 IP 地址又是如何划分的？这一节将分析网络的地址结构。

10.2.2　案例分析

1. 定义

在网络中为了区分不同的计算机，需要给计算机指定一个号码，这个号码称为"IP 地址"。IP 地址就像家庭住址一样，如果你要写信给一个人，你就要知道他（她）的地址，这样邮递员才能把信送到，计算机发送信息就好比是邮递员，它必须知道唯一的"家庭地址"才不致把信送错。只不过家庭地址用文字表示，计算机的地址用数字表示。

IP（Internet Protocol，Internet 协议）是为网络中的计算机相互通信而设计的协议。

Internet 上的每台主机都有一个唯一的 IP 地址。IP 地址的长度为 32 个二进制位，分为 4 段，每段 8 位，由于比较长，为了方便人们的使用，IP 地址经常被写成十进制的形式,中间用符号"."分开,每段数字范围为 1～254,如 202.206.96.204,包括网络地址和主机地址。

2. 类型

IP 地址分为 A、B、C、D、E 5 类。常用的是 B 和 C 两类。

1)A 类 IP 地址

A 类 IP 地址由 1 字节的网络地址和 3 字节主机地址组成,网络地址的最高位必须是二进制的 0,地址范围为 1.0.0.0～126.0.0.0。可用的 A 类网络有 126 个,每个网络能容纳 1 亿多个主机。

2)B 类 IP 地址

B 类 IP 地址由 2 字节的网络地址和 2 字节的主机地址组成,网络地址的最高位必须是二进制的 10,地址范围为 128.0.0.0～191.255.255.255。可用的 B 类网络有 16382 个,每个网络能容纳 6 万多个主机。

3)C 类 IP 地址

C 类 IP 地址由 3 字节的网络地址和 1 字节的主机地址组成,网络地址的最高位必须是二进制的 110。范围从 192.0.0.0 到 223.255.255.255。C 类网络可达 209 万个,每个网络能容纳 254 个主机。

4)D 类地址用于多点广播(Multicast)

D 类 IP 地址首字节以二进制的 1110 开始,它是一个专门保留的地址,并不指向特定的网络,目前这一类地址被用在多点广播中。多点广播地址用来一次寻址一组计算机,它标识共享同一协议的一组计算机。

5)E 类 IP 地址

E 类 IP 地址字节以二进制的 11110 开始,为将来的使用保留。

全零(0.0.0.0)地址对应于当前主机,全 1 的 IP 地址(255.255.255.255)是当前子网的广播地址。

3. 如何分配 IP 地址

TCP/IP 协议需要针对不同的网络进行不同的设置,且每个节点一般需要一个"IP 地址"、一个"子网掩码"和一个"默认网关"。也可以通过动态主机配置协议(DHCP),给客户端自动分配一个 IP 地址,简化了 TCP/IP 协议的设置。

10.2.3 要点提示

一台计算机不只有一个 IP 地址,可以指定一台计算机具有多个 IP 地址,因此在访问互联网时,不要以为一个 IP 地址就是一台计算机;另外,通过特定的技术,也可以使多台服务器共用一个 IP 地址。

10.2.4 边学边做:查看和配置 IP 地址

1. 如何获知自己的 IP 地址

网络上的每一台计算机都需要一个 IP 地址才能上网,而宽带采取动态分配 IP 地址的方式,也就是说,每次上网时所得到的 IP 地址都会不一样,这样才能更加有效地运用有限的 IP 资源。

（1）单击"开始"|"运行"命令,输入 cmd 命令,打开命令提示符窗口。

（2）输入 ipconfig 命令,就可以查看到自己的 IP 地址了,如图 10-7 所示,显示编者本机的"本地连接"和"宽带"的 IP 地址。

图 10-7　显示 IP 地址

2. 如何给一台计算机设置多个 IP 地址

在局域网中,作为服务器的计算机通常需要设置两个或更多个 IP 地址,一个用来连接 Internet,一个用来连接内部网络。在一台 Windows 系统的计算机上设置多个 IP 地址的步骤如下。

在 Windows XP 系统中设置如下。

（1）执行"开始"|"设置"|"网络连接"命令,打开"网络连接"窗口。

（2）在"本地连接"图标上右击,在弹出的快捷菜单中执行"属性"命令,打开"本地连接属性"对话框中的"常规"选项卡。

（3）在"此连接使用下列项目"列表中,选择"Internet 协议（TCP/IP）"选项,然后单击"属性"按钮,打开"Internet 协议（TCP/IP）属性"对话框。选择"使用下面的 IP 地址"单选按钮,然后在"IP 地址"和"子网掩码"中设置 IP 地址。

（4）单击"高级"按钮,打开"高级 TCP/IP 设置"对话框中的"IP 设置"选项卡。

（5）在"IP 地址"选项区域中,单击"添加"按钮,即可在打开的"TCP/IP 地址"对话框中,设置新的 IP 地址。

（6）单击"添加"按钮,即可为本机增加一个新的 IP 地址。重复上面的步骤,就可以为一台计算机设置多个 IP 地址了。

在 Windows 10 系统中设置如下。

（1）单击"开始"|"控制面板"|"网络和 internet 网络连接"命令。

（2）在"本地连接"上右击,单击"属性"选项,弹出"本地连接属性"窗口。

（3）选择"Internet 协议（TCP/IP）"选项，单击"属性"按钮，打开"Internet 协议（TCP/IP)属性"对话框。

（4）切换到"高级"选项，在"高级 TCP/IP 设置"的 IP 地址栏下方输入为网卡分配的 IP 地址和子网掩码。单击"添加"按钮，在弹出的窗口中输入新的 IP 地址，添加新的网关。

（5）切换到 DNS 选项卡，其中列出了当前 DNS 的 IP 地址。单击"添加"按钮，输入新的 DNS 的 IP 地址，设置完成后单击"确定"按钮。

10.3　网络安全常识

10.3.1　情境导入

对计算机信息构成不安全的因素很多，包括人为因素、自然因素或偶发的因素。其中，人为因素是指一些人利用计算机网络存在的漏洞，非法获取重要数据、篡改系统数据、破坏硬件设备、编制计算机病毒等，或者潜入计算机房盗用计算机系统资源。人为因素是对计算机信息网络安全威胁最大的因素。

10.3.2　案例分析：如何提高网络安全

网络安全是指网络系统的硬件、软件及系统中的数据受到保护，不因偶然的或者恶意的原因而遭到破坏、更改或泄露，系统可以连续可靠正常地运行，网络服务不被中断。

提高网络安全的一些措施如下。

1. 不要回陌生人的邮件

有些黑客可能会冒充某些正规网站的名义，然后编个冠冕堂皇的理由寄一封信给用户，要求用户输入上网的用户名与密码，如果单击"确定"按钮，用户的用户名和密码就进了黑客的邮箱。所以不要随便回陌生人的邮件，即使他说得再动听、再诱人也不要上当。

2. 禁用 Guest 账号

（1）在 Windows XP 系统中，右击"我的电脑"图标，在快捷菜单中选择"管理"命令，打开"计算机管理"窗口。选择"本地用户和组"中的"用户"选项，在 Guest 账号上右击并选择"属性"命令，打开"Guest 属性"对话框。在"常规"选项卡中选择"账户已停用"复选框，如图 10-8 所示。

（2）在 Windows 10 系统中，进入"控制面板"后，找到"用户账户"界面，在"用户账户"界面，单击"管理其他账户"命令，在"管理账户"界面中可关闭来宾账户。

3. 关闭自动播放

U 盘、移动硬盘、存储卡等设备插入计算机时，默认情况下会自动播放，极易感染传播病毒，下面给出在 Windows XP 和 Windows 10 系统下关闭自动播放的方法。

（1）在 Windows XP 下，单击"开始"|"运行"命令，在"打开"对话框中，输入 gpedit.msc，单击"确定"按钮，打开"组策略"窗口。在左窗格的"本地计算机策略"下，展开"计算

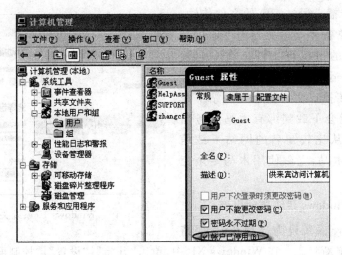

图 10-8 设置 Guest 属性

机配置"|"管理模板"|"系统"选项,然后在右窗格的"设置"标题下,双击"关闭自动播放"选项。单击"设置"选项卡,选择"已启用"复选框,然后在"关闭自动播放"框中单击"所有驱动器"命令,如图 10-9 所示,单击"确定"按钮。最后关闭"组策略"窗口。

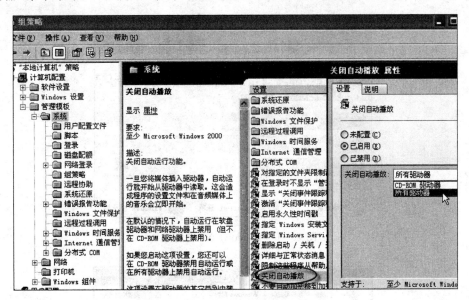

图 10-9 Windows XP 系统关闭自动播放

(2) 在 Windows 10 下,单击"开始"|"设置"命令,找到"设备"选项并单击,进入如图 10-10 所示的界面,可调整自动播放的"开"或"关"状态。在下方也可以根据驱动器,选择需要自动播放或者关闭自动播放的驱动器。

4. 木马防范措施

(1) 邮件传播。木马很可能会被放在邮箱的附件里。因此不要打开陌生人发来的带有附件的邮件,更不要下载运行,尤其是附件中含有扩展名为 *.exe 文件的邮件。

（2）QQ传播。通过QQ的文件传输，恶意破坏者通常把木马服务器程序通过合并软件和其他的可执行文件绑在一起发送，如果接受并运行，就容易中木马。

（3）下载传播。在一些个人网站下载软件时，有可能会下载到绑有木马服务器的程序。建议从比较知名的网站下载信息。若感染了木马，立刻使用木马专杀工具杀除。

5. 启用 Windows 系统自动更新

图 10-10　Windows 10 系统关闭自动播放

将 Windows 系统设为自动升级，保持操作系统处于最新状态。在 Windows XP 中，单击"开始"|"设置"|"控制面板"命令，打开"控制面板"窗口，双击"安全中心"选项，打开"Windows 安全中心"窗口，启用"防火墙""自动更新"和"病毒防护"功能，如图 10-11 所示。在 Windows 10 下，进入"控制面板"|"系统与安全"|"系统"界面，找到"Windows 更新"选项，开启 Windows 10 自动更新功能，如图 10-12 所示。

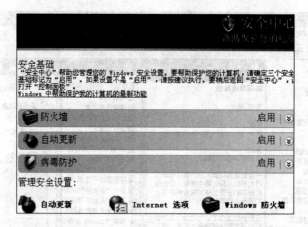

图 10-11　Windows XP 自动更新

图 10-12　Windows 10 启用自动更新

6. 安装防毒软件

上网时一定要安装杀毒软件、个人防火墙和反间谍软件并及时升级。至少安装一个防火墙,ADSL 用户最好用路由方式上网,改掉默认密码。

7. 其他注意事项

(1) 不要登录不良网站。

(2) 不要随便下载、使用盗版和存在安全隐患的软件。

(3) 安装软件时要仔细阅读软件附带的用户协议及使用说明。

(4) 不要浏览缺乏可信度的网站或网页。

(5) 不要相信任何通过电子邮件、短信、电话等方式索要卡号和密码的行为。

(6) 不要随便共享文件和文件夹,即使要共享,也得设置好权限。

(7) 家庭无线网络,要更改用户名和密码,并隐藏好路由器或中继器。

(8) 要保持杀毒软件的监控中心处于开启状态,及时升级,每周全面扫描计算机一次。

(9) 要保持防火墙处于运行状态。

(10) 复制任何文件到本机时,要使用杀毒软件的查杀功能专门查杀。

10.3.3　要点提示

计算机网络不安全因素主要表现在以下几个方面。

1) 网络的开放性

网络的技术是全开放的,使得网络所面临的攻击来自多方面。或是来自物理传输线路的攻击,或是来自对网络通信协议的攻击,以及对计算机软件、硬件的漏洞实施攻击。

2) 网络的国际性

意味着对网络的攻击不仅是来自于本地网络的用户,还可以是互联网上其他国家的黑客,所以,网络的安全面临着国际化的挑战。

3) 网络的自由性

大多数的网络对用户的使用没有技术上的约束,用户可以自由地上网,发布和获取各类信息。

10.4　组建计算机网络

10.4.1　情境导入

家庭或小型办公室如果有两台或更多的计算机,可以将它们组成一个网络,即局域网,以实现资源共享、多人协作工作。那么,选用计算机(服务器或工作站)、网卡、双绞线、光缆、集线器、交换机、网桥、中继器、路由器和网关等设备,如何组建一个家庭或办公室中的局域网? 如何使局域网接入广域网?

10.4.2　案例分析1：Windows XP/7/10 环境下组建局域网的方法

Windows XP 以上版本内建有强大的网络支持功能和方便的向导。用户完成物理连接后,运行连接向导,可以自己探测网络硬件、安装相应的驱动程序或协议,并指导用户,完成所有的配置步骤。

1. 组建小型局域网

局域网内的各个计算机均可连接 Internet,并可以共享网络资源和打印机等设备。

1) 分析网络形式

家庭网中的计算机可能有台式机或笔记本机等,可能使用各种传输介质的接口,所以网络形式上一般采用有线与无线混合组网。

2) 选择网络硬件

网卡可采用 PCI、PCMCIA 接口的卡(后者多用在便携式机或笔记本机上),Windows XP/7/10 也支持用 USB 接口的网卡。无论哪种网卡,都需要注意与现有计算机的接口以及交换机的协调一致。USB 接口的网卡可能适应性更强一些,但对于较旧的计算机,需要注意它是否支持 USB 接口。家庭选用传输速率为 100Mb/s 的网卡即可,单位或部门内部联网最好选用 1000Mb/s 的网卡。

网络连接线,通常选用双绞线。

3) 确定网络结构

以太网结构:在办公室或商业用户中最为流行。

电话线连接:主要的特色是成本很低,物理连接也很简单,适用于大部分的家庭用户。

无线连接:利用电磁波信号来传输信号,可以不用任何连线来进行通信,并可以在移动中使用。但需要在每台计算机上加装无线网卡。

4) 实现物理连接

(1) 安装网卡。关闭计算机,释放身上的静电,打开机箱,将网卡插入空的 PCI 插槽,上好螺钉。如图 10-13 所示为网卡和插好的网卡。

图 10-13　网卡(左)和插好的网卡(右)

(2) 连接网线。将双绞线一头插在网卡接口处,另一头插到交换机或交换机上。

5) Windows XP 配置网络软件

(1) 安装网卡驱动程序。打开计算机,操作系统会检测到网卡并提示插入驱动程序盘。插入随网卡销售的驱动程序盘,然后单击"下一步"按钮,Windows 找到驱动程序后,会自动完成网卡驱动程序的安装。

(2) 安装网络协议。通常情况下,只要计算机安装了网卡驱动程序之后,系统就会自动安装 TCP/IP 协议。如果还需要其他协议,可以自己选择安装。在桌面"网上邻居"图标上右击,单击"属性"选项,在"本地连接"图标上右击,在弹出的"属性"对话框里单击"安装"按钮,选择网络组建类型依次添加,重新启动计算机。

(3) 确定网络标识。在局域网中,无论是服务器计算机还是工作站计算机都要有一个独立、不重复的名字来标识,便于在网络中互相访问。在 Windows XP 的桌面"我的电脑"图标上右击,单击"属性"选项,在弹出的"系统属性"对话框中选择"计算机名"选项,如图 10-14 所示。单击"更改"按钮,在"计算机名"中填入机器名,在"工作组"中填入工作组名,单击"确定"按钮完成。

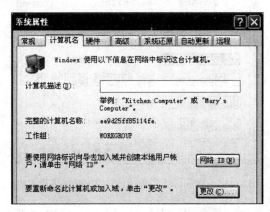

图 10-14 Windows XP 系统属性

(4) 设置网络共享。右击"网上邻居"图标,选择"属性"命令。在"本地连接"图标上右击,选择"属性"命令,在弹出的对话框中单击"安装"按钮,双击"服务"安装"Microsoft 网络的文件和打印机共享",如图 10-15 所示。单击"确定"按钮,重启计算机。

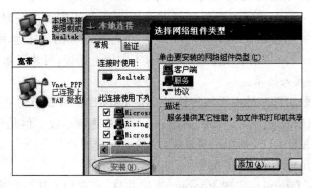

图 10-15 设置服务

(5) 设置启动口令。第一次启动计算机时，会弹出一个对话框，提示键入用户名和密码。输入用户名，以后每次启动计算机时它会自动显示。如果不想设置密码，将密码行置空，然后单击"确定"按钮；否则输入密码，并确认。

6）Windows 7、Windows 10 系统安装网卡驱动

方法 1：使用网卡自带驱动光盘安装。把光盘放到光驱，然后双击"安装"命令，选择网卡，按照向导执行下一步，直到完成后，重启计算机。

方法 2：在"设备管理器"窗口中，选择"网络适配器"下的选项，然后右击，选择"属性"|"驱动程序"|"更新驱动程序"命令，浏览计算机以查找驱动程序软件，如图 10-16 所示。也可以先卸载失效的网卡驱动，再重新扫描检测硬件修改驱动程序。

图 10-16   Windows7、Windows 10 更新驱动程序

方法 3：万能网卡驱动。适合 Windows 7、Windows 10 系统的全能驱动程序，支持 64 位和 32 位的系统，解决新装系统无法检测到网卡的问题，帮助计算机连接网络。

2. 局域网与 Internet 连接

1）接入 Internet 的方式

目前，常见接入 Internet 的方式有 ADSL 和 DDN 专线等。

（1）ADSL 接入。ADSL 技术是运行在原有普通电话线上的一种新的高速宽带技术，它利用现有的一对电话铜线，为用户提供上、下行非对称的传输速率，能提供比 ISDN 更快、更优质的 Internet 服务。无须拨号上网，不占用电话线，可建立永久连接，是目前极具发展前景的一种接入技术。

（2）DDN 专线。DDN 的主干网传输媒介有光纤、数字微波和卫星信道等，用户端多使用普通电缆和双绞线。为用户提供高速、高质量的通信环境。但是用户租用 DDN 业务需要申请开户，并且 DDN 的租用费较贵，主要面向集团企业。

2）访问 Internet 所需资源的配置

将局域网接入 Internet，实现 Internet 连接共享，有两种方法可以实现：购买路由器

硬件及安装软件代理服务器。由于使用硬件要增加购买设备的成本,有时使用常用代理软件,如 WinGate 和 SyGate 等。代理服务器在局域网与外部网的连接中发挥着极其重要的作用。

3)主机服务器设置方法

(1)由于主机介于 Internet 和终端机之间,可以利用操作系统自带的防火墙保护局域网中的分机免受来自 Internet 的攻击。

(2)主机位于 Internet 和局域网之间,相当于网关,在分机上,用户感觉好像自己是直接连在 Internet 上一样,察觉不到中间还有主机存在。特别是可以使局域网中的每台计算机同时上网,大大减少了设备投资。

(3)利用"万能即插即用"功能,可以随时扩充局域网的规模。

3. 测试网络

1)测试 TCP/IP 协议是否安装成功

(1)在"开始"菜单中,选择"运行"命令,输入 cmd,进入命令提示符窗口。

(2)输入 ping 127.0.0.1(安装 TCP/IP 协议后,默认本机地址是 127.0.0.1),测试计算机的 TCP/IP 是否正常工作或者 TCP/IP 协议是否安装正确。

2)测试网卡是否安装成功

测试该计算机网卡的 IP 地址,如计算机网卡的 IP 地址正常,说明该计算机网络配置正确;若不正常,说明该计算机网络配置不正确。

3)测试计算机与局域网中的其他计算机是否连通

如果 Ping 本地 IP 地址正常,Ping 其他计算机不响应,可能网线有问题,或者网卡、网线接触不良。如 Ping 其他计算机的 IP 地址正常,说明该计算机网络可以实现通信。

10.4.3 案例分析 2:计算机无线上网的方法

1. 所需设备

除了笔记本电脑外,台式机需要无线上网卡或者无线网卡加无线路由器(无线猫)。

2. 联网方式

下面介绍计算机无线上网的 5 种方式。

(1)连接无线广域网。购买移动、电信或者联通的无线上网卡,常见的接口主要有 PCMCIA 接口和 USB 接口,如电信的无线宽带 4G 上网卡等。在拥有无线电话信号覆盖的任何地方,利用 USIM 或 SIM 卡可连接到互联网上,如图 10-17 所示。

(2)连接无线局域网(WLAN)。可以用无线路由器加上无线网卡进行无线上网,如图 10-18所示。无线网卡相当于接收器,无线路由器相当于发射器,并且需要有线的 Internet 线路接入无线路由上,再将信号转换为无线的信号发射出去,由无线网卡接收。

带有无线上网卡(4G卡)的笔记本

图 10-17 笔记本无线上网卡上网方式

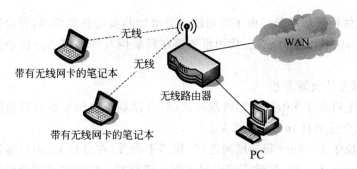

图 10-18　无线网卡上网方式

　　用网线连接无线路由器和计算机,手动设置计算机的 IP 地址跟路由器默认的 IP 地址处于同一网段。然后打开浏览器,输入路由器默认的 IP 地址(查看说明书),根据说明书上提供的登录账户名和口令,登录到路由器的 Web 设置界面,设置网络类型、拨号账户和密码、启用 DHCP 服务器、设置 DNS 服务器(注意 DHCP 服务器分配的 IP 地址必须跟路由器的 IP 地址在同一网段)。启用无线功能,启用 SSID 广播,设置 WEP 加密等,然后,拔掉计算机上网线就可以用无线网卡上网了。

　　一个无线路由可以供 2～4 个无线网卡接收信号,这种无线方案只是无线局域网,要求工作环境附近要有有线网络。

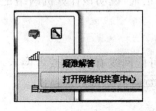

图 10-19　打开网络和共享中心

　　(3) 多台计算机建立无线局域网。

　　① 先在其中一台计算机上建立无线局域网,右击任务栏上的"网络"图标,从弹出的菜单中选择"打开网络和共享中心"命令,如图 10-19 所示。

　　② 选择"设置新的连接或网络"选项,打开"设置连接或网络"对话框,选择"设置无线临时(计算机到计算机)网络"对话框。单击"下一步"按钮,在弹出的窗口中继续单击"下一步"按钮,在弹出的对话框中,输入要建立的无线局域网的名字和安全密钥,如图 10-20 所示。单击"下一步"按钮,则无线网络设置成功。

　　③ 等待其他计算机连接此网络,如图 10-21 所示。需要断开网络时,右击此网络,选择"断开"。

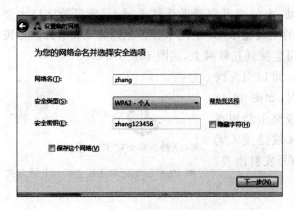

图 10-20　设置临时无线网络

图 10-21　等待用户使用网络

（4）计算机一键开启 Wi-Fi 上网功能。Wi-Fi 是一种允许电子设备连接到一个无线局域网（WLAN）的技术，连接到无线局域网通常是有密码保护的，若不设密码，就能允许任何在 WLAN 范围内的设备连接上网。

开启 Wi-Fi 上网功能后可以方便地用手机或其他设备通过 Wi-Fi 上网。首先，下载并安装 360 安全卫士，打开 360 卫士主界面，找到"功能大全"|"网络优化"，单击"免费Wi-Fi"选项，创建免费 Wi-Fi，如图 10-22 所示。Wi-Fi 名称和密码可随意修改。在任务栏上找到 Wi-Fi 图标，右击，在打开快捷菜单中选择"关闭热点并退出"命令，如图 10-23 所示。

图 10-22　一键开启 Wi-Fi 上网

图 10-23　关闭热点

有的台式机没有无线网卡，可以使用外置 USB 无线网卡。将 USB 无线网卡插在计算机的 USB 插口上，计算机会自动运行 USB 无线网卡自带的驱动程序。如果没有运行，用户需要手动安装驱动。

（5）无线网卡的开启方法。现在的笔记本电脑都自带无线网卡用于接收 Wi-Fi 无线网络信号，但是无线网络被禁用时需要开启，才能进行无线上网。

方法 1：笔记本电脑的正面或侧面会有开启无线网卡的按键 或开关，不同计算机标识不同。

方法 2：右击任务栏上的网络图标 ，从弹出的菜单中选择"打开网络和共享中心"命令。单击"更改适配器设置"选项，然后右击被禁用的无线网卡图标，选择并单击"启用"选项，如图 10-24 所示。

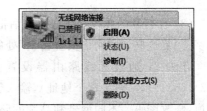

图 10-24　启用已禁用的无线网络连接

10.4.4　要点提示

局域网组建和使用注意事项。

（1）IP 地址规划，合理划分地址段和分配 IP

地址。

（2）网络安全性规划，制订安全方案，选择合适的防火墙和网络杀毒软件。

（3）网络管理，通过网络管理用户登录的时间、用户上网的权限和需要屏蔽的网站等。

（4）网络备份，重要数据的备份和镜像设置。

（5）网络维护，通过远程或现场维护、网络硬件保养、检查和维护网络。

（6）在公共场所使用开放的 Wi-Fi 时，更易使计算机、平板或手机遭受攻击，还要注意不要在公共网络中泄露自己的个人信息。

10.4.5　边学边做：Wi-Fi 密码的查看和设置

下面以 Windows 7 系统为例进行介绍。

方法 1：在计算机网络的连接中查看。

（1）单击任务栏上的无线网络标识 **📶**，会弹出网络连接状态栏，如图 10-25 所示。

（2）选择需要查看的无线网络连接，右击，在弹出的菜单中选择"属性"命令，如图 10-26 所示。

图 10-25　计算机的网络连接状态

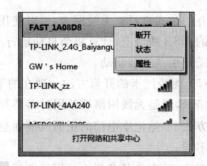

图 10-26　计算机的网络连接"属性"选项

（3）在打开的无线网络属性对话框中。选择"安全"选项卡，如图 10-27 所示，选中"显示字符"复选框，则"网络安全密钥"处的黑点换成对应的密码显示出来。

方法 2：通过无线路由器设置查看密码，在浏览器地址栏中输入路由器地址 192.168.1.1（一般是这个地址），输入管理员密码后选择"无线设置"下的"无线安全设置"选项，修改密码。不同型号和品牌的路由器设置选项不同，用户根据实际情况选择相应选项修改密码。

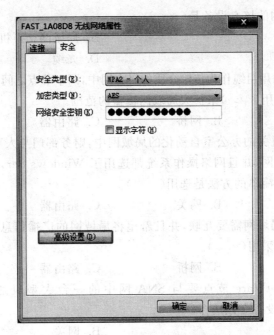

图 10-27　无线网络属性对话框

本章小结

目前，不管是台式机还是笔记本，联网的情况很普遍。网络的组建与维护成为微机系统维护的重要组成部分。

本章详细介绍组建网络时所需的主要设备、IP 地址配置方法、网络安全维护，并实例分析组建不同计算机网络的具体步骤和注意事项，使读者对网络组建和维护有了更清楚的认识。

习题

一、单项选择题

1. Internet 主要由 4 个部分组成：路由器、主机、信息资源与（　　）。

　　A. 数据库　　　　　　B. 销售商　　　　　　C. 管理员　　　　　　D. 通信线路

2. 在常用的传输介质中，带宽最宽、信号传输衰减最小、抗干扰能力最强的一类传输介质是（　　）。

　　A. 双绞线　　　　　　B. 光纤　　　　　　　C. 同轴电缆　　　　　D. 无线信道

3. 如果要用非屏蔽双绞线组建以太网，需要购买带（　　）接口的以太网卡。

　　A. RJ-45　　　　　　B. BNC　　　　　　　C. AUI　　　　　　　D. T 形头

4. 两台计算机利用电话线路传输数据信号时必备的设备是（　　）。

　　A. 调制解调器　　　　B. 网卡　　　　　　　C. 中继器　　　　　　D. 集线器

5. 交换式局域网的核心设备是(　　)。

    A. 集线器　　　　　　　　　　　　B. 局域网交换机

    C. 中继器　　　　　　　　　　　　D. 光缆

6. 如果在一个采用粗缆作为传输介质的以太网中,两个节点之间的距离超过 500m,那么最简单的方法是选用(　　)来扩大局域网覆盖的范围。

    A. 中继器　　　　　B. 网桥　　　　　C. 路由器　　　　　D. 网关

7. 如果在一个机关的办公室自动化的局域网中,财务部门与人事部门都已经分别组建了自己的部门以太网,并且网络操作系统都选用了 Windows Server 2012,那么将这两个局域网互联起来最简单的方法是选用(　　)。

    A. 中继器　　　　　B. 网关　　　　　C. 路由器　　　　　D. 网桥

8. 如果有多个局域网需要互联,并且希望将局域网的广播信息能很好地隔离开来,那么最简单的方法是采用(　　)。

    A. 中继器　　　　　B. 网桥　　　　　C. 路由器　　　　　D. 网关

9. 如果一台 NetWare 节点要与 SNA 网中的一台大型机通信,那么用来互联 NetWare 与 SNA 的设备应该选择(　　)。

    A. 网桥　　　　　　　　　　　　　B. 网关

    C. 路由器　　　　　　　　　　　　D. 多协议路由器

10. TCP/IP 协议是 Internet 中计算机之间通信所必须共同遵循的一种(　　)。

    A. 通信规定　　　　B. 信息资源　　　　C. 软件　　　　D. 硬件

11. IP 地址能够唯一地确定 Internet 上每台计算机与每个用户的(　　)。

    A. 距离　　　　　　B. 时间　　　　　C. 位置　　　　D. 费用

12. www. nankai. edu. cn 不是 IP 地址,而是(　　)。

    A. 硬件编号　　　　B. 域名　　　　　C. 密码　　　　D. 软件编号

13. WWW 服务是 Internet 上最方便、最受用户欢迎的(　　)。

    A. 数据计算方法　　　　　　　　　B. 信息服务类型

    C. 数据库　　　　　　　　　　　　D. 费用方法

14. WWW 浏览器是用来浏览 Internet 上主页的(　　)。

    A. 数据　　　　　　B. 信息　　　　　C. 硬件　　　　D. 软件

15. elle@nankai. cn 是用户的(　　)。

    A. 数据　　　　　　　　　　　　　B. 硬件地址

    C. 电子邮件地址　　　　　　　　　D. WWW 地址

16. 将文件从 FTP 服务器传输到客户机的过程称为(　　)。

    A. 下载　　　　　　B. 浏览　　　　　C. 上载　　　　D. 邮寄

17. 网络病毒感染的途径可以有很多种,但最容易被人们忽视而发生的是(　　)。

    A. 网络传播　　　　　　　　　　　B. 购买的光盘

    C. 系统维护盘　　　　　　　　　　D. 用户 U 盘

18. 在 Internet 中能够提供任意两台计算机之间传输文件的协议是(　　)。

    A. WWW　　　　　B. SMTP　　　　　C. TELNET　　　　D. FTP

19. 在电子邮件应用程序向邮件服务器发邮件时，最常使用的协议是(   )。

    A. IP   B. SMTP   C. POP3   D. TCP

20. 在 Internet 上浏览信息时，WWW 浏览器和 WWW 服务器之间传输网页时使用的协议是(   )。

    A. HTTP   B. FTP   C. IP   D. TCP

二、简答题

1. 无线网卡和无线上网卡的区别？

2. 为什么要引入域名的概念？

3. 试比较中继器、集线器、网桥和交换机的区别和联系。

4. 怎样使用 Wi-Fi 上网？

第 11 章 微机安全维护

本章从环境对微机的影响、故障判断、开机密码、病毒与防火墙、系统漏洞与补丁以及注册表技巧等方面,介绍微机安全维护的一些常识,使读者更进一步保证微机系统的正常运行。

学习目标

(1) 了解微机维护常识;

(2) 掌握微机开机密码设置方法;

(3) 了解杀毒和防火墙软件的功能;

(4) 了解漏洞及补丁升级的必要性;

(5) 了解注册表的使用技巧。

11.1 微机安全维护基本常识

11.1.1 情境导入

微型计算机的使用范围越来越广,但是,并不是所有的操作人员都能正确地操作和维护微机。为了提高微机的使用寿命,确保微机长期正常运转,用户应如何做好日常的操作和维护呢?

11.1.2 案例分析

要确保微机长期正常运转,应注意以下几个问题。

1. 运行环境对微机的影响

微机对工作环境的要求主要包括环境温度、湿度、清洁度、静电、电磁干扰、防震、接地、供电等方面的要求,这些环境因素对微机的正常运行有很大的影响。只有在良好的环境中微机才可以长期正常工作。

1) 温度和湿度对微机的影响

(1) 温度。微机各部件和存储介质对温度都有严格的规定,如果超过或者无法达到这个标准,微机的稳定性就会降低,同时使用寿命也会缩短。

如温度过高,各部件运行过程中产生的热量不易散发,影响部件工作的稳定性,极易造成部件过热烧毁,尤其是微机中发热量较大的信息处理器件,还会引起数据丢失及数据处理错误。经常在高温环境下运行,元器件会加速老化,明显缩短微机的使用寿命。

而温度过低,对一些机械装置的润滑机构不利,如造成键盘触点接触不良、软驱磁头小车或打印机字车运行不畅、打印针受阻等故障。同时还会出现水汽凝聚或结露现象。所以微机工作环境温度应保持适中,一般温度应为18~30℃。夏季当室温达到30℃及以上时,应减少开机次数,缩短使用时间,每次使用时间不要超过两小时,当室温在35℃以上的时候,最好不要使用微机,以防止损坏。

(2) 湿度。微机的工作环境应保持干燥,在较为潮湿的季节中微机电路板表面和器件都容易氧化、发霉和结露,键盘按键也可能失灵。特别是显示器管线受潮,使显示器需开机很长一段时间才能慢慢地有显示。在潮湿的环境中软盘和光盘很容易发霉,如果将这些发霉的软盘或光盘放入软驱或光驱中使用,对驱动器的损伤很大。经常使用的微机,由于机器自身可以产生一定热量,所以不易受到潮湿的侵害。在较为潮湿的环境中,建议微机每天至少开机一小时来保持机器内部干燥。一般将微机房的湿度保持在40%~80%。

2) 灰尘对微机的影响

灰尘可以说是微机的隐形杀手,往往很多硬件故障都是由它造成的。如果灰尘沉积在电路板上,会造成散热不畅,使得电子器件温度升高,老化加快。灰尘也会造成接触不良和电路板漏电。灰尘混杂在润滑油中形成的油泥,会严重影响机械部件的运行。

3) 电磁干扰对微机的影响

电磁干扰会造成系统运行故障,数据传输和处理错误,甚至会出现系统死机。这些电磁干扰一方面来自于微机外部的电器设备,如手机、音响和微波炉等。还有可能是机箱内部的配件质量不过关造成电磁串扰。

减少电磁干扰的方法是保证微机周围不摆设容易辐射电磁场的大功率电器设备。同时选购声卡、显卡和网卡等设备的时候,最好采用知名厂商的产品,知名品牌产生电磁干扰的可能性较小。

一般来说,可以采用微机设备的屏蔽、接地等方法,还可以将电器设备之间相隔一定的距离(1.5m以上)。

4) 静电对微机的影响

在微机运行环境中,由于种种原因而产生的静电,是发生最频繁,最难消除的危害之一。静电不仅会对微机运行出现随机故障、误动作或运算错误,而且会导致某些元器件,如CMOS、MOS电路和双级性电路等的击穿和毁坏。此外,静电对微机的外部设备也有明显的影响。带阴极射线管的显示设备,当受到静电干扰时,会引起图像紊乱,模糊不清等。

一般采取"防"和"放"来防止和消除静电。"防"是指尽量选用纯棉制品作为衣物和家居饰物的面料,采用防静电地板,以防止摩擦起电。"放"是指要增加湿度,使局部的静电容易释放。使用计算机前后,都应该洗手洗脸,一方面保持健康,另外也可以让皮肤表面上的静电荷在水中释放掉。

日常台式机或笔记本电脑的使用,在防静电方面要注意以下几个事项。

（1）笔记本电脑尽量使用外接电源。笔记本电脑在使用过程中会产生电流,这些电流如果没有导体接触就无法释放,再与人体产生的静电相遇,则会释放静电,导致蓝屏、死机。建议使用外接电源,同时笔记本电脑电源适配器三相插头保持良好的接地。这样不但可以有效地防止漏电,也可以防止静电的积聚。

（2）接触笔记本电脑前先放电。由于环境干燥、摩擦等,人体积累大量电荷,往往在接触笔记本电脑的瞬间发生放电导致计算机损坏。因此在不确定身体是否有静电积累时,要先释放身体静电后再使用计算机,可以洗洗手,或者双手接触接地的金属物等。

（3）定期给计算机清洁,有效除静电。定期给计算机做全面的清洁,可以有效地减少灰尘的积聚,同时可以使用防静电的清洁材料进行清洁,以帮助减少静电的积聚。

（4）笔记本电脑的日常使用中,最为常见的是接触放电,导致计算机无法正常开机。一旦发生这种状况,可以消除自身静电后取下电池,拔下笔记本电脑电源,并静置半小时左右。之后重新单独接入电源,一般就可以正常开机。如果仍然无法开机,或者屡次发生静电致使无法开机,应该将笔记本电脑送到厂商处进行全面检查,必要时可能需要更换部分配件。

5）机械震动对微机的影响

微机在工作时不能受到震动,主要是因为硬盘和某些设备怕震。由于硬盘高速运转,磁头与盘面分离,震动很容易使磁头碰击盘面,从而划伤盘面形成坏块。震动也会使光盘读盘时脱离原来光道,而无法正常读盘。震动也是导致螺钉松动、焊点开裂的直接原因。因此微机必须远离振动源,放置微机的工作台应平稳且要求结构坚固。击键和其他操作应轻,运行中的微机绝对不允许搬动。

6）接地条件对微机的影响

由于漏电等原因,微机设备的外壳极有可能带电,为保障操作人员和设备的安全,微机设备的外壳一定要接地。对于公用机房和局域网内微机的接地尤为重要。

7）供电条件对微机的影响

微机能否长期正常运行与电源的质量和可靠性有着密切的关系。

在供电质量方面,要求220V电压和频率稳定,电压偏差应小于10%。过高的电压极易烧毁微机设备中的电源部分,也会给板卡等部件带来不利的影响。电压过低会使微机设备无法正常启动和运行,即使能启动,也会出现经常性的重启现象,导致微机部件损坏。因此,最好采用交流稳压净化电源给微机系统供电。当然微机本身电源的好坏也是非常重要的。一个质量好的微机电源有助于降低微机的故障率。

在供电的连续性方面,建议购置一台微机专用的UPS,它不仅可以保证输入电压的稳定,而且遇到意外停电等突发性事件的时候,还能够用储存的电能继续为微机供电一段时间,这样就可以从容不迫地保存当前正在处理的信息,保证微机中数据的安全。

2. 日常使用和维护注意事项

微机在日常使用中,应进行经常或定期地检查和维护,以保证微机正常运行,防止故障的发生。

（1）经常检查微机的运行环境。如温度、湿度、清洁度、静电、电磁干扰、防震、接地系统和供电系统等方面,对不合要求的运行环境要及时地调整。

（2）对微机各部件定期进行清洁。如用毛刷和吸尘器清洁机箱内的灰尘，清洁打印机灰尘及清洗打印头，清洁软盘和光盘驱动器内灰尘及清洁磁头，清洁键盘等。

（3）正常开关机。开机顺序是先打开外设（如显示器、打印机、扫描仪等）的电源，再开主机。关机顺序则相反，先关闭主机电源，再关闭外设电源。使用完毕后，应彻底关闭微机系统的电源。

（4）不要频繁地开关机。每次关、开机的时间间隔应不小于30s，因为硬盘等高速运转的部件，在关机后仍会运转一段时间。频繁地开关机极易损坏硬盘等部件。

（5）在拔插微机的硬件设备时，必须彻底断电，禁止带电插拔微机部件及信号电缆线。

（6）在接触电路时，不应用手直接触摸电路板上的铜线及集成电路的引脚，以免人体所带的静电击坏集成电路。

（7）微机在运行时，不应随意地移动和震动，以免造成硬盘磁道的划伤。在安装、搬运微机过程中也要轻拿、轻放，防止损坏微机部件。

（8）盘片保存要注意防霉、防潮、防磁、防污和防划伤等。

（9）经常性地对硬盘中的重要数据进行备份，保证数据的安全性。

（10）经常进行病毒的检查和清除，对外来的软件在使用前要进行查毒处理。

（11）微机及外设的电源插头要使用三相插头，确保微机接地。机箱的接地端不能与交流电源的零线接在一起。供电要安全可靠。

（12）操作键盘时，力度要适当，不能过猛，手指按下后应立即弹起。

（13）雷电可能会对计算机甚至人身安全造成伤害，故在雷雨天气，不要插拔网络线、电源线等可能会与外界连接的导电体。

3．微机系统软、硬故障的判断方法

处理微机故障，首先要判断究竟是软故障还是硬故障，一般有如下的判断方法。

（1）开机后电源指示灯正常，而显示器、软/硬盘等均无任何显示和读盘反应，喇叭无声，一般是硬故障。

（2）发生故障后，重新启动微机或更换启动盘也无法完成启动，CMOS设置正确，一般为硬故障。

（3）开机自检时，屏幕提示的故障一般为硬故障。

（4）开机虽有显示、软/硬盘有反应，但不能完成自检，不显示系统提示符，则一般为硬故障。

（5）故障发生后，重新启动时能进行自检，能显示自检后的系统硬件情况，则可排除硬故障，软件引起故障的可能性比较大。

4．微机故障处理的步骤

计算机故障的诊断原则是先软后硬，先外后内。

所谓先软后硬就是计算机出故障以后应先从软件上、操作系统上来分析原因，看看是否能找到解决办法。软件确实解决不了的问题，再从硬件上逐步分析故障原因。

（1）先静后动。检修前先要了解情况，分析考虑问题可能在哪，再依据现象直观检查,最后才能采取技术手段进行诊断。

(2) 先外后内。首先检查微机外部电源、设备、线路,如插头接触是否良好、机械是否损坏,然后再打开机箱检查内部。

(3) 先软后硬。从故障现象区分不清是软故障和硬故障时,要先从排除软故障入手,然后再考虑硬件方面的问题。

(4) 如果出现开机后电源指示灯正常,而显示器无显示,软、硬盘无读盘动作,喇叭无声的硬件故障,可采用最小化系统方式来处理。即让主板上只剩下 CPU 和内存条,然后接上电源和喇叭,通过喇叭的声响来判断故障部件。

下面给出两种不同主板响铃声的含义。

AWARD BIOS 主板响铃声的一般含义。

1 短:系统正常启动,机器没有任何问题。

2 短:常规错误,需要进入 BIOS Setup 重新设置不正确的选项。

1 长 1 短:RAM 或主板出错,更换一条内存或更换主板。

1 长 2 短:显示器或显示卡错误。

1 长 3 短:键盘控制器错误,需检查主板。

1 长 9 短:主板 Flash RAM 或 EPROM 错误,BIOS 损坏,需更换 Flash RAM。

不断地响(长声):内存条未插紧或损坏,重插内存条或更换内存条。

重复长响:电源、显示器的连接线没有插好,或者检查所有的插头是否连接好。

重复短响:电源问题,需要更换电源。

无声音无显示:电源问题。

AMI BIOS 响铃声的一般含义。

1 短声:内存刷新失败。内存损坏比较严重,需更换内存。

2 短声:内存奇偶校验错误。可以进入 BIOS Setup,将内存 Parity 奇偶校验选项关掉,即设置为 Disabled。

3 短声:系统基本内存(第 1 个 64KB)检查失败。更换内存。

4 短声:系统时钟出错。维修或更换主板。

5 短声:CPU 或 CPU 插座错误或主板错误。

6 短声:键盘控制器错误。重插键盘;如果键盘连接正常但有错误提示,可能是键盘控制芯片或相关的部位有问题,需更换键盘。

7 短声:系统实模式错误,需要检查主板。

8 短声:显存读/写错误。显卡上的存储芯片可能有损坏,需要维修或更换。

9 短声:ROM BIOS 检验出错。更换 BIOS。

10 短声:寄存器读/写错误。需维修或更换主板。

11 短声:高速缓存错误。

如果听不到响铃声也看不到屏幕显示,首先应该检查电源是否接好,其次要看是不是少插了什么部件,如 CPU、内存条等。再次,拔掉所有的有疑问的插卡,只留显示卡。最后找到主板上清除(Clear)CMOS 设置的跳线,清除 CMOS 设置,让 BIOS 回到出厂时状态。如果显示器或显示卡以及连线都没有问题,CPU 和内存也没有问题,经过以上这些步骤后,微机开机时还是没有显示或响铃声,那就是主板有问题。

11.1.3 边学边做:关机方式

1. 微机的关闭方式

微机的关闭方式有4种:重启、待机、休眠和关闭计算机。

(1)重启就是关闭所有程序,保存数据,让计算机关闭然后重新通电。与关闭计算机差不多,不同之处只是关闭计算机后就不再重新通电开机了。

(2)待机则是让系统正在运行的程序保存在内存中,然后机器进入一种类似睡眠的状态,恢复后可以快速回到原来的状态。但是如果机器没有电了,数据最后还是会丢失。

待机模式主要用于节电,可关闭监视器、硬盘和风扇之类设备,使整个系统处于低能耗状态。在重新使用微机时,它会迅速退出待机模式,恢复桌面(包括打开的文档和程序)到待机前的状态。

如要解除待机状态并重新使用微机,可移动一下鼠标或按键盘上的任意键,或快速按一下微机上的电源按钮即可。

(3)休眠则是把正在运行的程序写入硬盘保存起来。然后进入睡眠状态,这样可以实现更长时间的休眠,而且数据不会丢失。但是唤醒后回到原来状态的时间比较长,因为要从硬盘读数据。要从休眠状态唤醒机器时,一般需要按电源开关。

(4)关闭计算机。关闭所有程序,保存数据,断电。

2. 如何手动进入休眠状态

系统默认是不启用休眠的,需要用户自己设置,具体方法如下。

(1)在 Windows XP 的"控制面板"中双击"电源选项"命令,切换到"休眠"选项卡,选中"启用休眠"复选框,就可以在关机菜单中看到"休眠"项了。在 Windows 10 的"控制面板"|"硬件和声音"中找到"电源选项"命令,在其中的"选择电源按钮"等项中设置"休眠"方式。

(2)在"电源选项"的"高级"选项卡中,可设定"在按下计算机电源按钮时进行什么操作",可选择"休眠"选项,此时按下计算机电源按钮,则使计算机进入休眠状态。

(3)在"开始"|"关闭计算机"(或"关闭系统")中选择"休眠"命令,也可以使微机进入休眠状态。如果关机对话框只有"待机"选项,则可按 Shift 键使它变为"休眠"。

11.2 开机密码设置

11.2.1 情境导入

如果你是某些公共场合(学校机房、办公室等)的微机管理员,只允许他人进入操作系统使用微机,而不允许进入 BIOS Setup 程序修改 BIOS 设置,你应如何设置密码?

如果你的微机不想让其他任何人使用,即不允许他人进入 BIOS Setup 程序,也不允许进入操作系统,你又该如何设置密码?

如果你的微机允许指定的几个人使用操作系统而不能修改 BIOS 设置,还能控制他们的使用权,随时取消或修改密码,那么,又如何设置机器密码呢?

11.2.2　案例分析

通过介绍密码设置的不同方法,说明不同情况下的密码设置。对于用户和管理员,也有必要了解破解密码的方法。

1. 密码设置

BIOS 版本虽然有多个,但密码设置方法基本相同。现以 Award BIOS 为例设置机器密码。在微机启动过程中,当屏幕下方出现提示 Press DEL to enter SETUP 时按 Del 键进入 CMOS SETUP 设置。与密码设置有关的项目有以下 3 项。

Advanced BIOS Features:高级 BIOS 功能设置。

Set Supervisor Password:设置管理员密码。

Set User Password:设置用户密码。

选择其中的某一项,按 Enter 键,即可进行该项目的设置。选择管理员或用户密码项目后按 Enter 键,要求输入密码,输入后再按 Enter 键,提示校验密码,再次输入相同密码,按 Enter 键即可。

需要注意的是,进行任何设置后,在退出时必须保存才能使设置生效。保存方法参见第 6 章。

通常有以下 3 种设置方法。

方法 1:单独设置 Supervisor Password 或 User Password 其中的任何一项,再打开 BIOS Features SETUP,将其中的 Security Option 设置为 Setup,保存退出。这样,开机时按 Del 键进入 BIOS 设置界面时将要求输入密码,但进入操作系统时不要求输入密码。

方法 2:单独设置 Supervisor Password 或 User Password 其中的任何一项,再打开 BIOS Features SETUP,将其中的 Security Option 设置为 System,保存退出。这样,不但在进入 BIOS 设置时要求输入密码,而且进入操作系统时也要求输入密码。

方法 3:分别设置 Supervisor Password 和 User Password,并且采用两个不同的密码。再打开 BIOS Features SETUP,将其中的 Security Option 设置为 System,退出保存。这样,进入 BIOS 设置和进入操作系统都要求输入密码,而且输入其中任何一个密码都能进入 BIOS 设置和操作系统。

"管理员密码"和"用户密码"有所区别:以"管理员密码"进入 BIOS 程序时可以进行任何设置,包括修改用户密码;但以"用户密码"进入时,除了修改或去除"用户密码"外,不能进行其他任何设置,更无法修改管理员密码。由此可见,在这种设置状态下,"用户密码"的权限低于"管理员密码"的权限。

3 种设置密码的方法分别用于不同的场合。

(1)公共场合的计算机,如学校机房、办公室等,一般采用"方法 1",密码不公开,此时允许他人进入操作系统使用微机,但不允许他人进入 BIOS 设置界面随意修改 BIOS 设置,以保护微机的正常运行。

(2)个人计算机,若不想让其他任何人使用,一般采用"方法 2",密码不公开,此时他人无法进入 BIOS Setup,也无法进入操作系统。

（3）个人计算机,但允许指定的几个人使用,一般采用"方法 3",分别设置两个密码,并将"用户密码"告知指定的使用人,自己保留"管理员密码"。若日后想取消他人的使用资格,可进入 BIOS Setup 将原先的"用户密码"取消或修改。而他人却无法修改"管理员密码",这样,主动权在管理员手中。

2. 密码的去除与破解

密码固然有保护作用,但若忘了密码,则会带来麻烦。因此,除了会设置密码外,更要学会去除和破解密码。

（1）密码的去除是指在已经知道密码的情况下去除密码。

方法：进入 BIOS 设置画面,选择已经设置密码的 Supervisor Password 或 User Password,按 Enter 键,出现 Enter Password 时,不输入密码,直接按 Enter 键。此时屏幕出现提示"Password Disabled"（密码已禁用）、"Press any key to continue……"（按任意键继续）。按任意键后退出保存,密码便被去除。

（2）密码的破解是指在忘记密码,无法进入 BIOS 设置或无法进入操作系统的情况下破解密码。方法如下。

① 程序破解法。此法适用于可进入操作系统,但无法进入 BIOS Setup（要求输入密码）。具体方法：将微机切换到 DOS 状态,在提示符 C:\WINDOWS>后面输入以下破解程序。

```
debug
- 0 70 10
- 0 71 ff
- Q
```

再用 exit 命令退出 DOS,密码即被破解。因为 BIOS 版本不同,有时此程序无法破解时,可采用另一个与之类似的程序来破解。

```
debug
- 0 71 20
- 0 70 21
- Q
```

用 exit 命令退出 DOS,重新启动并按 Del 键进入 BIOS,不需要输入密码了。

② 放电法。当 BIOS Setup 和操作系统均无法进入时,便不能切换到 DOS 方式用程序来破解密码。此时,只有采用放电法。放电法有以下两种。

a. 跳线放电法。拆开主机箱,在主板上找到一个与 COMS 有关的跳线（参考主板说明书）,此跳线平时插在 1-2 的针脚上,只要将它插在 2-3 的针脚上,然后再放回 1-2 针脚,即可清除密码。

b. COMS 电池放电法。拆开主机箱,在主板上找到一粒纽扣式的电池,叫 CMOS 电池（用于 BIOS 的单独供电,保证 BIOS 的设置不因微机的断电而丢失）,取出 COMS 电池,等待 5min 后放回电池,密码即可解除。但此时 BIOS 的密码不论如何设置,用万能密码均可进入 BIOS 设置和操作系统。当然,自己设置的密码同样可以使用。BIOS 中的其他设置将恢复到原来状态,要优化微机性能或解决硬件冲突需要重新设置某些参数。

11.2.3　边学边做：实例分析

某网吧为了防止他人随意操作服务器,准备设置 BIOS 开机密码。开机时按 Del 键,调出 BIOS 设置菜单,找到其中的 Set Supervisor Password 和 Set User Password,并设置好相应的密码,保存 BIOS 设置后重新启动机器,发现开机密码设置不成功。

问题分析：出现这一问题的原因是在设置了 Supervisor Password 和 Set User Password 后,遗漏了另外一处的设置。在 BIOS 设置中,找到 Advanced BIOS Features 菜单中的 Security Option 项,把默认的 Setup 改成 System,保存 BIOS 设置后重新启动计算机,系统会要求输入 BIOS 开机密码。

Set Supervisor Password 用于设置进入 CMOS 的密码。

User Password 用于设置开机密码。

其他常用密码设置。

(1) Windows 的屏保密码用的是用户登录密码,如果没有设置用户登录密码,就设不上屏保密码,屏保密码设置方法如下。

在 Windows XP 在桌面上右击,打开"属性"|"屏幕保护程序"对话框,选中"在恢复时使用密码保护"复选框。

在 Windows 10 的"控制面板"中找到"外观和个性化",找到其中的"屏幕保护程序"进行设置。

(2) Windows XP /10 环境中设置账户密码。

打开"控制面板",在"用户账户"中找到相应选项,为用户设置密码。

11.3　病毒与防火墙

11.3.1　情境导入

几乎每个使用计算机的人都遇到过计算机病毒,也使用过杀毒软件。但是,许多人对杀毒软件和防火墙的功能和局限性认识不清。

11.3.2　案例分析

1. 对病毒和杀毒软件的认识存在误区

误区一：好的杀毒软件可以查杀所有的病毒。

许多人认为杀毒软件可以查杀所有的已知和未知病毒,这是不正确的。对于一个病毒,杀毒软件厂商首先要先将其截获,然后进行分析,提取病毒特征并测试,然后升级给用户使用。

虽然目前许多杀毒软件厂商都在不断努力查杀未知病毒,但还远远达不到 100% 的标准。甚至一些已知病毒,即使杀毒软件将病毒杀死,也不能恢复操作系统的正常运行。

误区二：杀毒软件是专门查杀病毒的，木马专杀才是专门杀木马的。

随着技术的不断发展，计算机病毒的定义已经被广义化，它大致包含引导区病毒、文件型病毒、宏病毒、蠕虫病毒、特洛伊木马、后门程序、恶意脚本、恶意程序、键盘记录器和黑客工具等。

可以看出木马是病毒的一个子集，杀毒软件完全可以将其查杀。从杀毒软件角度讲，清除木马和清除蠕虫没有配制的区别，甚至查杀木马比清除文件型病毒更简单。因此，可以不用单独安装木马查杀软件。

误区三：我的计算机没有重要数据，有了病毒，重装系统，不用杀毒软件。

许多计算机用户，特别是一些网络游戏玩家，认为自己的微机上没有重要文件，微机感染了病毒，直接格式化重新安装操作系统就万事大吉，不用安装杀毒软件。这种观点是不正确的。

有的病毒没有明显的特征，不会删除用户微机上的数据。但是，它们会盗取游戏玩家的账号信息、QQ 密码等，甚至是银行卡的账号。由于这些病毒可以直接给用户带来经济损失。对于个人用户来说，它的危害性比传统的病毒更大，对于此种病毒，往往发现感染病毒时，用户的账号信息就已经被盗用。即使格式化微机重新安装系统，被盗的账号也找不回来了。

误区四：查毒速度快的杀毒软件才好。

不少人认为，查毒速度快的杀毒软件才是最好的。但仅仅以查毒速度快慢来评价杀毒软件的好坏是片面的。

杀毒软件查毒速度的快慢主要与引擎和病毒特征有关。一个好的杀毒软件引擎需要对文件进行分析、脱壳甚至虚拟执行，这些操作都需要耗费一定的时间。而有些杀毒软件的引擎比较简单，对文件不做过多的分析，只进行特征匹配。这种杀毒软件的查毒速度很快，但它有可能会漏查比较多的病毒。

误区五：杀毒软件不管正版盗版，随便装一个能用的就行。

目前，有很多人机器上安装着盗版的杀毒软件，他们认为只要装上杀毒软件就万无一失，这种观点是不正确的。杀毒软件与其他软件不太一样，杀毒软件需要经常不断升级才能够查杀最新、最流行的病毒。

此外，大多数盗版杀毒软件都在破解过程中或多或少地损坏了一些数据，造成某些关键功能无法使用，系统不稳定或杀毒软件对某些病毒漏查、漏杀等。更有一些居心不良的破解者，直接在破解的杀毒软件中捆绑了病毒、木马或者后门程序等，给用户带来不必要的麻烦。

杀毒软件买的是服务，只有正版的杀毒软件，才能得到持续不断的升级和售后服务。同时，如果盗版软件用户真的遇到无法解决的问题也不能享受和正版软件用户一样的售后服务。

误区六：只要不用 U 盘，不乱下载东西，就不会中毒。

目前，计算机病毒的传播有很多途径。它们可以通过 U 盘、移动硬盘、局域网、文件，甚至是系统漏洞等进行传播。一台存在漏洞的微机，只要连入互联网，即使不做任何操作，都会被病毒感染。

因此,仅仅从使用微机的习惯上来防范计算机病毒难度很大,一定要配合杀毒软件进行整体防护。

误区七:杀毒软件应该至少装三个,才能保障系统安全。

尽管杀毒软件的开发厂商不同,宣称使用的技术不同,但其实现原理是相似或相同的。同时开启多个杀毒软件的实时监控程序很可能会产生冲突,比如多个病毒防火墙同时争抢一个文件进行扫描。

安装有多种杀毒软件的微机往往运行速度缓慢并且很不稳定,因此,并不推荐一般用户安装多个杀毒软件,即使真的要同时安装,也不要同时开启它们的实时监控程序。

误区八:杀毒软件和个人防火墙装一个就行了。

许多人把杀毒软件的实时监控程序认为是防火墙,确实有一些杀毒软件将实时监控称为"病毒防火墙"。实际上,杀毒软件的实时监控程序和个人防火墙完全是两个不同的产品。

通俗地说,杀毒软件是防病毒的软件,而个人防火墙是防黑客的软件,两者功能不同,缺一不可。建议用户同时安装这两种软件,对微机进行整体防御。

误区九:专杀工具比杀毒软件好,有病毒先找专杀。

不少人认为杀毒软件厂商推出专杀工具是因为杀毒软件存在问题,杀不干净某类病毒,事实上并非如此。针对一些具有严重破坏能力、传播较为迅速的病毒,杀毒软件厂商会义务地推出针对该病毒的免费专杀工具,但这并不意味着杀毒软件本身无法查杀此类病毒。如果机器安装有杀毒软件,完全没有必要再去使用专杀工具。

专杀工具只是在用户的微机已经感染了病毒后进行清除的一个小工具。与完整的杀毒软件相比,它不具备实时监控功能,同时专杀工具的引擎一般都比较简单,不会查杀压缩文件、邮件中的病毒,并且一般也不会对文件进行脱壳检查。

2. 防火墙

(1) 防火墙的定义。它是隔离在本地网络与外界网络之间的一道防御系统。在互联网上,防火墙是一种非常有效的网络安全系统,通过它可以隔离 Internet 与局域网的连接,同时不会妨碍局域网对 Internet 的访问。

(2) 防火墙的功能。防火墙可以限制未授权的用户进入内部网络,过滤掉不安全的服务和非法用户,限制内部用户访问特殊站点等。

(3) 防火墙的局限性。没有万能的防火墙,防火墙有以下 3 方面的局限。

① 防火墙不能防范网络内部的攻击。比如,防火墙无法禁止变节者或内部间谍将敏感数据复制到外部设备上。

② 防火墙不能防范伪装成超级用户或诈称新雇员的黑客们劝说没有防范心理的用户公开其密码,使网络的用户名和密码被盗。

③ 防火墙不能防止已感染病毒的软件或文件的传送,不能期望防火墙去对每一个文件进行扫描,查出潜在的病毒。

11.3.3　边学边做:杀毒和防火墙软件的选择

关于杀毒软件的选择,各种杀毒软件都有自身的优势,当然也有不足之处,关键看个人喜好。

不少用户选择安装两款互补的杀毒软件,但是会占用微机的资源。所以,选择时只要可以杀掉病毒、容易上手就不失为一款好的杀毒软件。

而防火墙则不然。让防火墙功能最优还需要用户的设置,不少防火墙也是很占用系统资源的,选择最适合自己或者最适合机器配置的安全设置对用户非常必要。同时安装多款比较出色的防火墙,有时也存在冲突。

世界上没有一种技术能保证绝对地安全。要靠人、杀毒软件和防火墙紧密结合在一起。用户的安全意识才是保护微机的第一道屏障。

以下根据网络调查,列举几款常用的杀毒软件和防火墙。

(1) 360 杀毒+360 安全卫士。

(2) 套装的瑞星杀毒软件+瑞星防火墙。

(3) 江民杀毒+江民防火墙。

(4) NOD32(诺顿 32)+360 安全卫士。

(5) 卡巴斯基杀毒+卡巴斯基防火墙。

(6) 金山毒霸+金山防火墙等。

11.4 系统漏洞与补丁

11.4.1 情境导入

什么是 Windows 系统漏洞?它对微机的安全有什么影响?为什么要修复这些漏洞?补丁分为几类?怎样修复或安装补丁?

11.4.2 案例分析

1. 概念

Windows 系统漏洞是指操作系统在开发过程中存在的技术缺陷,这些缺陷可能导致其他用户在未被授权的情况下非法访问或攻击微机系统。

衣服烂了就要打补丁,对于大型软件系统(如操作系统),对使用过程中暴露出的问题而发布的解决问题的小程序,称为补丁。它是专门修复某些问题或漏洞(Bug)的,使软件系统更完善。补丁是由软件的原来作者制作的,可以访问网站下载补丁。

2. 为什么要修复漏洞

一般在一个软件的开发过程中,一开始有很多因素是没有考虑到的,但是随着时间的推移,软件所存在的问题或漏洞会慢慢地被发现,一些黑客或病毒制造者也就是利用这些漏洞,让病毒或者木马侵入用户的计算机,为了对软件本身存在的问题进行修复,软件开发者会发布相应的程序填补上,以保证系统的安全。

就 Windows XP 来说,从最初的 XP 到 XP SP4,进行了 4 次大容量的漏洞修复和界面美化,并相应的发布多次小漏洞的修复,保证了系统的安全和稳定。

3. 补丁的类型

一般来说,与计算机相关的补丁有系统安全补丁、程序 Bug 补丁、英文汉化补丁、硬件支持补丁和游戏补丁 5 类。

1) 系统安全补丁

系统安全补丁主要是针对操作系统量身定制的,如 Windows 系统的蓝屏、死机或者是其他错误。网络便是造成系统不安全的主要因素,经常有人利用系统的漏洞让微机无法正常连接到 Internet 上,甚至侵入微机盗取重要文件,对一些分区进行格式化操作等,因此微软公司就接二连三地推出各种系统安全补丁,旨在增强系统安全性和稳定性。

2) 程序 Bug 补丁

与操作系统相似,没有绝对十全十美的应用程序,比如使用的 IE 浏览器、Outlook 邮件程序、Office 程序等都存在或大或小的缺陷,某些人就可以通过嵌套在网页中的恶意代码、附加在邮件中的蠕虫病毒或者是只对 Office 文档起作用的宏病毒来影响微机的正常使用,导致部分文件丢失或者程序无法正常使用。各家软件厂商不断推出不同的程序Bug 补丁,一方面可以解决已知的各种错误,同时还可以加强某些方面的功能,让应用程序变得更加强大。

3) 英文汉化补丁

如今,许多优秀的应用程序都是英文版本的,对于一些英语水平不高的用户来说,就存在语言障碍,很难快速领会软件的精髓并发挥其强大的功能。很多编程高手对一些优秀软件进行了汉化操作,同时也有一些软件厂商也针对汉语使用者研制了汉化补丁。用户只要安装了这些汉化补丁,就能够看见熟悉的中文界面,操作起来也就更加便捷了。

4) 硬件支持补丁

例如,某些主板的芯片组和一些硬件设备之间的兼容性不好,无法将硬件的全部功效发挥出来。还有,随着操作系统从低版到高版的升级,各种硬件的驱动程序无法实现全部兼容,这就迫使硬件厂商根据操作系统的更新,推出更适合用户使用的补丁程序。

5) 游戏补丁

当一款游戏推出之后,很可能发现一些以前没有在意的问题,比如对某些型号的显卡支持不好、使用某些型号声卡无法在游戏中出声等,这时游戏厂商就会制定更新的补丁程序。再者,为了扩充游戏的可玩性和真实性,一些游戏迷会针对游戏制作相应的补丁程序,比如免光盘补丁、网络即时战略游戏地图包和网络游戏外挂练功程序等补丁程序。

4. 怎样安装补丁

微机环境极其复杂,因此如果把所有补丁程序都下载、安装,微机并不一定就变得更安全。相反,如果安装了过时、不必要的,甚至是有问题的补丁,反而会给自己的微机带来风险。还有,适合某种配置的微机补丁,可能并不适合另一种配置。

(1) 微软的操作系统都可以实现网上在线升级。选择"开始"|Windows Update 命

令,会打开 Microsoft Windows Update 网页,如图 11-1 所示。按照提示操作,就可以将所有的补丁全部打上。但是,用户若安装的是盗版操作系统时,建议慎重升级。

图 11-1 Microsoft Windows Update 网页

(2) 使用第三方软件对系统补漏。目前,大多数用户使用软件来打补丁,如用 360 安全卫士、超级兔子、鲁大师、迅雷和 QQ 等。由于使用的软件不同,会有不同的结果。所以要选择补丁升级软件。

例如,360 安全卫士是防御软件,给系统智能打补丁是它的强项,并且其选择补丁的标准也比较严格,它根据用户计算机的情况智能安装补丁。

再如,超级兔子和鲁大师也都是不错的检测或补漏软件。

(3) 选择要安装补丁的方法。

① 用户真正需要的是"高危漏洞"补丁,这种补丁一定要打。

② 用户可选择安装的是"功能更新"补丁,这种补丁用户可以自主选择打还是不打。

③ 对于存在较大隐患的"不推荐安装"补丁,安装后反而会给计算机带来较大风险,不但浪费系统资源,还可能导致系统崩溃。

11.4.3 边学边做:修复漏洞

1. 使用鲁大师修复系统漏洞

运行鲁大师的"优化与清理"功能,单击"漏洞修复"按钮,扫描并显示"待修复系统漏洞",如图 11-2 所示。

单击要修复的漏洞,打开下载漏洞界面,单击"下载"按钮,保存下载的补丁程序,然后安装。

图 11-2　鲁大师修复漏洞

2. Windows XP /Windows 10 系统自动更新

使用自动更新可以在第一时间更新用户的操作系统,修复系统漏洞,保护微机的安全。

(1) 在 Windows XP 下,选择"开始"|"设置"|"控制面板"中的"自动更新"命令,打开"自动更新"对话框,如图 11-3 所示。

图 11-3　"自动更新"对话框

在 Windows 10 下,进入"控制面板"|"系统与安全"|"系统"窗口,选择"Windows 更新"命令,开启 Windows 10 自动更新功能,如图 11-4 所示。

由于 Windows 会不定期地发布补丁,这些补丁可能对用户的系统非常重要,设置"自动更新"会自动下载和安装这些补丁。

(2) 微机在联网状态下,会自动更新 Windows 系统,如图 11-5 所示。

(3) 单击"安装"按钮,打开如图 11-6 所示安装窗口。

(4) 然后,按照向导提示进行安装,若不安装,单击"取消"按钮。

图 11-4 Windows 10 启用自动更新

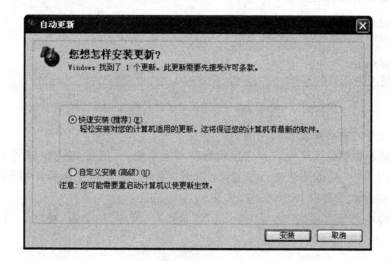

图 11-5 自动更新提示

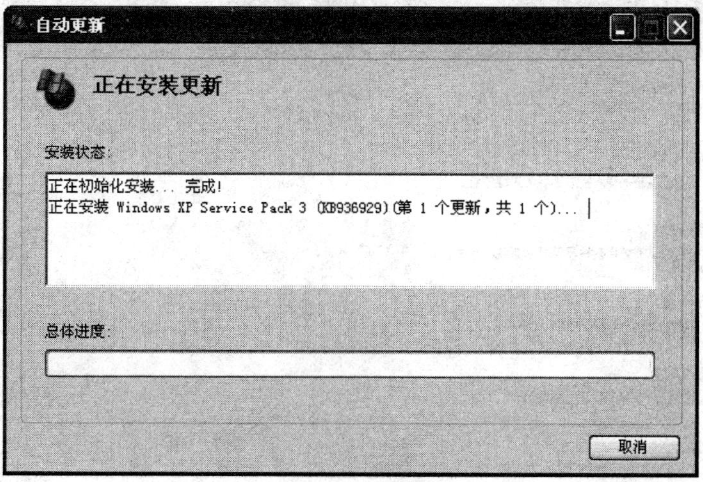

图 11-6 自动更新安装

3. 使用 QQ 电脑管家修复系统漏洞

目前,QQ 电脑管家支持修复 Windows 操作系统漏洞和部分第三方软件漏洞。

(1) 进入 QQ 电脑管家"修复漏洞"选项,如图 11-7 所示。进行漏洞扫描和修复。

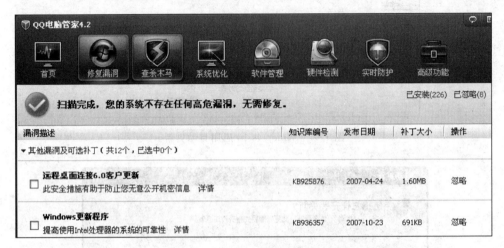

图 11-7　QQ 电脑管家修复漏洞

(2) 设置开启自动修复漏洞功能。

QQ 电脑管家建议用户设置开启自动修复漏洞功能,开启后,QQ 电脑管家可以在发现高危漏洞时,第一时间自动进行修复,无须用户参与,最大程度地保证用户微机安全。尤其适用于初级水平用户。

单击 QQ 电脑管家中的"实时防护"选项,单击"已禁用"的选项,使之变为"已启用",如图 11-8 所示。

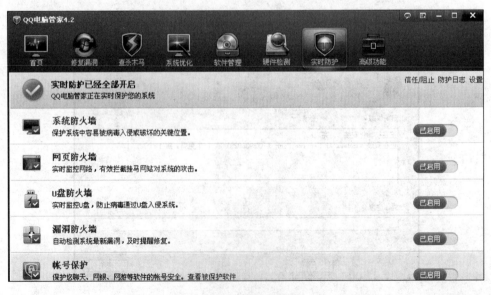

图 11-8　QQ 电脑管家

4. 360 安全卫士修复系统漏洞

360 安全卫士拥有查杀木马、清理恶评系统插件、管理应用软件、系统实时保护、修复系统漏洞等数个强劲功能。360 安全软件还提供系统全面诊断、清理使用痕迹以及系统还原等特定辅助功能，为用户提供全方位系统安全保护。

360 安全卫士系统修复界面如图 11-9 所示。

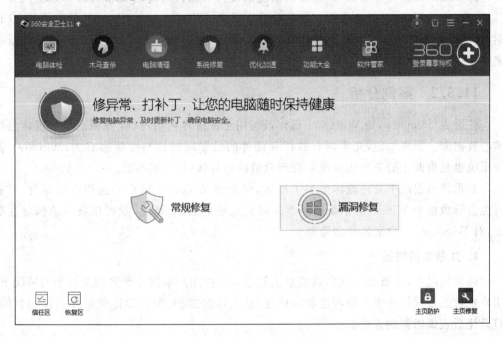

图 11-9　360 安全卫士系统修复

11.4.4　要点提示

（1）安装完系统补丁后，要重新启动计算机。

大部分高危级别的系统补丁被安装后，必须重新启动计算机才能生效。因此，建议用户按照提示重新启动计算机，这可以保证新安装的补丁在第一时间生效，防止盗号木马入侵。

（2）什么是高危漏洞？什么是其他漏洞和可选补丁？需要修复哪些？

高危漏洞会直接导致黑客入侵上网用户的计算机，获取计算机管理员权限，植入密码病毒或者窥视隐私等不法行为，建议用户一定要修复。

其他漏洞和可选补丁一般不容易导致计算机产生安全风险，用户可以不修复，QQ 电脑管家建议有微机使用经验的用户选择性修复。

（3）为什么有些补丁不建议安装？

① SP 类补丁体积大，容易安装失败，用户可以根据需要来选择是否安装。

② 有些补丁是安装新系统组件或不常用的系统组件，不安装并不影响安全。

③ 有些补丁用户反馈安装后出现蓝屏、系统变慢等，不建议安装。

11.5　注册表常识

11.5.1　情境导入

许多用户都会操作微机,但是微机系统的硬件和软件资源由谁来管理? 系统的文件位置、菜单、按钮条、窗口状态和其他信息放在微机的什么地方? 不同软件的安装信息(日期、性能等)、软件版本号和序列号等又存放在微机的什么地方? 这些问题都需要注册表来解决。

11.5.2　案例分析

注册表(Registry)是 Windows 操作系统用于存放各种硬件、软件和系统设置信息的核心数据库。通常来说,几乎所有软件和硬件的设置问题都与注册表有关,Windows 操作系统也是借助注册表来实现统一管理微机的各种软、硬件资源的。

如果注册表由于某种原因受到了破坏,轻者使 Windows 的启动过程出现异常,重者可能会导致整个 Windows 系统的瘫痪。因此正确地认识、修改、及时地备份或恢复注册表,对 Windows 用户来说非常重要。

1. 注册表编辑器

通常情况下,注册表由操作系统自主管理。但在用户掌握注册表相关知识的情况下,用户也可通过软件或手工修改注册表信息,从而达到维护、配置和优化操作系统的目的。打开注册表编辑器的方法如下。

在"运行"对话框中输入 regedit,单击"确认"按钮,打开"注册表编辑器",如图 11-10所示。

图 11-10　注册表编辑器

2. 注册表的位置

注册表主要由系统配置文件和用户配置文件的数据库文件组成,位于 C:\Windows 中。系统配置文件包含系统硬件和软件的设置,用户配置文件则保存着与用户有关的信息。注册表的两类文件包括多个文件,其中系统配置文件位于系统目录下的 System32\config 中,包括 Default、Software、System、Appevent. evt、Secevent. evt 和 Sysevent. evt 等多个隐藏文件及其相应的. log(日志)文件和. sav 文件。用户配置文件保存在 Documents and Settings 下对应用户名的目录中,包括两个隐藏文件 Ntuser. dat 和 Ntuser. int 及日志文件 Ntuser. log。

如果用户在指定的文件夹中找不到这些文件,是由于文件被隐藏,须打开"文件夹选项"对话框,选择"查看"选项卡,选中"显示所有文件和文件夹"复选框,如图 11-11 所示。

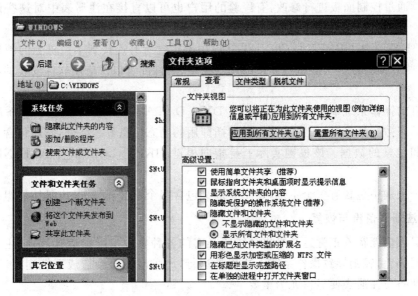

图 11-11 "文件夹选项"对话框

3. Windows XP 注册表中的根键

打开注册表编辑器后,位于其左窗格中的 5 个分支即是注册表的根键,如图 11-12 所示(有的操作系统注册表共有 6 个根键)。下面具体介绍各个根键的意义。

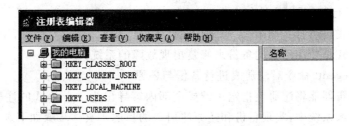

图 11-12 注册表中的 5 个根键

(1) HKEY_CLASSES_ROOT。该根键包含所有应用程序运行时必需的信息,以便在系统工作过程中实现对各种文件和文档信息访问。具体内容包括已注册的文件扩展名、文件类型和文件图标的数据等,此外还包括"我的电脑""回收站"及"控制面板"等标志,该根键的数据适用于所有用户。

(2) HKEY_CURRENT_USER。该根键中保存了当前登录用户的配置信息及登录信息,实际上它就是根键 HKEY_USERS 中 Default 分支下的一部分内容。

(3) HKEY_LOCAL_MACHINE。该根键包含了本地计算机(相对于网络环境而言)系统软件和硬件的全部信息。当系统硬件配置和软件设置发生变化时,该根键下的相关项也就发生相应的变化,其中的数据适合于所有用户。

(4) HKEY_USERS。该根键中包含了用户根据个人爱好所设置的诸如桌面、背景、开始菜单程序项、应用程序快捷键、显示字体及显示器节能设置等信息。其中的大部分设置都可以通过控制面板进行修改,有经验的用户也可以直接在注册表中对这些设置进行修改。

(5) HKEY_CURRENT_CONFIG。该根键包含所有连接到本微机上的硬件的配置数据,这些数据会根据当前微机连接的网络类型、硬件配置以及应用软件安装的不同而有所变化。

在有的操作系统中还增加了 HKEY_DYN_DATA 根键。该根键包含了系统运行过程中的动态数据信息,比如系统性能和即插即用的动态信息等。此外,它还包含了那些需要更新和检索的数据。该根键实际上是指向根键 HKEY_LOCAL_MACHINE 的一个分支。

每个根键中包含有多个主键,每个主键又包含多个子健,子键又由具体值组成。

4. 注册表备份与恢复

注册表内保存着正常运行操作系统所必需的各种参数与配置信息,一旦注册表中的数据出现偏差,轻则导致操作系统无法正常运行,严重时甚至会造成系统崩溃。因此,及时和定期备份注册表便显得尤为重要。

1) 使用备份工具备份和还原 Windows XP 注册表

Windows XP 提供了一个备份工具,利用该工具可以备份 Windows XP 系统的全部或部分数据,包括注册表。

要运行"备份"工具,可通过以下两种方式来完成。

(1) 依次选择"开始"|"程序"|"附件"|"系统工具"|"备份"命令;

(2) 在"运行"对话框中执行命令 ntbackup。

这两种方式均可打开如图 11-13 所示的"备份或还原向导"对话框,用户可以对系统信息进行备份或是使用已有的备份来修复出现故障的系统。

2) 使用 regedit 命令对注册表进行备份与还原

注册表编辑器能将注册表指定子键或全部内容导出为 .reg 格式的注册表文件,在需要时再将其导入系统中,实现备份和还原注册表的目的。具体步骤如下。

(1) 启动注册表编辑器。在"运行"框中输入 regedit,单击"确认"按钮,系统将打开"注册表编辑器"窗口。

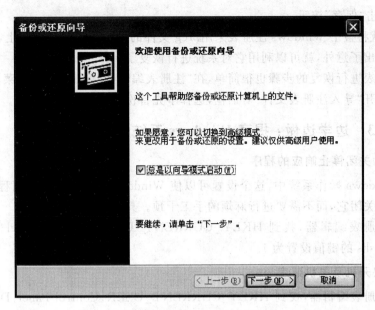

图 11-13 备份或还原向导

（2）若要备份某个子健，则选择它，然后在"文件"菜单中选择"导出"选项，打开"导出注册表文件"对话框，如图 11-14 所示。

图 11-14 "导出注册表文件"对话框

（3）选择"所选的分支"单选按钮。若要备份整个注册表数据库，则应选择"全部"单选按钮。

（4）指定.reg 文件的保存路径及文件名。

(5) 单击"保存"按钮。

这样,就将整个 Windows 注册表采用.reg 文件的形式保存到了硬盘上,此后用户的注册表如果出了意外,就可以利用它对系统进行恢复了。

对注册表进行恢复的步骤也很简单,在"注册表编辑器"窗口的"文件"菜单中选择"导入"选项,打开"导入注册表文件"对话框,选择事先备份好的.reg 文件即可。

11.5.3　边学边做：提高 Windows 系统性能的几种方法

1. 自动关闭停止响应的程序

在 Windows 操作系统中,这个设置可以使 Windows 诊测到某个应用程序已经停止时可以自动关闭它,而不需要进行麻烦的手工干预。具体操作如下。

打开注册表编辑器,找到 HKEY_CURRENT_USER|Control Panel|Desktop,将AutoEndTasks 的键值设置为 1。

2. 加快开机及关机速度

打开注册表编辑器,找到 HKEY_CURRENT_USER|Control Panel|Desktop,将字符串值 HungAppTimeout 更改为 200,将字符串值 WaitToKillAppTimeout 更改为1000。另外,找到 HKEY_LOCAL_MACHINE|System|CurrentControlSet|Control,将字符串值 HungAppTimeout 更改为 200,将字符串值 WaitToKillServiceTimeout 更改为 1000。

3. 清除内存不使用的 DLL 文件

打开注册表编辑器,找到 HKKEY_LOCAL_MACHINE|Software|Microsoft|Windows|CurrentVersion,为 Explorer 增加一个项 AlwaysUnloadDLL,默认值设为 1。如果将默认值设定为 0,则代表停用此功能。

4. 加快菜单显示速度

打开注册表编辑器,找到 HKEY_CURRENT_USER|Control Panel|Desktop,将字符串值 MenuShowDelay 更改为 0。调整后如觉得菜单显示速度太快而不适应,可将 MenuShowDelay 更改为 200,重新启动即可。

11.5.4　要点提示

(1) Windows 7 注册表情况。Windows 7 的 64 位系统的注册表分 32 位注册表项和 64 位注册表项两部分。

在 64 位系统下,在注册表编辑器中可看到指定路径下的注册表项均为 64 位注册表项,而 32 位注册表项被重定位到 HKEY_LOCAL_MACHINE\Software\WOW6432Node。

应用程序操作注册表的时候也分 32 位方式和 64 位方式。运行于 64 位系统下的 32 位应用程序默认操作 32 位注册表项(即被重定向到 WOW6432Node 下的子项),而 64 位应用程序才是操作的直观子项。

(2) 在更改注册表之前,应备份微机上任何有价值的数据。

(3) 不要让注册表编辑器在无人值守的状态下运行。

本章小结

本章详细介绍了微机系统的基本维护常识、开机密码设置、杀毒和防火墙软件的应用、修复系统漏洞事项和注册表的使用等内容,使用户在掌握微机基本部件和系统组装后,在日常应用微机时更加安全可靠,进一步提高用户维护微机的能力。

习题

一、单项选择题

1. 计算机病毒的本质是( )。
  A. 微生物
  B. 遗传物质
  C. 计算机系统漏洞
  D. 计算机指令或程序代码

2. 下列不属于计算机病毒特点的是( )。
  A. 传染性
  B. 自行消失性
  C. 破坏性
  D. 不可预见性

3. 下列关于计算机病毒的叙述中,正确的是( )。
  A. 计算机病毒只能在本地自我复制,不会通过媒介传播
  B. 计算机感染的所有病毒都会立即发作
  C. 计算机病毒通常附在正常程序中或磁盘较隐蔽的地方
  D. 计算机安装反病毒软件后,就可以防止所有计算机病毒的感染

4. 下列关于黑客的叙述中,错误的是( )。
  A. 黑客是英文单词 Hacker 的直译
  B. 最初的黑客并非一个贬义词
  C. 世界各国对黑客已经有了统一的定义
  D. 如今黑客成了网络犯罪的代名词

5. 下列预防计算机病毒的注意事项中,错误的是( )。
  A. 不使用网络,以免中毒
  B. 重要资料经常备份
  C. 备好启动盘
  D. 尽量避免在无防毒软件机器上使用可移动存储介质

6. 计算机信息安全是指( )。
  A. 保障计算机使用者的人身安全
  B. 计算机能正常运行
  C. 计算机不被盗窃
  D. 计算机中的信息不被泄露、篡改和破坏

7. 以下关于防火墙的说法,不正确的是( )。
  A. 防火墙是一种隔离技术
  B. 防火墙的主要工作原理是对数据包及来源进行检查,阻断被拒绝的数据

C. 防火墙的主要功能是查杀病毒

D. 防火墙只是能够提高网络的安全性,不可能保证网络绝对安全

8. (　　)不是注册表的键值的类型(　　)。

A. 符串　　　　B. 二进制　　　　C. 双字　　　　D. 整型

9. 在注册表中,HKEY 称为(　　)。

A. 根键　　　　B. 键　　　　C. 子键　　　　D. 项

10. HKEY_LOCAL_MACHINE 中存放的信息是(　　)。

A. 当前机器的用户信息　　　　B. 定义当前用户的桌面配置

C. 本地计算机硬件数据　　　　D. 系统在运行时动态数据

二、多项选择题

1. 常见的黑客攻击方法有(　　)。

A. 获取密码　　　　B. 放置木马程序

C. 电子邮件攻击　　　　D. 利用系统漏洞攻击

2. 下列预防计算机病毒的注意事项中,正确的有(　　)。

A. 安装防病毒软件　　　　B. 使用新软件时先用扫毒程序检查

C. 安装网络防火墙　　　　D. 不在互联网上随意下载软件

3. 下列预防计算机病毒的注意事项中,正确的有(　　)。

A. 重要资料经常备份

B. 不轻易用 U 盘当中的自启动功能

C. 备好启动盘,以备不时之需

D. 只打开熟人发送邮件的附件,不打开来路不明邮件的附件

4. 以下消除病毒的手段中,高效便捷的是(　　)。

A. 逐个检查文件,手动清除　　　　B. 安装防病毒软件,利用软件清除

C. 上网进行在线杀毒　　　　D. 安装防病毒卡,进行杀毒

5. 预防木马的注意事项有(　　)。

A. 安装防病毒软件并及时升级

B. 不随便打开陌生人传送的文件

C. 安装个人防火墙并及时升级

D. 不随便打开陌生人传送的 E-mail 附件

6. 预防木马的注意事项有(　　)。

A. 防火墙设置好安全等级

B. 使用安全性比较好的浏览器和电子邮件客户端工具

C. 操作系统的补丁经常进行更新

D. 不随便下载、使用破解软件

7. 检查与消除木马的手段有(　　)。

A. 手动检测　　　　B. 立即物理断开网络,然后清除

C. 手动清除　　　　D. 利用清除工具软件清除

三、填空题

1. 注册表是一个树状分层的_____，从逻辑上讲，它是用户在注册表编辑器中看到的配置数据。

2. Windows 的注册表有六大_____，相当于一个硬盘被分成了六个分区。

3. 在"运行"对话框中输入_____，然后单击"确定"按钮，即可打开注册表编辑器。

4. 如果在开机后提示"CMOS Battery State Low"，有时可以启动，使用一段时间后死机，这种现象大多数是_____引起的。

5. 如果在系统运行时，出现软件死机或无法安装软件等现象，是_____损坏。

四、简答题

1. 什么是系统漏洞，对微机有什么影响？

2. 简述 6 个注册表根键的应用。

参 考 文 献

[1] 步山岳,张慧.计算机系统维护技术[M].北京：高等教育出版社,2010.

[2] 杜树杰.计算机组装与维护[M].2版.北京：中国铁道出版社,2009.

[3] 魏延.2010电脑组装与维护[M].北京：电脑报电子音像出版社,2010.

[4] 谭宁.计算机组装与维护案例教程[M].北京：北京大学出版社,2009.

[5] 郑平,杨文武.从零开始计算机组装与维护基础培训教程[M].北京：人民邮电出版社,2010.

[6] 沈大林.计算机组装与维护案例教程[M].北京：中国铁道出版社,2009.

[7] 高嗣会,郑喜珍.计算机应用基础[M].北京：中国农业出版社,2009.

[8] 黄林.新编计算机应用基础教程[M].北京：中国农业出版社,2006.